"十二五"职业教育国家规划教材修订版

高等教育服装专业信息化教学新形态系列教材

服装缝制工艺学

（第3版）

主　编　闵　悦

副主编　李　凯　邓小荣

参　编　李晶晶　王秀清　徐雪梅

　　　　熊　莹　张小美　刘婵英

北京理工大学出版社

BEIJING INSTITUTE OF TECHNOLOGY PRESS

内 容 提 要

本书是面向全国高等院校服装类各专业的教材，是根据高等院校服装专业的教学特点，由工作在教育第一线的教师集体编撰完成。主要内容包括服装制作工艺基础知识，服装基础缝制工艺，服装零部件缝制工艺，衬衫、裙子、裤子、西服等成衣的缝制工艺，并配合大量的图片和重难点微课视频加以说明，具有较强的实用性和可操作性。

本书可作为高等院校服装类各专业的教材，也可作为服装企业技术人员以及服装制作爱好者的自学参考用书。

图书在版编目（CIP）数据

服装缝制工艺学／闵悦主编.--3版.--北京：
北京理工大学出版社，2021.6（2021.8重印）
ISBN 978-7-5682-9981-7

Ⅰ.①服…　Ⅱ.①闵…　Ⅲ.①服装缝制—高等学校—
教材　Ⅳ.①TS941.634

中国版本图书馆CIP数据核字（2021）第130840号

出版发行／北京理工大学出版社有限责任公司
社　　址／北京市海淀区中关村南大街 5 号
邮　　编／100081
电　　话／（010）68914775（总编室）
（010）82562903（教材售后服务热线）
（010）68944723（其他图书服务热线）
网　　址／http：//www.bitpress.com.cn
经　　销／全国各地新华书店
印　　刷／天津久佳雅创印刷有限公司
开　　本／889 毫米 ×1194 毫米　1/16
印　　张／9.5
字　　数／265 千字
版　　次／2021 年 6 月第 3 版　2021 年 8 月第 2 次印刷
定　　价／59.00 元

责任编辑／钟　博
文案编辑／钟　博
责任校对／周瑞红
责任印制／边心超

图书出现印装质量问题，请拨打售后服务热线，本社负责调换

FOREWORD

前言

服装是一门综合性较强的学科，服装缝制工艺学是其中独立的一部分。根据高等院校服装专业的特点，我们组织一批在教育第一线工作的教师集体编写了本书。本书编写过程中，我们不但考虑了理论的系统性、科学性和完整性，而且兼顾专业的技术性、实用性和可操作性。

本书章节安排合理、重点突出、详略得当。书中所展示的图片中，结构设计图是用多个计算机设计软件完成的，增强了科学性；本书知识结构系统、全面、新颖，理论和实践紧密结合，思路清晰，简洁明了，易学易懂，有较高的学习、参考和使用价值，将给学习者带来意外的惊喜。

本书主要内容包括服装制作工艺基础知识、服装基础缝制工艺、服装零部件缝制工艺、服装成衣缝制工艺，其中包含服装半成品、成品的熨烫定型工艺，服装缝纫加工原理与成衣的制作工艺，以及服装工艺流程设计，动作时间规范等，并配以大量的图片和重难点微课视频进行说明，具有较强的实用性和可操作性。

本次修订对第 2 版教材中一些不规范、不必要的内容进行了删除，更换了过时的内容及图片。为方便读者学习和实践，还增加了相应的多媒体电子资源。修订后的《服装缝制工艺学》，增强了内容的实用性、可操作性和方法的规范性。

本书可作为高等院校服装类各专业的教材，也可作为服装企业技术人员以及服装制作爱好者的自学参考用书。

本书的编写工作是在各级领导的关怀和支持下进行的，在此对帮助过我们的相关人员表示感谢。由于编者水平有限，书中难免有遗漏、错误及不足之处，欢迎各位专家、各专业院校的师生和广大读者批评指正。

编　者

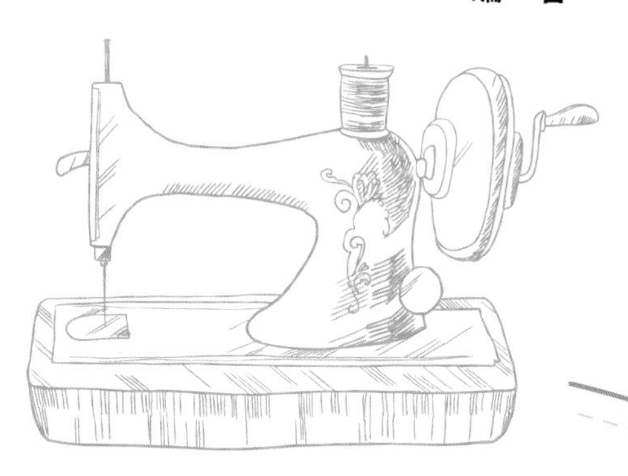

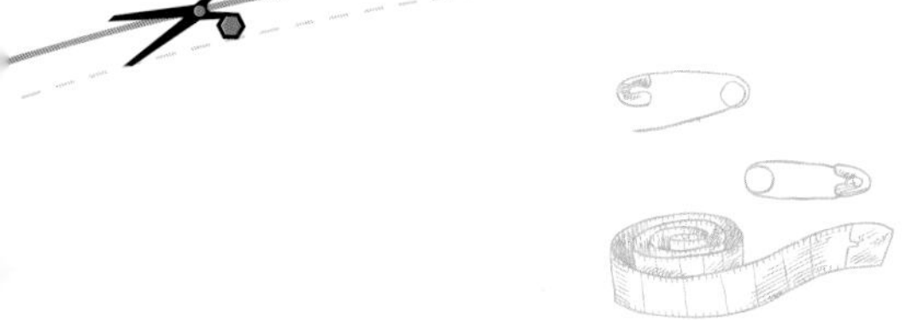

CONTENTS

目录

第一章 服装制作工艺基础知识

知识目标 了解服装专业术语、服装纺织面料的鉴别、服装辅助材料、服装排料知识、服装缝制设备等；掌握面料鉴别方法及服装工业生产中的生产技术文件拟制和缝制工艺流程及缝制设备操作方法与技巧。

技能目标 通过学习与实践操作，能够根据服装制单的编制要求，编制工艺单，完成服装面料鉴别、排料的生产任务。

素养目标 培养学生养成勤俭节约的习惯，具有质量意识、效率意识。

第一节 服装专业术语

服装专业术语是指服装用语，如某一个品种服装上的某个部位、服装制作过程中的某一种操作过程或服装成品质量要求等，都有专用术语。它不仅起着指导和管理工业化大生产的作用，而且有利于传播和交流技术知识，在服装生产中起着十分重要的作用。

一、服装成品部件名称术语

1．上装部分（图 1-1）

前身：门襟、里襟、驳头、小肩、串口、底边止口、驳口、止口圆角、省位。

后身：背缝、背衩、后肩省、过肩。

领子：驳领、立领、翻领、领上口、领下口、领面、领里。

袖子：圆装袖、连袖、插袖。

口袋：直插袋、斜插袋、手巾袋、单嵌袋、双嵌袋、贴袋。

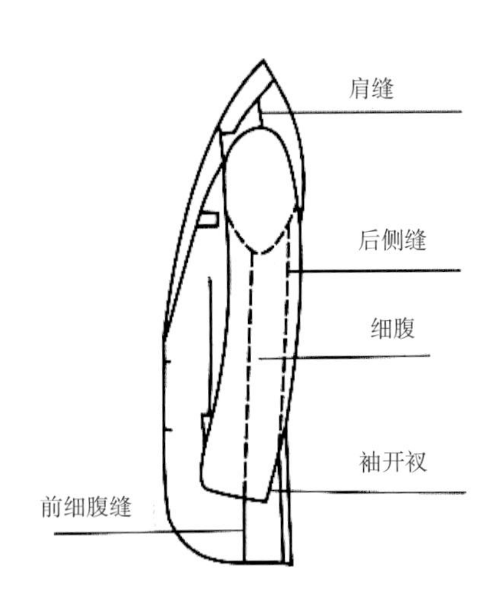

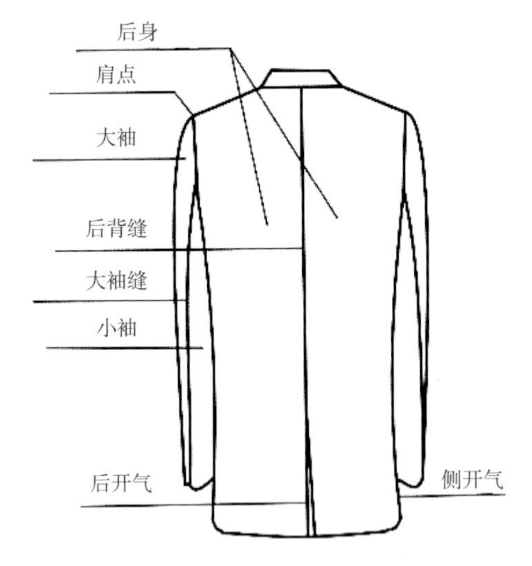

图 1-1　上装部分

2．下装部分（图 1-2）

烫迹线、侧缝、下裆缝、腰头、腰里、后袋、门襟、里襟、侧缝直袋、侧缝斜袋、串带袢。

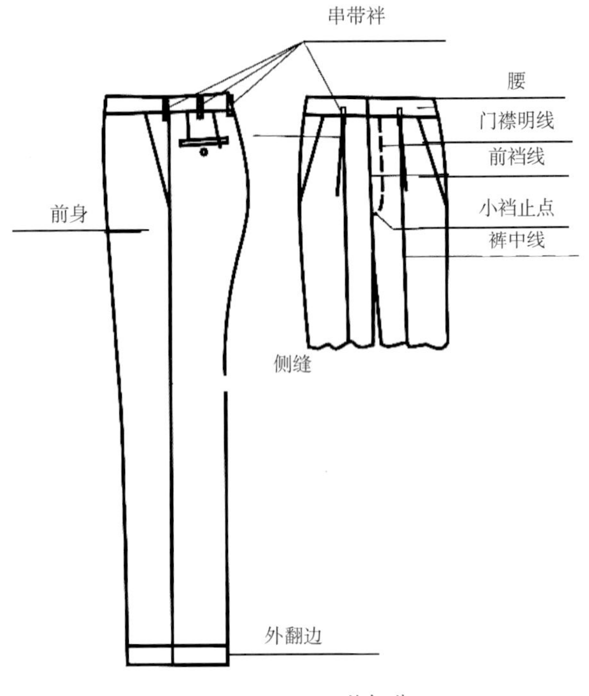

图 1-2　下装部分

二、服装操作术语

1．概念性术语

（1）验色差：检查原、辅料色泽差异，按色泽归类。

（2）查疵点：检查原、辅料是否存在瑕疵。

（3）查纬斜：检查原料纬纱斜度。

（4）复米：复查每匹原、辅料的长度。

（5）画样：用样板或漏板，按不同规格在原料上画出衣片裁剪线条。

（6）复查画样：复查表层划片的数量和质量。

（7）排料：在裁剪过程中，对面料如何使用及用料的多少进行有计划的工艺操作。

（8）铺料：按画样要求铺放面料。

（9）钻眼：用冲机在裁片上做出缝制标记。

（10）打粉印：用画粉在裁片上做出缝制标记，一般作为暂时标记。

（11）编号：将裁剪好的各种衣片按其裁床的序号、层序、规格等编印上相应的号码，同一件衣服上的号码应一致。

（12）验片：检查裁片质量。

（13）换片：调换不符合质量要求的裁片。

（14）分片：将裁片按序号或部件的种类配齐。

（15）段耗：坯布经过铺料后断料所产生的损耗。

（16）裁耗：铺料后坯布在画样开裁中所产生的损耗。

（17）缝合：用缝纫机缝合两层或两层以上的裁片，俗称缉缝、缉线。

（18）绱、装：一般指部件安装到主件上的缝合过程，如绱（装）领、绱袖、绱腰头。安装辅件也称为绱或装，如绱拉链、绱松紧带等。

（19）打剪口：也称为打眼刀、剪切口，“打”即剪的意思。如在绱袖、绱领等工艺中，为了使袖、领与衣片吻合准确，在规定的裁片边缘部位剪 0.3 cm 深的小三角缺口作为定位标记。

（20）锁边：也称为拷边、码边，是指用包缝线迹将裁片毛边包光，使织物纱线不脱散。

（21）针迹：缝针刺穿缝料时，在缝料上形成的针眼。

（22）线迹：在缝制物上两个相邻针眼之间的缝线形式。

（23）缝型：缝纫机缝合衣片的不同方法。

（24）缝迹密度：在规定单位长度内的针迹数，也可叫作针迹密度。

2．缝制操作技术用语

（1）刷花：在裁剪绣花部位上印刷花印。

（2）撇片：按标准样板修剪毛坯裁片。

（3）推门：将平面前衣片推烫成立体形态衣片。

（4）敷衬：将前衣片敷在胸衬上，使衣片与衬布贴合一致，且衣片布纹处于平衡状态。

（5）纳驳头：也称为扎驳头，用手工或机器扎。

（6）归拔偏袖：偏袖部位归拔熨烫成人体手臂的弯曲形态。

（7）扳止口：将止口毛边与前身衬布用斜形针缲牢。

（8）扎止口：在翻出的止口上，手工或机扎一道临时固定线。

（9）封背衩：将背衣衩上端封结。一般有明封与暗封两种方法。

（10）扎底边：将底边扣烫后扎一道临时固定线。

（11）倒钩袖窿：沿袖窿用倒钩针法缝扎，使袖窿牢固。

（12）叠肩缝：将肩缝头与衬布扎牢。

（13）敷领面：将领面敷上领里，使领面、领里吻合一致，领角处的领面要宽松些。

（14）收袖山：袖山上的松度或缝吃头。

（15）扎暗门襟：暗门襟扣眼之间用暗针缝牢。

（16）做袋片：将袋片毛边扣转，缲上里布做光。

（17）翻小襻：小襻的面、里布缝合后将正面翻出。

（18）缲底边：底边与大身缲牢。有明缲与暗缲两种方法。

（19）领角膜定位：将领角薄膜在领衬上定位。

（20）压领角：上领翻出后，将领角进行热压定型。

（21）夹翻领：将翻领夹进领底面、里布内机缉缝合。

（22）缲纽襻：将纽襻边折光缲缝。

（23）拔裆：将平面裤片拔烫成符合人体臀部下肢形态的立体裤片。

（24）封小裆：将小裆开口机缉或手工封口，以增加前门襟开口的牢度。

（25）勾后裆缝：在后裆缝弯处，用粗线做倒钩针缝，以增加后裆缝的穿着牢度。

（26）起壳：是指面料与衬料不贴合，即里、外层不相融。

（27）套结：也称为封结，是指在袋口或各种开衩、开口处用回针的方法进行加固，有平缝机封结、手工封结及专用机封结等。

（28）极光：熨烫裁片或成衣时，由于垫布太硬或无垫布盖烫而产生的亮光。

（29）起吊：成品上衣面、里不符，里子偏短引起的衣面上吊、不平服。

（30）胁势：也称为吸势、凹势，是指服装该凹进的部位吸进。如西服上衣腰围处、裤子后裆以下的大腿根处等，都需要有适当的胁势。

（31）窝势：多指部件或部位由于采用里外匀工艺，呈正面略凸、反面凹进的形态。与之相反的形态称为反翘，是缝制工艺中的弊病。

（32）耳朵皮：西服上衣或大衣的过面上带有的耳朵形状的面料，有圆弧形和方角形两类。方角形耳朵皮须与衣里拼缝后再与过面拼缝；圆弧形耳朵皮则是与过面连裁，绲边后搭缝在衣里上。西服里袋开在耳朵皮上。

（33）掩皮：也称为眼皮，是指衣片里子边缘缝合后，止口能被掀起的部分。如带夹里的衣服下摆、袖口等处都应留掩皮，但在衣面缝接部位出现掩皮则是弊病。

（34）起烫：消除极光的一种熨烫技法。需在有极光处盖水布，用高温熨斗快速轻轻熨烫，趁水分未干时揭去水布使其自然晾干。

（35）绱里襟：将里襟安装在裤片上。

（36）绱腰头：将腰头安装在裤腰上。

（37）绱串带襻：将串带襻安装在裤腰上。

（38）绱雨水布：将雨水布安装在裤腰里下口。

（39）扣烫裤底：将裤底外口毛边折转熨烫。

（40）绱大裤底：将裤底装在后裆十字缝上。

（41）花绷十字缝：裤裆十字缝分开绷牢。

（42）扣烫脚口贴边：将裤脚口贴边扣转熨烫。

（43）绱贴脚条：将贴脚条装在裤脚口里侧边沿。

（44）叠卷脚：将裤脚翻边在侧缝下裆缝处缝牢。

（45）抽碎褶：用缝线抽缩成不定型的细褶。

（46）叠顺裥：缝叠成同一方向上的裥。

（47）包缝：用包缝线迹将布边固定，使纱线不易脱散。

（48）针迹：缝针刺穿缝料时在缝料上形成的针眼。

（49）线迹：缝制物上两个相邻针眼之间的缝缉线。

（50）缝迹：互相连接的线迹。

（51）缝型：一定数量的布片和缝制过程中的配置形式。

（52）手针工艺：应用手针缝合衣料的各种工艺形式。

（53）装饰手针工艺：兼有功能性和艺术性，并以艺术性为主的手针工艺。

（54）塑型：人为地把衣料加工成所需要的形态。

（55）定型：根据面、辅料的特性，给予外加因素，使衣料形态具有一定的稳定性。

3．服装工艺术语

（1）缝份：也称作缝、缝头。它是为缝合衣片而在净尺寸线外侧加放的部分。

（2）里外匀：是指外层均匀地比里层长一点或宽点，使两层衣料缝合后成自然卷曲状态。

（3）止口：衣服的外边缘，如搭门与挂面连接的边缘。

（4）搭门：为了锁钮眼和钉纽扣而留放的部位，因其左右相叠，也称为叠门。锁钮眼的一侧称为门襟，钉纽扣的一侧称为里襟。

（5）挂面：装在衣服搭门反面的一层面料，一般比搭门宽。

（6）丝缕：衣料的经纬丝缕。与织物经向平行的称为直丝缕；与纬纱方向平行的称为横丝缕；与经向和纬向都不平行的称为斜丝缕。

（7）圆势：也称为胖势，是指服装的有关部位（如上衣的胸部、裤子的臀部等），必须按照人体的体型要求做成（或用熨斗烫成）弧形的隆起，以使服装服帖于人体。

（8）归拢：通过熨斗的压力、温度、湿度、时间的作用，使衣料经纬丝缕结构变形。归拢是将衣料收缩。

（9）拔开：作用和归拢相反，就是将衣料伸长的意思。

（10）缉止口：沿边缘（止口）缉线。

（11）露止口：两片衣料缝合时，里层不能漏出来（如领里、袋里等），但又不能缩进去太多，一般为 0.1 ～ 0.3 cm，这样称为不露止口（有时也称为座势）；反之称为露止口。

（12）对位记号：也称刀眼，是指在衣服的某些部位打上剪口，缝纫时剪口相对，便于缝合。

（13）针码密度：缝纫针迹距离的大小，一般以 3 cm 内的针数计算。如：3 cm 内缝 15 针，也称为“针码密度 15 针”。

（14）拼接：裁片不够长或不够大时所采用的拼合缝制工艺。一般以长度不够为“接”，以宽度不够为“拼”。

（15）勾缝：在领子、口袋等处缝合第一道暗线的定型工艺。

第二节　服装纺织面料的鉴别

服装纺织面料的鉴别主要有两个方面，一是鉴别纺织面料的组成纤维种类，也就是说弄清楚某种面料是由哪种纤维构成的，是纯纺还是混纺；二是鉴别纺织面料的外观质量，即面料的正反面、倒顺毛等的鉴别。

一、面料成分的鉴别

棉、毛、麻、丝和化纤纺织面料，由于它们的纤维材料和组织结构不同，性质各异，但又各有规律可循，所以只有掌握了面料的成分，才能采取相应的制作方法，从而达到设计效果。对面料成分的鉴别方法主要有感观法、燃烧鉴别法、显微镜观察法、光谱分析法、化学试剂着色或反应法等，家庭应用的主要有感观法和燃烧鉴别法两种。

1．感观法

感观法就是通过人的感觉器官——眼、鼻、耳、手等，根据各类面料的特性，直观地对被测面料进行原料的判断。例如，先通过眼观察所测面料的光泽、染色状况，用鼻去闻气味，用手去摸、捏面料的光滑、弹性、冷暖程度，用耳去听撕裂声等来进行判断。

（1）纯棉布与棉混纺布。

1）纯棉布。纯棉布外观光泽柔和，有纱头或杂质。手感柔软，弹性差，手捏紧后松开易皱，且褶痕不易褪去。如果抽几根经纬纱捻开看，纤维长短不一，一般为 25 ～ 35 mm。

2）涤棉布。涤棉布外观光泽较明亮，布面平整光洁，几乎看不到纱头或杂质。手摸布面感觉平整、滑爽、挺括、弹性好，手捏紧后放松，虽有褶痕，但不明显，且能在短时间内恢复原状，色彩多数淡雅素净。

3）粘纤布。粘纤布光泽柔和明亮，色彩鲜艳。仔细观察纤维间有亮光，手摸面料光滑平整，捏紧后松开，褶痕明显，不易褪去。经、纬纱用水弄湿后，牢度明显下降，面料浸水后增厚发硬。粘纤布包括人造棉、富纤布等。

4）维棉布。维棉布大多色泽暗淡，色彩不鲜艳。外观比纯棉布细密、光洁，手感柔软、光滑，布面杂质少，下水后布发滑。

5）丙棉布。丙棉布外观很像涤棉布，挺括而富有弹性。布面不及涤棉布光洁平整，稍有粗糙感。

（2）纯毛呢绒与混纺呢绒。

1）纯毛精纺呢绒。纯毛精纺呢绒面料多数较薄，外观光泽柔和，色彩纯正。呢面光洁平整，纹路清晰，手感滑糯，温暖富有弹性，悬垂性好，捏紧后松开，褶痕不明显，且能迅速恢复原状，捻开纱支看，纱支多数为双股。

2）纯毛粗纺呢绒。纯毛粗纺呢绒大多呢身厚实，呢面丰满，不露底纹，手感丰满，温暖富有弹性，质地紧密的膘光足，质地疏松的悬垂性好，纱支多数为单股。

3）粘胶混纺呢绒。粘胶混纺呢绒光泽不柔和，手感差，粗纺呢绒具有松散感，捏紧后放松，褶痕明显，且恢复速度极慢，悬垂性较差。

4）涤纶混纺呢绒。涤纶混纺呢绒多数纺成精纺，如涤毛或毛涤华达呢、派力司、花呢等。它们的共同特点是呢面平整、光滑、挺括，织纹清晰。弹性超出全毛和毛粘，手感差于全毛或毛腈，糯性差。

5）腈纶混纺呢绒。腈纶混纺呢绒精纺面料毛感强，胜于毛涤。手感温暖，弹性好，糯性差。多数织成隐条隐格花呢类，粗纺面料较少，多数纺成花呢类，悬垂性较差。

6）锦纶混纺呢绒。锦纶混纺呢绒毛感差，外观具有蜡样的光泽，手感硬挺，呢面平整，手捏紧后放松有明显褶痕，能恢复原状，但速度缓慢。

（3）真丝绸与化纤绸类。

1）真丝绸类。真丝绸类光泽柔和，色彩纯正，手感滑润，轻薄柔软，绸面平整、细洁、富有弹性。干燥气候下，手摸绸面有拉手感，撕裂时有丝鸣声。

2）粘胶丝织物。绸面光泽明亮，手感滑润、柔软（上浆后的粘胶绸有硬挺感），飘逸感差，手捏易皱，而且不易恢复，撕裂时声音“嘶哑”，经、纬纱弄湿后极易扯断。

3）涤纶长丝织物。涤纶长丝织物光泽明亮，但不柔和，手感滑爽平挺，弹性好。质地轻薄透明，悬垂性差，柔软性差。手捏紧后放松，无明显褶痕，经、纬纱弄湿后不易折断。

4）锦纶长丝织物。锦纶长丝织物光泽似蜡，色彩不鲜艳。手感凉爽、硬挺。手捏紧后放松，有褶痕，能恢复原状，但速度缓慢，经、纬纱牢度大。

（4）麻类织物。麻类织物一般经、纬纱外观粗细不均匀，布面粗糙，手感硬挺、凉爽。

2．燃烧鉴别法

燃烧鉴别法是在感观法的基础上，再作进一步判断的方法，一般只适用于纯纺或交织，其方法是用火柴或酒精灯分别点燃从面料上抽出的几束经、纬纱，观察燃烧时的火焰颜色、燃烧速度、散发的气味、灰烬状态等。

在做燃烧试验时，不要将抽出的纱直接放入火中，而应先靠近火焰，观察试样有无卷缩、有无

熔融，再放入火中，然后离开火焰。同时还要闻其气味，听其声音，不要漏掉每一个环节、每一种现象。常见纤维的燃烧特征见表 1-1。

表 1-1 常见纤维的燃烧特征

纤维名称	燃烧状态	气味	灰烬
棉纤维	靠近火焰不缩不熔；接触火焰迅速燃烧，火焰为橘黄色并伴有蓝色烟；离开火焰能继续燃烧	烧纸的气味	灰烬呈线状、灰白色、细软，手触易成粉状
麻纤维	靠近火焰不缩不熔；接触火焰迅速燃烧，火焰为橘黄色并伴有蓝色烟；离开火焰能继续燃烧	烧纸的气味	灰烬呈灰色或灰白色
羊毛纤维	靠近火焰不缩不熔；接触火焰冒烟燃烧，燃烧时有气泡产生；离开火焰能继续燃烧，有时自行熄灭；火焰为橘黄色	烧羽毛的臭味	灰烬多，为松而脆的黑色硬块，手压易碎，颗粒较粗
蚕丝	靠近火焰先卷缩，不熔；接触火焰缓慢燃烧；离开火焰能自行熄灭；火焰很小，呈橘黄色	烧羽毛的臭味，但没有羊毛纤维重	黑褐色小球，手压易碎，为细小颗粒
粘胶纤维	靠近火焰，立即燃烧，且速度很快，火焰为橘黄色	烧纸的气味	灰烬很少，呈灰白色
涤纶	靠近火焰收缩熔化；接触火焰熔融燃烧；离开火焰继续燃烧；火焰呈黄白色，很亮	难闻的芳香气味	黑褐色不定型硬块
锦纶	靠近火焰收缩熔化；接触火焰熔融燃烧；离开火焰能继续燃烧，燃烧时不断有熔融物滴下，趁热能拉成细丝；火焰很小并呈蓝色	难闻的刺激气味	黑褐色透明圆球
腈纶	靠近火焰收缩；接触火焰迅速燃烧；离开火焰继续燃烧；火焰为明显的亮黄色，闪光，燃烧时有急促的“呼呼”声	辛酸的刺激气味	不规则、硬而脆的黑色块状

二、面料外观质量的鉴别

面料外观质量的鉴别方法较多，主要有面料正反面的鉴别、面料倒顺毛的鉴别等。

1．面料正反面的鉴别

在各类纺织面料中，有些面料的正反面难以区别，在服装缝制过程中稍有疏忽就容易搞错织物的正反面，造成差错，如色泽深浅不匀、花纹不等，严重的还会造成明显的色差、花型混淆不清，影响成衣的外观。鉴别面料正反面的方法很多，一般采用眼看和手摸的感官方法来鉴别；也可从面料的组织结构特征、花纹和色彩特征、组织变化及花纹、布边特点，织物特殊整理后的外观特殊效应以及织物的商标贴头和印章等方面来鉴别。

（1）根据织物的组织结构特征鉴别。

1）平纹织物。平纹织物较难鉴别正反面，一般其正面比较平整光洁，色泽匀净鲜明。

2）斜纹织物。斜纹织物分为单面斜纹和双面斜纹两种。单面斜纹的正面纹路清晰明显，反面则模糊不清，另外在纹路的倾斜上，单纱织物的正面纹路都是自左上向右下倾斜；半线织物或全线织物的纹路则是自左下向右上倾斜。双面斜纹的正反面纹路基本相同，但是斜向相反。

3）缎纹织物。缎纹织物的正面由于经纱或纬纱浮出布面较多，布面平整紧密，富有光泽；反面的纹路似乎像平纹组织，但又像斜纹组织，有些模糊不清的感觉，光泽比较暗淡。

此外，经面斜纹、经面缎纹正面的经浮点多；纬面斜纹、纬面缎纹的纬浮点多。

（2）根据面料的花纹和色彩特征鉴别。各种织物正面的花纹和图案比较清晰、洁净，图案的造型和线条轮廓比较精细明显，层次分明，色彩鲜艳，生动饱满；反面则较正面色泽浅淡，线条轮廓比较模糊，花纹缺乏层次，光泽亦较暗淡。

（3）根据面料的组织变化及花纹鉴别。有些面料是提花、提格、提条织物，织纹的花纹变化多。凡是正面的织纹，且呈浮纱较少，无论是条纹、格子还是提花的花纹，都比反面明显，线条清晰，轮廓突出，色泽匀净，光泽明亮柔和，反面的花纹比较模糊，轮廓不清，色泽暗沉。也有个别提花织物反面的花纹别具一格，花纹别致，色彩调和文静，因此在缝制时也有利用反面作为面料的，只要织物纱线结构合理，浮长均匀，不影响使用牢度，将反面当正面使用亦可。

（4）根据面料的布边特点鉴别。各种衣料的布边也可用来鉴别正反面，一般织物的布边正面较反面平整、挺括，反面的布边边沿呈现向里卷曲状。无梭织机织造的织物，正面的布边比较平整。有些高档面料，如呢绒，在织物的布边上织出字码或文字，反面字码或文字比较模糊，字体呈反写状。

（5）根据织物特殊整理后的外观效应鉴别。

1）起毛织物。正面耸立密集的毛绒，反面无绒毛的地组织，地组织明显的如长毛绒、丝绒、平绒、灯芯绒等。有的织物绒毛密集，连地组织的织纹也难以看出。

2）烂花织物。经过化学处理烂成的花纹，正面轮廓清晰、有层次、色泽鲜明，如果是绒面烂花，绒面丰满平齐，如烂花乔绒等。

（6）根据织物的商标和印章鉴别。整匹面料出厂前，即在检验时，一般都粘贴产品商标纸或说明书，粘贴的一面为面料的反面；每匹每段两端盖有出厂日期和检验印章的是面料的反面，但是外销与内销产品不同，其商标贴在正面，印章也盖在正面。

2．面料倒顺毛的鉴别

有些服装面料如灯芯绒、平绒、丝绒、长毛绒及各种呢绒等绒面有倒顺之分。这些面料正反面的毛头都有明显的差别。一般用手抚摸，毛头撑起的为倒毛，毛头顺服的为顺毛。用这些面料制作服装，一般不考虑区分绒面的正反面的问题。例如，做灯芯绒服装，绒面是正面，而这种面料做服装时采用倒毛为好。但是，用有倒顺毛的呢绒做服装，则应该用顺毛。除此之外，还应注意，用有倒顺毛的面料制作服装时，裁剪时均需采用单片裁剪法，注意所有衣片要倒顺一致，不然缝制出的服装就会出现效果不一致的感觉，影响其外观。还有些不对称的格子的面料也是有倒顺之分的，其处理方法与有倒顺毛的呢料和灯芯绒的处理方法一样，裁剪时要特别注意。

第三节　服装的辅助材料

服装的辅助材料是指制作服装时，除去面料以外的其他一切材料，简称辅料。辅料品种繁多，主要有里料、衬料、线、钩、拉链、纽扣、花边、黏合剂等。

随着服装生产的新技术、新工艺和新材料的不断出现，辅料对开拓服装新品种和提高成衣质量起着更重要的作用。

一、服装的里料

服装的里料是服装最里层的材料，通常指里子或夹里，主要用于棉袄类、大衣类或高档呢绒类，如丝绵袄、滑雪衫、大衣、西装、裘皮服装等。

1．服装里料的作用

（1）使服装具有挺括感、造型美。服装的里料能遮盖不需外漏的缝份、毛边、衬布等，使整件衣服更美观。柔软、薄型的衣料使用夹里后能更挺括、平整。

（2）对于秋冬季服装，可起到一定的保暖作用。

（3）保护服装的面料。服装敷上夹里后，能使人体在活动时不直接与面料摩擦，从而能延长面料的使用寿命。

（4）作为填料的夹层，不至于使絮料裸露在外面。

（5）使衣服易于穿脱。

2．服装里料的选配

在选择服装里料时，主要应注意以下几个方面的要求：

（1）里料与面料的缩水率要大体相当。

（2）色牢度要好，以防褪色。

（3）要有一定的保暖性。

（4）里料的透气性、吸湿性都要好，密度要小于面料。

（5）里料要光滑，易于穿脱，具有一定的柔软性。

（6）里料色泽的选配要得当，一般男装的面料与里料色泽要相似，女装的里料色泽不能深于面料。

（7）选择里料时要注意经济、耐脏、牢度高的特点，一般衣服应选择天然纤维的棉、丝织品，化纤中的粘纤、合成纤维中的棉纤维混纺织物为主要成分的里料，高档服装多用里子绸和美丽绸。

3．服装里料的分类

服装里料按大小可分为全里、半里、局部里三种。按工艺要求可做成面里固定和面里可脱卸两种。按材料可分为以下三类：

（1）天然纤维里料。常用的天然纤维里料有真丝电力纺、真丝斜纹绸、棉府绸等。这类里料大都具有天然纤维的柔和光泽，吸湿性强，耐高温，其中真丝电力纺、真丝斜纹绸适合做中、高档大衣、西装、套装的里料，棉府绸适合做滑雪衣或羽绒服的里料等。

（2）再生纤维里料。常用的再生纤维里料有纯粘胶丝的美丽绸、粘胶丝和棉纤维交织的羽纱、棉纬绫、棉线绫、富春纺等。美丽绸和羽纱是较常用的里料。美丽绸表面具有美丽耀眼的光泽；羽纱、 棉纬绫等都是斜纹组织，它们的最大特点是正面光滑柔软，吸湿性、透气性较好。

（3）合成纤维里料。常用的合成纤维里料有尼丝纺、尼龙绸、涤丝绸等。它们最大的优点是强度高、耐磨、不缩水、稳定性好。尼丝纺主要用于羽绒服的面料和里料、普通化纤服装的里料等。

二、服装的衬料

服装的衬料是指粘在衣领、前胸、裤腰等部位的一层布，也就是说是附在服装里使服装挺括的布。合理选择衬料是做好服装的关键，质量好的面料，相应要选用好一些的衬料，否则是糟蹋面料；相反，若面料较差，用合适的衬料做出的服装能合体挺括，从而弥补面料的不足，由此可见选用合理的衬料是十分重要的。

1．服装衬料的作用

服装的衬料是衣服的骨骼，起支撑作用，合理地运用衬料，可以使服装穿着合体、挺括，同时还可以掩饰人体的缺陷，因为衬料能使服装拉紧定型，对人体起修饰作用。另外，合理地使用衬料还能使服装结实耐穿。

2．常用衬料的分类

常用衬料种类较多，大体有动物毛衬类、麻衬类、布衬及化学衬等。

（1）动物毛衬类。

1）马尾衬。马尾衬是马尾与羊毛交织的平纹织物，其幅宽大致与马尾的长度相同，布面稀疏，类似罗底。马尾衬的特点是弹力较强，不褶皱，挺括度高，常作为高档服装的胸衬，一般用于男女中厚型西装、大衣等。在潮湿的状态下，对马尾衬进行热定型处理，可使胸部造型美观（图 1–3）。

图 1–3　马尾衬

2）毛鬃衬。毛鬃衬又叫作黑炭衬或毛衬，一般是牦牛毛、羊毛、棉、人造混纺的交织品，多为深灰色与杂色，属于平纹组织，幅宽一般有 74 cm、79 cm 和 81 cm 三种。其特点是硬挺度好、富有弹性，因此其造型性很好，多用作中高档面料的衬布，如男女中厚型面料服装的胸衬、男女西装的驳头衬等（图 1–4）。

图 1–4　毛鬃衬

（2）麻衬类。麻衬类较常见的材料也有两种，一种是麻布衬，另一种是上蜡软衬布。

1）麻布衬。麻布衬属于麻织物，平纹组织，具有比较好的弹性，常用作普通衣料的衬布。

2）上蜡软衬布。上蜡软衬布又叫作平布上胶衬，是麻与棉混纺的布料，属于平纹组织，在这种平纹麻棉混纺布上浸入适当的胶汁，表面呈微黄色，分为薄、中、厚三种，幅宽有 76 cm 与 83 cm 两种。其特点是质地硬挺滑爽、柔软度适中、富有弹性、韧性比较好，只是缩水率稍大，其缩水率为 6% 左右，所以在使用前最好先进行缩水，其适用于中厚、薄型军料的服装，如中山装等。

（3）布衬。常见的布衬有粗布衬与细布衬两种，两者都属于平纹组织。布衬是一般衣料的衬布用料，用时最好先进行缩水。

布衬的特点是表面平整有粗厚感、质地软、有一定的挺括度及弹性，属于低档衬布，也常作为牵条布用，牵条布必须是经向裁的直条，用于服装的某些边缘部位的拉紧与定型，近年来牵条布也有用无纺衬的。

（4）化学衬。化学衬又叫作黏合衬（图 1–5），是由基布和附着在基布面上的热熔胶黏合剂组成的，种类很多，分类方法也各异。其按发照基布的种类可分成机织衬、针织衬、元纺衬（是化学衬中最便宜的一种，因此用量也最大）。按织物的成分可分为纯涤纶衬、涤棉混纺衬及各种纤维的黏合衬。

黏合衬的布面上附有一层黏合剂，这种黏合剂只需通过一定的温度和适当的压力，在 5 ～ 10 s 内就可以使黏合衬与服装面料牢牢地黏合在一起，得到理想的黏结牢度，而且黏合的面料不起泡、无皱纹、平整挺括。

黏合衬的特点是：不缩水，不变色，不脱胶，不渗料，黏结牢度高，耐洗涤，手感轻软、丰满，弹性好。黏合衬在使用时非常方便。

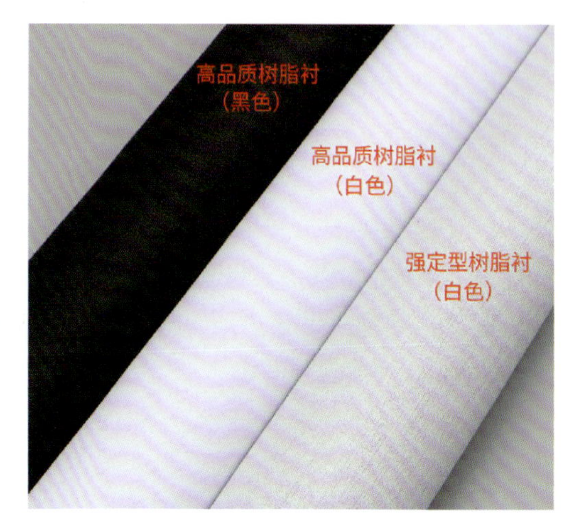

图 1-5　黏合衬

黏合衬的出现为服装工业化生产开辟了广阔的前景，因为黏合衬的使用改变了传统的手工工艺，大大地提高了生产效率，并能使服装的质量均一化，加工出来的服装既挺括又富有弹性，同时服装的质量也小，因此，黏合衬在世界各地服装生产中被广泛应用。常用的黏合衬有树脂衬、无纺衬、有纺衬、薄膜衬、网膜衬、分段衬等。

（5）常用衬垫及分类。衬垫材料比衬布材料质地厚实、柔软，其目的是使服装的某些部位抬高、挺括、柔软、美观。常见的衬垫有肩垫和胸垫两种。

1）肩垫。肩垫是衬在上衣肩部类似三角形的垫物。其作用是使肩部加高加厚，使其平整、挺括，从而达到美观的目的。现在从服装造型的需要出发，可以做成各种形状不同、厚薄各异的肩垫，以适应不同服装的需要（图 1-6）。

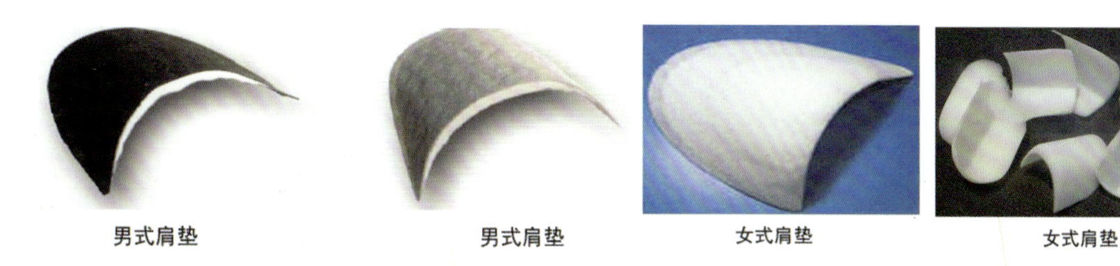

图 1-6　肩垫

2）胸垫。胸垫是衬在上衣胸部的一种衬垫物。胸垫能弥补乳房高低不平或局部塌陷的缺点，使穿着者胸部饱满，造型美观。胸垫又可分为一般胸垫衬和乳胸垫衬两种。高档面料的胸垫多用马尾衬加填充物做成，乳胸垫衬也有用泡沫塑料压制而成的。

除肩垫、胸垫外，还有臀垫。臀垫可使臀部丰满，突出人体的臀部线条。

三、服装的填充料

服装的填充料主要是指棉衣表与里之间起填充作用的材料，主要起保暖作用，一般是棉絮、丝绵、羽绒、裘皮等。

1．填充料的分类

填充料的分类如图 1-7 所示。

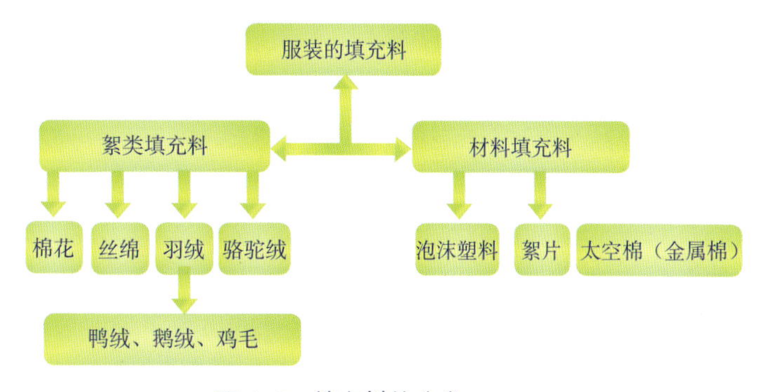

图 1-7　填充料的分类

2．絮类填充料的主要品种及用途

图 1-8　棉花

（1）棉花（图 1-8）。棉花主要用于做棉衣、棉裤、棉被及垫衬等。皮棉需加工成絮片状方可使用，这样不易滚花。

（2）丝绵（图 1-9）。丝绵是由茧丝或剥蚕茧表面的乱丝整理而成的。其主要用途是絮棉衣裤等。

穿用丝绵的人比较多，丝棉在使用上有一些特殊的要求，丝绵的原绵呈丝片状，要想使丝片绷开，须逐步轮转，直至整个丝片完全蓬松舒展，使丝片完全变成丝絮为止。

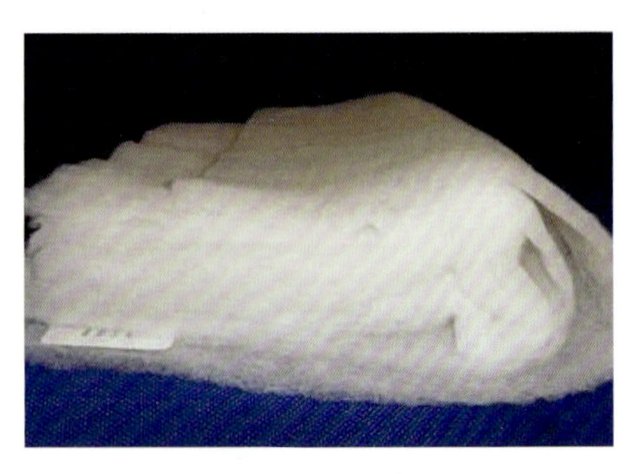
图 1-9　丝绵

（3）羽绒。羽绒俗称绒毛，属鸟羽的一种，生在雏鸟的体表及成鸟正羽的基部，绒毛有护体保温作用。羽绒的特点是羽干退化，羽枝柔软，羽小较细长，不成瓣状，常用的羽绒有鸭绒（图 1-10）、鹅绒、鸡毛。

1）鸭绒。鸭绒是经过加工的鸭的绒毛，具有质轻、保暖能力强的特点，主要用于做鸭绒衣服、鸭绒背心、鸭绒被褥等。

2）鹅绒。鹅绒具有细软、轻便等特点，保暖性能也很好，常代替鸭绒使用。

3）鸡毛。一般用鸡毛直接做絮的较少，都是将鸡毛经过加工处理，将鸡毛的羽瓣从羽干上撕下来，留下细羽的羽枝，这主要是因为雏鸡的绒毛很少，羽干和羽校都比较硬，不适宜直接做絮料。

图 1-10　羽绒

（4）骆驼绒（图 1-11）。骆驼绒是直接从骆驼毛中选出来的绒毛，可用来直接絮衣服，使用起来同棉花差不多，但保暖效果好于棉花，既轻又软，是很好的天然絮料。

3．材料填充料的主要品种及用途

（1）泡沫塑料。常见的泡沫塑料是聚氨基甲酸酯，简称聚氨酯，用聚氨酯制成的软泡沫塑料的外观很像海绵，疏松多孔、柔软似棉。其优点是轻而富有弹性（比羊毛、棉花都轻），既保暖又不使人感到气闷，压而不实，易洗易干。其缺点是时间长了或久经日晒其韧性及强度会降低。

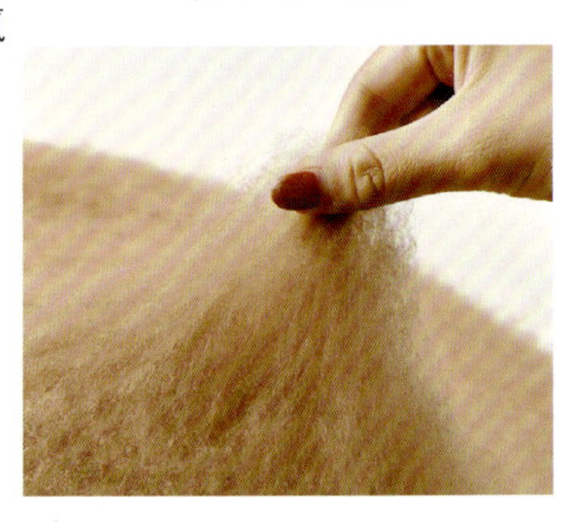
图 1-11　骆驼绒

（2）絮片。目前常用的絮片是用（中空）涤纶短纤维制成的，也有用纤维经过加工制成的片棉絮，用腈纶短纤维制成的絮片比棉花制成的絮片保暖性能还要好，厚薄也均匀，使用起来更为方便，只要根据尺寸裁剪即可。另外，上海市场已出现天然羽绒与化纤的混合絮片，如 70% 的骆驼绒与 30% 的腈纶絮片。这种混合絮片更能综合各种纤维的优点。

（3）太空棉（金属棉）。太空棉的出现，使服装填充料又多了一个新品种。它是一种全新的超轻、超薄、高效保暖的内衬材料。太空棉采用支撑金属层和化纤絮片，并在面上和底部加覆盖材料，采用真空蒸喷技术和针刺技术制成的。太空棉的保暖原理，是利用金属层的反射作用，将人体所散发的热辐射返回人体，使之产生人体特有的保暖效果。人体散发的汗气可以通过金属层的微孔及化纤絮片的细孔渗出，使人不会感到气闷及不透气。太空棉手感柔软，有弹性。太空棉在其保暖、透气、耐用、舒适、经济等方面远远超过传统的羽绒、骆驼毛、丝绵等。

四、服装的线类辅料

缝纫线是缝合衣片、连接服装各部件的重要材料。它既有牢固、耐用的实用功能，又有点缀、美化的装饰功能。它可以分为两类，一类是缝纫机用线，另一类是手工缝纫用线。缝纫线按材质可以分为棉线、丝线、涤纶线、涤棉线、锦纶线、维纶线、金银线等（图 1-12）。

图 1-12　缝纫线

（1）棉线。棉线是以普通棉纱或精梳棉纱捻成，牢度一般，缩水率较大，耐高温，多用于缝制棉织针织品、毛巾、床单、鞋帽等。棉线按加工工艺可分为无光线、蜡光线、丝光线等品种。无光线柔软坚韧，延伸性好。蜡光线多为普梳棉纱股线经上浆打蜡而成，光洁滑润，强度高。丝光线多为精梳棉纱股线，不经上浆打蜡，只做丝光处理，线质柔软细洁，表面有丝状光泽，明亮柔和。

（2）丝线。丝线是用多根蚕丝并捻而成，光泽明亮柔和，质地光滑柔软，坚牢耐用，耐热性较好，缩水率较大。丝线多用于丝绸、呢绒、毛皮服装的缝制及用作锁眼、刺绣用线。丝线有轴线和绞线两种绕制方式。常见品种有 7 根 /2 股的细衣线、16 根 /2 股的粗衣线、11 根 /2 股的细纽扣线、21 根 /3 股的粗纽扣线和 7 根 /3 股的皮革线。细衣线为缝纫机用线或锁边用线，手工多用粗衣线。

（3）涤纶线。涤纶线是以涤纶短纤维或涤纶长丝制成的缝纫线。涤纶线强力大，耐磨性好，缩水率小，耐热性尚可。它适合缝制各种涤棉、化纤织物。

（4）涤棉线。涤棉线采用 65% 的涤纶短纤维和 35% 的优质棉纺制成。其特点是，强度比一般棉线高 40%，柔韧性和弹性比较好，耐磨性比棉线好，缩水率小，约为 0.5%，能适应 3 000 r/min 的高速缝纫机，有轴线和宝塔线两种。涤棉混纺线品质优良，价格低，可用来缝制各种衣物，是目前国内使用最广泛的缝纫用线。

（5）锦纶线。锦纶线用锦纶丝制成，有轴线和宝塔线两种。锦纶线的特点是断裂强度高，耐磨性好，弹性好，吸湿性小。但锦纶线耐热性较差，熨烫温度应控制在 120 ℃左右，常用于缝制化纤面料、呢绒、羊毛衫等。

（6）维纶线。维纶线用维纶丝制成，有宝塔线和球线等品种。其特点是断裂强度高于棉线 20% ～ 40%，耐磨性低于锦纶线，但比棉线高 1 倍左右。维纶线的最大优点是化学稳定性好。维纶线常用于锁眼和钉纽扣，维纶宝塔线可用来缝制厚实的帆布制品。

（7）金银线。金银线是人们镶缝在服装上的一种装饰性用线。它是用一种高分子树脂薄膜涂料涂贴在镀有铝膜的树脂上，再切成细丝制成的。金银线的色彩取决于涂贴的树脂原料的色彩，颜色有金、银、红、绿、蓝五种。金银线光泽明亮，色彩鲜艳，但容易发脆、断裂，氧化褪色，不适于高速缝纫，多用于织制商标及各种绣品图案。

五、服装的紧扣类辅料

在服装中起连接与开合作用的辅料称为紧扣类辅料。紧扣类辅料包括纽扣、拉链、钩、环等。这些材料不仅有开合等实用功能，还具有一定的装饰功能，若选配得当，能进一步强化服装的穿着效果。

1．纽扣

（1）纽扣的种类。纽扣的种类繁多，分类方法各不相同。按原料划分，可分为塑料扣、金属扣、木扣、布扣、皮革扣和贝壳扣六类。

1）塑料扣。塑料扣是用化学原料注塑成型的纽扣，品种繁多，色彩丰富，性能各异，价格低。

①胶木扣（图 1-13）。胶木扣也称电木扣，以黑色为主，多为圆形明眼扣，规格为 5 ～ 13 mm。其特点是表面有一定光泽，耐热、耐磨性较好，质地硬脆，色彩单调，价格低廉，可用于低档服装或裤扣。

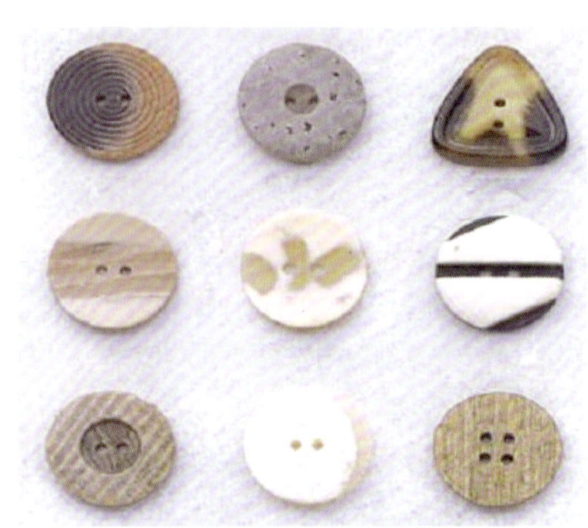

图 1-13　胶木扣

②电玉扣。其特点是表面强度高，耐热性好，不易燃烧，不易变形，色泽晶莹透亮，有玉石般的感觉，经久耐用，价格低，多用于男女中低档服装和童装。

③塑料扣。其特点是表面花型多，色彩鲜艳，光亮度、透明度较高，耐水洗，耐腐蚀，但质地较脆，强度较低，易于擦伤，受热易变形，多用于童装和便装。

④有机扣（图 1-14）。它是表面具有珍珠般光泽的纽扣，多为圆形，有明眼扣和暗眼扣两种，规格有 11 ～ 30 mm 多种。其特点是色泽鲜艳，花色品种繁多，质地坚硬，但耐热性较差，在 60 ℃的水中泡洗就会变形，多用于衬衫、中山装、大衣、针织外衣、皮革服装。

图 1-14　有机扣

2）金属扣。真的金属扣不多，只有电化铝扣、拷纽、揿钮等，大多为塑料扣外面镀以各种不同金属的镀层，外观酷似金属纽扣。

①电化铝扣。用薄铝板切割冲压成型，表面经氧化处理后成黄铜色，有各种形状。这种以铝代铜的纽扣质地轻，不易变形、变色，手感舒适，缺点是易磨断钉扣线，多用于女外衣和童装。

②拷纽（图 1-15）。拷纽又称四件扣，由上下四件结构组成，表面镀锌或铬。其特点是不用锁眼，安装简单，合启方便，坚牢耐用，并可起装饰作用，多用于夹克衫和羽绒服等中厚型服装。

③揿钮（图 1-16）。揿钮又称按扣或子母扣，由铜的合金制成，分为大、中、小三种规格。大号适用于沙发套、被褥套、棉衣等，中小号用于夹衣、单衣、内衣和童装。其合启方便省力，多用于服装易开易解的部位，且多为暗扣。

图 1-15　拷纽

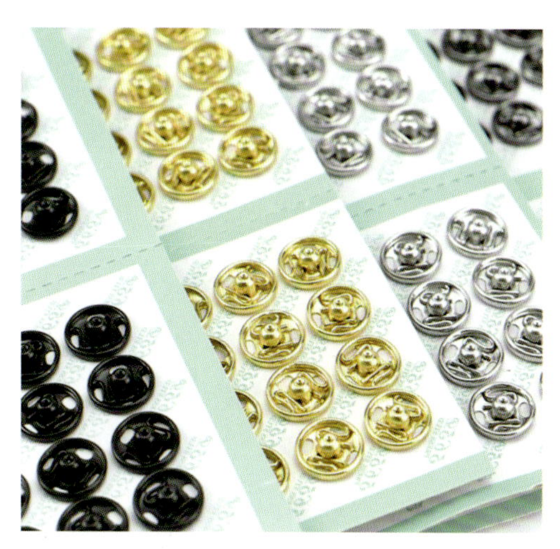

图 1-16　揿纽

④电镀扣（图 1-17）。电镀扣主要有镀铜、镀铬等品种，采用注塑成型工艺，表面镀以相应金属。电镀扣的外观、颜色酷似所镀的金属，色泽丰富，有仿金、仿铜、仿银、古铜等颜色，形象逼真，光泽明亮，装饰感强，且质地较轻，给人以庄重富丽的感觉，多用于外衣。

图 1-17　电镀扣

3）木扣。木扣是用桦木、柚木等经切削加工制成，有本色和染色两种，形状有圆形、圆柱形、竹节形、橄榄形等。其特点是外观和色泽自然质朴，别有韵味，若在表面涂上一层油漆就更显光亮富丽，可做春秋外衣、毛衣的纽扣。

4）布扣。常用的布扣主要有包纽、盘花纽等。

①包纽（图 1-18）。包纽是用衣料的边角料包覆胶木扣后，用手缝针缝成。通常是将衣料边角包覆包纽专用扣，在包纽机上压制而成。其特点是纽扣与衣服颜色统一协调，但耐磨性不佳，易损坏，多用于女装。

②盘花纽（图 1-19）。盘花纽又称编结纽，常用衣料的边角料或绒类织物盘结而成，由纽襻和纽头两部分组成，是我国传统中式服装用扣，富有民族特色。盘花纽若能合理地用于现代时装，则别有一番情趣。

5）皮革扣（图 1-20）。皮革扣是采用皮革的边角料裁成条带形状，再编结成型，形状多为圆形或方形，也有在包纽机上压制成包纽的。皮革扣丰满厚实，坚韧耐用，多用于猎装、皮革服装。

6）贝壳扣（图 1-21）。贝壳扣是用水生的硬质贝壳（多以海螺为主）材料加工制成。正面为白色珍珠母色，呈天然珍珠效果，多为圆形的明眼扣。贝壳扣的特点是质地坚硬、光泽自然，但其颜色单调，脆性大，易损坏，多用于男女浅色衬衫和医用消毒服纽扣。

（2）纽扣的选用。纽扣是服装的眼睛，为服装选配合适的纽扣，可起到画龙点睛的作用。纽扣的选用通常遵循以下三条原则：

图 1-18　包纽

图 1-19　盘花纽

图 1-20　皮革扣

图 1-21　贝壳扣

1）在一般情况下，纽扣的颜色要与面料的颜色协调。对浅色服装，宜选择颜色比面料稍深一点的纽扣。若面料是单色的，则纽扣不宜太花。

2）纽扣的材质、轻重应与面料的质地、厚薄、图案、纹理匹配，如牛仔服多采用有一定质量感、外观质朴的金属扣，丝绸服装可配以质地较轻的塑料扣或包纽。

3）纽扣的大小和形状应与服装的整体相适应。

2．拉链

拉链由于缝合简单，开启方便，不用开纽洞，故深受大众喜爱，已广泛用于衣服的门襟、口袋、裤子和裙子的门襟等处，代替纽扣。目前市场上常见的拉链品种有金属拉链、树脂拉链、尼龙拉链等（图 1-22）。

图 1-22　拉链

3．钩

钩是安装在服装经常开闭处的钩挂连接

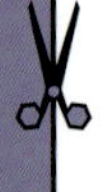

物，通常由左、右两件组成，常见的有领钩（又称风纪扣）、裤钩等（图 1-23）。

4．环

环是起调节松紧作用的一种紧扣类辅料，主要用于裤、裙的腰部，也常用于夹克衫、工作服的下摆袖口等处，常用的环有裤环、拉心扣、腰夹等（图 1-24）。

图 1-23 钩

图 1-24 环

5．其他紧扣类辅料

（1）尼龙搭扣（图 1-25）。尼龙搭扣由用尼龙丝织制的钩面带和圈面带组成。圈面带表面布满密集的小毛圈，钩面带表面布满一排排密集的尼龙丝弯钩，使用时将“圈面”与“钩面”对准轻轻一按，便能黏合在一起，且结合紧密，使用方便。尼龙搭扣常能代替纽扣和拉链，用于服装的门襟、口袋、手套等开合连接处。

（2）松紧带（图 1-26）。松紧带是织有弹性材料的柱状或扁平带状织物，由弹力锦纶丝、涤纶丝、棉线配以橡胶丝以机织或锭织制成。松紧带规格繁多，颜色以白色居多，常用于裤腰、裙腰、脚口、袖口、下摆等处，起收紧作用。

（3）螺纹口（图 1-27）。螺纹口是用棉纱与橡筋线交织而成的弹性带状织物，属于螺纹针织品，常用于服装的下摆、袖口、领口、腰口等处，富有弹性，穿着舒适。

图 1-25 尼龙搭扣

图 1-26 松紧带

图 1-27 螺纹口

第四节　服装排料知识

一、排料的意义

在裁剪中，对面料如何使用及用料的多少所进行的有计划的工艺操作称为排料。不进行排料就不知道用料的准确长度，铺料就无法进行。排料画样不仅为铺料裁剪提供依据，使这些工作能够顺利进行，而且对面料的消耗、裁剪的难易、服装的质量都有直接影响，是一项技术性很强的操作工艺。

二、排料的方法与具体要求

1．排料的方法

排料图的设计有多种方法：一是采取手工画样排料，即排料人员用样板在面料上画样套排，时间长、效率低；二是采用服装 CAD 系统绘图排料，该方法高效、便捷（图 1-28）。

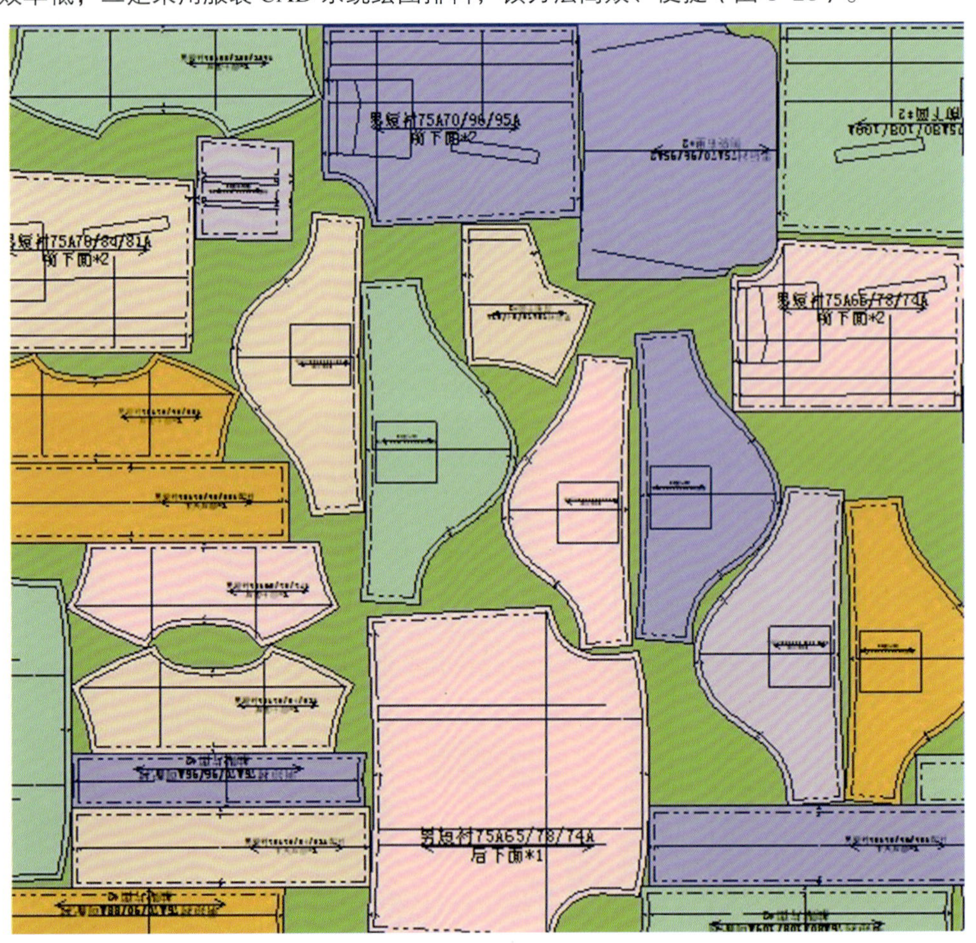

图 1-28　排料方法

2．排料的具体要求

排料实际是一个解决材料如何使用的问题，而材料的使用方法在服装制作中是非常重要的。如果材料使用不当，不仅会给制作加工带来困难，而且会直接影响服装的质量和效果，难以达到产品的设计要求。因此，排料前必须对产品的设计要求和制作工艺了解清楚，对使用材料的性能特点有所认识。在排料的过程中必须根据设计要求和制作工艺决定每片样板的排列位置，也就是决定材料的使用方法。排料的具体要求如下：

（1）面料的正、反面与衣片的对称。大多数服装面料是分正、反面的，而服装设计与制作的要求一般都是使面料的正面作为服装的表面。同时，服装上许多衣片具有对称性，例如上衣的衣袖、裤子的前片和后片等，大都是左右对称的两片。因此，排料时既要保证衣片正反一致，又要保证衣片的对称，避免出现“一顺”现象。

（2）排料的方向性。服装面料具有一定的方向性，主要表现在以下三个方面。

1）面料有经纱（直纱）与纬纱（横纱）之分。在服装制作中，面料的经向与纬向表现出不同的性能。例如，经纱挺拔垂直，不易伸长变形。纬纱有较大伸缩性，富有弹性，易弯曲延伸。因此，不同衣片在用料上有经纱、纬纱、斜纱之分，排料时，应根据服装制作的要求，注意用料的纱线方向。一般情况下，排料时样板的方向都不准随意放置。为了排料时确定方向，样板上一般都画出经纱的方向作为衣片的丝缕方向，排料时应注意使它与面料的纱向一致。一般来说，服装的长度部分（如衣长、裤长、袖片等）及零部件（如门襟、腰面、嵌线等）为防止拉宽变形，皆采用经纱。横纱大多用于与大身丝缕一致的部件，如呢料服装的领面、袋盖和贴边等。而斜料一般用于伸缩比较大的部位，如滚条，呢料上装的领里，化纤服装的领面、领里，另外还可用于需增加美观的部位，如条、格料的覆肩、育克、外门襟等。在排料时，不仅要弄清样板规定的丝缕方向，还应根据产品要求决定是否允许偏斜及偏斜的程度。

2）面料表面有绒毛，且绒毛具有方向性，如灯芯绒、丝绒、人造毛皮等。在用倒顺毛面料进行排料时，首先要弄清楚倒顺毛的方向、绒毛的长度和倒顺向的程度等，然后才能确定画样的方向。例如，灯芯绒面料的绒毛很短，为了使产品毛色和顺，采取倒毛做（逆毛面上）。又如兔毛呢和人造毛皮这一类绒毛较长的面料，不宜采取倒毛做，而应采取顺毛做。为了节约面料，对于绒毛较短的面料，可采用一件倒画、一件顺画的两件套排画样的方法，但是在一件产品中的各部件，无论其绒毛的长短和倒顺向的程度如何，都不能有倒有顺，而应该一致。领面的倒顺毛方向，应以成品领面翻下后保持与后身绒毛同一方向为准。

3）有些面料表面花纹图案具有方向性，如倒顺花、阴阳格、团花等。对这类花型的面料，要根据花型特点进行画样。倒顺花是指有方向性花型的图案，如人像、山、水、桥、亭等不可倒置的图案。对这种花型的画样要保持图案与人体高度方向一致，应顺向排料，不能一片倒、一片顺，更不能全部倒置排料。

（3）对条、对格面料的排料。国家服装质量检验标准中关于对条、对格有明确的规定，凡是面料有明显的条格，且格宽在 1 cm 以上者，要条料对条、格料对格。对于高档服装，对条、对格有更严格的要求。

1）上衣对格的部位：左右门里襟、前后身侧缝、袖与大身、后身拼缝、左右领角及衬衫左右袖头的条格应对称；后领面与后身中缝条格应对准，驳领的左右挂面应对称；大、小袖片横格对准，同件袖子左、右应对称；大、小袋与大身对格，左、右袋对称，左、右袋嵌线条格对称。

2）裤子的对格部位：裤子对格的部位有栋（侧）缝、下裆（中裆以上）缝、前 / 后裆缝；左、右腰面条格应对称；两后袋、两前斜袋与大身对格，且左右对称。对条、对格的方法有以下两种。

①在画样时，将需要对条、对格部位的条格画准。在铺料时，一定要采取对格铺料的方法。

②将对条、对格的其中一条画准，对另一片采取放格的方法，开刀时裁下毛坯，再对条、对格，并裁剪。一般来说，较高档服装的排料使用这种方式。

3）对条、对格的注意事项：

①画样时，应尽可能将需要对格的部件画在同一纬度上，以避免面料纬斜和格子稀密不匀而影响对格。

②在画上下不对称的条格面料时，在同一件产品中要保证一致顺向排料，不能颠倒。

（4）对花面料的排料。对花是指面料上的花形图案。经过加工成为服装后，其明显的主要部位组合处的花形仍要保持完整。对花的花形一般都是属于丝织品上较大的团花，如龙、凤、福、禄、寿等不可分割的花形。对花产品是中式丝绸棉袄、丝绸晨衣的特色。对花的部位在两片前身、袋与大身、袖与前身等处。

1）对花产品排料时的注意事项：

①要计算好花型的组合，如前身两片在门襟处要对花，画样时要画准，在左、右片重合时，使花型完整。

②在画这种对花产品时，要仔细检查面料的花型间隔距离是否规则，如果花型间隔距离大小不一，其画样图就要分开画，以免花型距离不一引起对花不准。

③无肩缝中式丝绸服装对花时，有的产品的门襟、袖中缝、领与后身、后身中缝、袋与大身、领头两端等部位都需要对团花，也有的产品的袖中缝、领与后身部位不一定要求对团花，其他部位与整肩产品（无肩缝）相同。

2）对花产品排料的具体要求：

①面料中的花纹不得裁倒，有文字的以主要文字图案为标准，无文字的以主要花纹的倒顺为标准。

②面料花纹中有倒有顺或花纹中全部无明显倒顺者（梅、兰、竹、菊等），允许两件套排一倒一顺裁（但一件内不可有倒有顺）。以下几种具体情况不宜一倒一顺裁：

a. 花纹有方向性的，并全部一顺倒的；

b. 花纹中虽有顺有倒，但其中文字或图案（瓶、壶、鼎、鸟、兽、桥、亭等）向一顺倒的；

c. 花纹中大部分无明显倒顺，但某一主体花型不可倒置的；

d. 前身左、右两片在胸部位置的排花要对准；

e. 两袖要对排花、团花，袖子和前身要对排花、团花，排花的色、花都要对，散花袖子和前身不对花；

f. 中式大襟和小襟（包括琵琶襟）不对排花；

g. 男衬衣贴袋遇团花要对团花，中式贴袋一般不对团花；

h. 团花和散花的排花，只对横排，不对竖排；

i. 对花，以上部为主，排花高低允许误差为 2 cm，团花拼接允许误差为 0.5 cm；

j. 有背缝、无肩缝的服装的团花及排花只对前身，不对后身。

（5）节约用料。在保证达到设计和制作工艺要求的前提下，尽量减少面料的用量是排料时应遵循的重要原则。服装的成本在很大程度上取决于面料的用量，而决定面料用量的关键是排料方法。同样一套样板，由于排放的形式不同，所占的面积就会不同，也就是用料量不同。排料的目的之一，就是要找出一种用料最省的样板排放形式。如何通过排料达到这一目的，在很大程度上要靠经验和技巧。根据经验，以下方法对提高面料利用率、节约用料行之有效。

1）先主后次：排料时，先将主要部件较大的样板排好，然后将零部件的样板放在大片样板的间隙及剩余面料中排列。

2）紧密套排：样板形状各不相同，其边线有直的、斜的、弯的、凹凸的等。排料时，应根据它们的形状采取直对直、斜对斜、凸对凹、弯与弯相顺，这样可以尽量减少样板之间的空隙，充分提高面料的利用率。

3）缺口合拼：有的样板具有凹状缺口，但有时缺口内又不能插入其他部件。此时，可将两片样板的缺口拼在一起，使两片之间的空隙加大。空隙加大后便可以排放另外的小片样板。

4）大小搭配：当同一裁床上要排多种规格的样板时，应将不同规格的样板相互搭配，统一排放，使不同规格的样板可以取长补短，实现合理用料。

5）拼接合理：在排料过程中，常常会遇到零部件的拼接。产生拼接的原因有很多，如人体体形肥胖、可用面料较小、衣料门幅较窄，这些都会使衣片中某些部件需要拼接。不能随便拼接零部件，否则会影响成品服装的外形美观，应该在国家技术标准所规定的允许范围内进行合理拼接。要做到充分节约面料，排料时就必须根据上述规律反复进行试排，不断改进，最终选出最合理的排料方案。

第五节　服装缝制设备介绍

随着市场经济的迅速发展，工业平缝缝纫机的种类和型号也在不断增加。现在工业平缝缝纫机虽然种类繁多，外观各有不同，但从机械结构、传动原理和过程上来看基本相似。

一、工业平缝缝纫机的性能

（1）缝纫速度：9 000 针 / 分。

（2）最大针距：5 mm。

（3）能缝厚度：缝料在自然情况下为 4 mm。

（4）电动机功率：0.37 kW。

二、使用工业平缝缝纫机时的注意事项

（1）上机前进行安全操作和用电安全常识学习。

（2）工作中机器出现异常声音时，要立即停止工作，并及时进行处理。

（3）面线穿入机针孔后机器不空转，以免轧线。

（4）使用缝纫机时，要做到用时机器开，工作结束或离开时机器关。

（5）工作中手和机针要保持一定距离，以免造成机针扎伤手指和出现其他意外事故。

三、使用工业平缝缝纫机的方法

（1）装针。初学者在装针前必须切断电源。转动上轮，使针杆上升到最高位置，旋松装针螺丝，将机针的长槽朝向操作者的左面，然后把针柄插入针杆下部的针孔内，使其碰到针杆孔的底部为止，

再旋紧装针螺丝即可。

（2）穿线。穿面线时针杆应在最高位置，然后由线架上引出线头，按顺序穿线，最后穿针上的线，从操作者的左面穿向右面。引底线时，先将面线线头捏住，转动主动轮，使针杆向下运动，再回升到最高位置，然后拉起捏住的面线线头，底线即被牵引上来。最后将底面两根线头一起置于压脚下前方。

（3）绕底线调节。梭芯线应排列整齐而紧密。如松浮不紧，可以加大过线架夹线板的压力，如排列不齐，则要移动过线架的位置进行调整，出现单边线时，可分别向右和向左移动过线架，直至自动排列整齐后即可。注意：梭芯线不能绕得过满，否则容易散落，适当的绕线量为平行绕线至梭芯外径的 80%，绕线量由满线跳板上的满线度调节螺丝加以调节。绕线时抬起压脚，以防送布牙磨损。

（4）针距调节。倒顺送料针距的长短，可以用转动针距标盘来调节，标盘上的数字表示针距长短尺寸（单位为 mm）。将倒缝操作杆向下揿压即能倒送，手放松后倒缝操作杆自动复位，恢复顺向送料。

（5）压脚压力调节。压脚压力要根据缝料的厚度加以调节，首先旋松螺母。在缝纫厚料时，可按所示方向转动调压螺丝，以减小压脚压力，应以能正常推送面料为宜。

（6）缝线线迹的调节。缝线的线力要根据缝料的差别、缝线的粗细及其一些因素变动，使上、下线（即底面线）保持适当的张力，才能形成合格线迹，因此在缝制前，必须仔细地调节底面线的张力，一般先调节底线张力。

只要用小号螺丝刀旋转梭壳上的梭皮螺丝，加大或减小底线张力即可调节。一般来说，底线如采用 60 号棉线，梭芯装入梭壳后，拉出缝线穿过梭壳线孔，捏住线头吊起梭壳，梭壳如能缓缓下落，则可使用。

四、设备调试和试缝

机器在使用过程中（特别是对初学缝纫者），操作失误易造成某部位错位，必须调整后方能继续缝制。由于面料有厚和薄的区别和织物性质的不同，为了适应其缝合要求，相关部位应作相应调整。

1．针杆的定位

缝纫机针杆高度的调节是避免跳针、断针、断线的前提，所以要选择最佳的定位高度、针杆高度的调节方法，如图 1–29 所示。

2．机针与旋梭钩线尖的配合调节

机针与旋梭钩线尖的配合调节的一般的方法为，拧松旋梭固定螺丝，但不能太松，要保持一定的阻力，以防止转动皮带轮时旋梭空转，如果顺转会碰撞旋梭，则迅速反转，机针从旋梭空隙中插入，然后用起子拨动旋梭，使旋梭钩线尖触及机针圆弧凹坑内，微调到旋梭钩线尖与机针重合，旋梭钩线尖应在机针穿线孔上方 0.8 ～ 2.1 mm 范围内调节。

3．机针与送布牙配合的调节

机针与送布牙配合的调节和缝制品线迹的清晰、操作的平稳有着密切的关系，对跳针、断针故障的发生也有很大影响，如图 1–30 所示。

4．压脚杆和调压螺丝的调节

机器在缝制过程中会遇到不同性质的面料，如人造革、喷绒革等面料，为了克服面料推进的阻

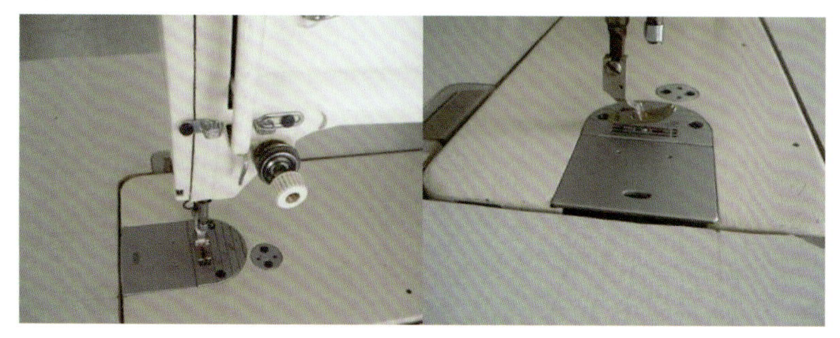

图 1-29　针杆的定位

图 1-30　机针与送布牙配合的调节

力，需要换牛筋底板的塑料压脚以减小压脚对缝料的阻力。表面涂有胶质缝料，如橡胶鞋的中底布、皮鞋鞋帮类缝料，需换滚轮压脚。换滚轮压脚后会出现压不到缝料或者与针板孔偏差很大的现象，需要调整后方可使用。根据缝制要求选择不同长度的针距，在机器的右侧有一个线迹调节器，上面有 1 ～ 5 的数字，数字越小针距越密，数字越大针距越稀，顺时针转针距变小，逆时针转针距变大。一般缝衣服的针距是每 3 cm 13 ～ 15 针，如图 1-31 所示。

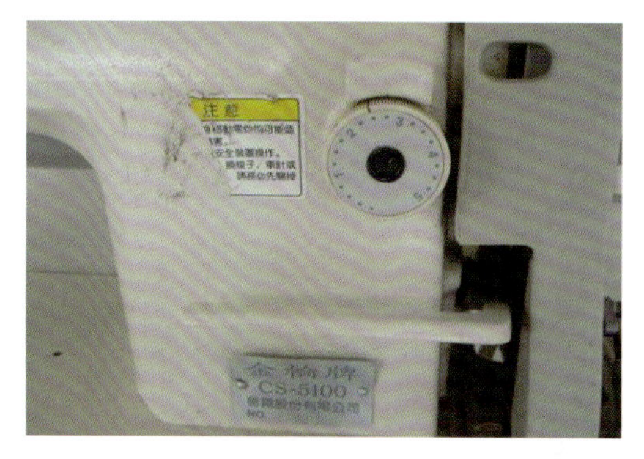

图 1-31　距离调节

五、缝制设备容易产生的故障及原因

缝纫机在使用中零件会产生自然磨损，即使新机器或经大修后的机器也会发生偶然性的零件损坏，若操作失误或保养不善则会产生各种故障。

现将实践中经常遇到的一些故障及其产生原因，以及排除方法等介绍如下。

1．跳线

在缝制时，面料上不时出现面线与底线不绞合现象，称为“跳线”故障。出现跳线时可以从以下几个方面查找原因：

（1）机针没有装到位；

（2）机针弯曲；

（3）机针磨损或针号太大。

2．断线

实践中观察到的断线现象，大多像刀口割断一样的“断线头呈齐头状”。出现断线时可以从以下几个方面查找原因：

（1）缝线问题；

（2）机针问题；

（3）穿线途径问题；

（4）相关零件磨损。

3．浮线

所谓浮线（俗称泡线），就是在缝纫时，缝制品表面线迹或上或下含糊不清，浮线既影响缝制品的表面美观，又损害缝制品的牢固性。浮线又可分为浮面线和底线，但在修理实践中浮底线较多，可以从以下几个方面查找原因：

（1）面线张力太强引起浮面线；

（2）底线张力太强引起浮底线；

（3）夹线板或夹板螺钉磨损，被线拉出沟槽引起断续性的浮线；

（4）底面线粗细不一致引起浮线；

（5）在更换零件时配合间隙没有调节好，造成“单边”现象，引起浮线；

（6）旋梭梭床过线缺口与旋梭定位钩凸缘配合间隙太小，引起毛巾状连续浮起；

（7）底线途径和面线途径被缝线拉出沟槽，导致连续性浮线，出现故障后检查穿线途经的孔，用细砂布撕成条状，捻成小圆绳穿入孔中砂掉沟槽；

（8）送料机构与钩线机构的配合运动不佳。

4. 断针

出现断针时，可以从以下几个方面查找原因：

（1）旋梭梭床档针块过低或机针太高；

（2）机针与旋梭钩线尖靠得太近；

（3）压脚容针槽歪斜；

（4）针板孔径太小或针板孔偏差；

（5）紧固针杆的螺丝损坏或针杆连接柱螺孔损坏；

（6）旋梭错位；

（7）旋梭定位钩凸缘太低；

（8）针杆定位偏低。

六、机器保养的作用

（1）保护作用。各种包缝线迹可保护面料的边缘不脱散，并具有一定的拉伸性。

（2）加固作用。用线迹对服装的某些部位进行加固，以保持该部位形状的稳定性，如领子、袖口处的明线，西服制作中的纳驳头等。

（3）辅助加工作用。用某些线迹在面料上进行抽褶或做标记和定位等。

（4）装饰作用。各类露在服装表面的线迹都有装饰、美化服装的作用，能使服装结构鲜明突出，增加特色。

第六节　缝制设备操作练习

一、踏机练习

踏机练习（图1-32）是正确使用工业平缝缝纫机的基本功，每个初学者都必须认真进行踏机练习。

电动平缝缝纫机采用离合器电动机传动，这种离合器的传动很灵敏，脚踏的力量越大，缝纫速度越快，反之缝纫速度越慢。通过脚踏用力的大小就可随意调整缝纫机的转数。只有加强练习，才能掌握好工业平缝缝纫机的使用。

具体练习步骤如下：

（1）身体坐正，坐凳不要太高或太低。

（2）将右脚放在脚踏板上，将右膝靠在膝控压脚的碰块上，练习抬、放压脚，以熟练为准。

（3）稳机练习（不安装机针、不穿引缝线），做起步、慢速、中速、停机练习，起步时要缓慢用力（切勿用力过大），停机要迅速准确，练习以慢、中速为主，反复进行，以熟练掌握为准。

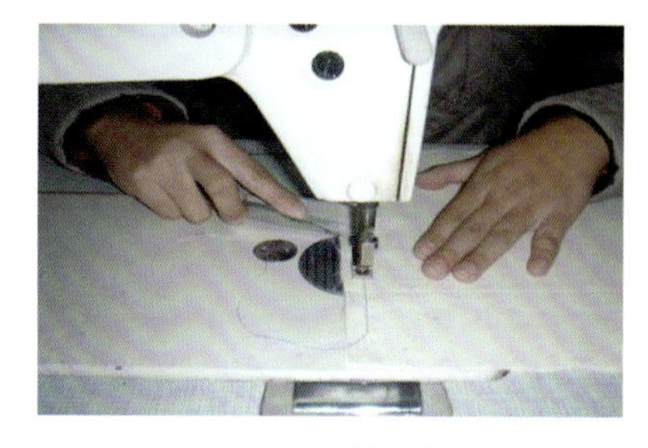
图 1-32 踏机练习

（4）倒顺送料练习，用二层纸或一层厚纸做起缝、打倒顺练习。

二、空车缉纸练习

在较好地掌握空车转的基础上进行不引线的缉纸练习。先缉直线，后缉弧线，然后进行不同距离的平行直线、弧线的缝制练习，还可以练习各种图形，使手、脚、眼协调配合，做到纸上针孔整齐，直线不弯，弧线圆顺，短针迹或转弯不出头。

三、机缝前的准备

1. 机针的选用

机针型号有 9 号、11 号、14 号、16 号、18 号。号码越小，针越细；号码越大，针越粗。机针的选用标准是缝料越厚越硬，机针越粗；缝料越薄越软，机针越细。机针的选用方法见表 1-2。

表 1-2 机针的选用方法

机针型号	9 号	11 号	14 号	16 号	18 号
用途	薄料	丝绸料	中厚料棉	厚料	牛仔及粗呢

2. 针迹、针距的调节

针迹清晰、整齐，针距密度均匀都是衡量缝纫质量的重要标准。针迹的调节由调节装置控制，往左旋转针迹长，往右旋转针迹短（密）。针迹调节也必须按衣料的厚薄、松紧、软硬合理进行，缝薄、松、软的衣料时，底面线都应适当放松。压脚压力送布牙也应适当放低，这样缝纫时可避免皱缩现象。对于表面起绒的面料，为使线迹清晰，可以略将面线放松，卷缉贴边时，因反缉可将底线略放松。

机缝前必须先将针距调节好。针距要适当，针距过稀不美观，而且影响牢度。针距过密也不好看，而且易损衣料。一般情况下，薄料、精纺料每 3 cm 长度为 14 ～ 18 针，厚料、粗纺料每 3 cm 长度为 8 ～ 12 针。

四、机缝的操作要领

（1）在衣片缝合无特殊要求的情况下，机缝时一般要保持上、下松紧一致，上、下衣片受到送布的直接推送作用走得较快，而上层受到压脚的阻力，送布间接推送转慢，往往衣片缝合后产生上层长，下层短，或缝合的衣缝有松紧皱缩现象。所以要针对机缝的这些特点，采取相应的操作方法。在开始缝合时就要注意手势，左手向前稍推送衣片，右手把下层稍拉紧，有的缝位过小则不宜用手拉紧，可借助钻车或钳工控制松紧。这样才能使上、下衣片始终保持松紧一致，不起连形，以上都是最基本的操作要领（图 1-33）。

（2）机缝的确良起落针根据需要可缉倒顺针，机缝断线一般可以重叠接线，但倒针交接不能出现双轨。

（3）各种机缝要缝足缝份，不要有虚缝。

（4）卷边缝、压止口和各种包缝的缉线也要注意上、下层松紧一致。如果上、下层错位，会形成斜纹涟形。

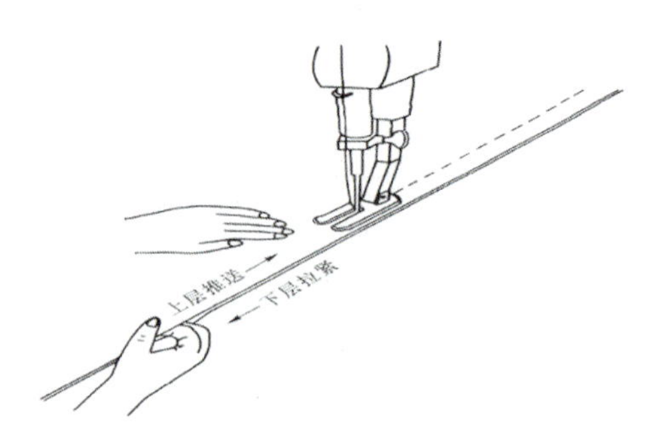

图 1-33　机缝操作要领

第七节　各种特种机的介绍

一、锁眼机

锁眼机可以在各种面料上加工各种款式的锁眼，无论是带锥形尾还是不带锥形尾的；有无芯线或仿手工缝的钮孔都可完成。切孔长度为 6 ～ 50 mm，可方便地选择先缝后切或先切后缝。锁眼机可分为平头锁眼机（图 1-34）和圆头锁眼机（图 1-35）两种，其中，平头锁眼机（纽孔长度为 6.4 ～ 19.0 mm，纽孔宽度为 2.5 ～ 4.0 mm）可为各种材质的男女服饰缝扣眼，配备有润滑系统和螺纹微调，线迹长度可调节，有不同的长度和宽度可供选择。

图 1-34　平头锁眼机

图 1-35　圆头锁眼机

二、高速电子平缝钉扣机

高速电子平缝钉扣机（图 1-36）最高缝速为 2 700 r/min，能快速启动和停止。可通过快速的切线以及抬压脚操作使机器的循环时间大幅度缩短。标准型装备了 50 种缝制花样，通过简单的切换就能进行循环缝。

通过采用灵活的张力，可对启缝、缝制中、缝制结束时（固定缝）各部位的面线张力分别进行设定。 在考虑对钉扣时的落针进行调整时，无须机械调整，只要在启缝点处进行调整即可。

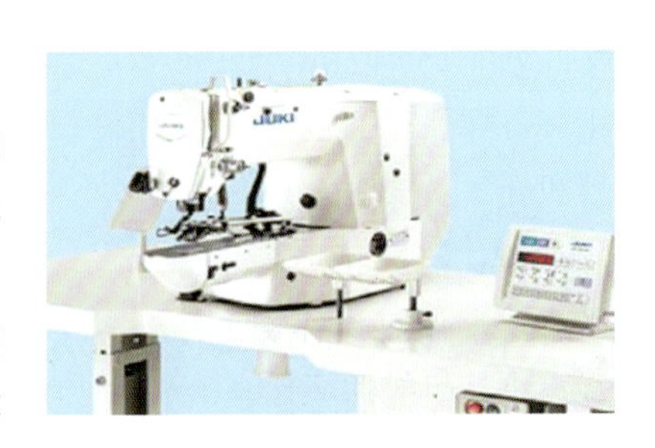

图 1-36　高速电子平缝钉扣机

三、高速电子套结机

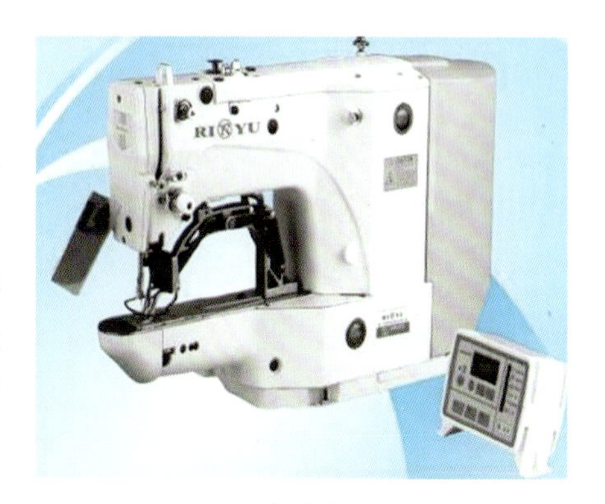

图 1-37　高速电子套结机

高速电子套结机（图 1-37）用于高级西装衬衫的下摆开叉部分、袋口的加固缝。前身和后身的头开叉部位通过使用 H 形的固定缝，形成漂亮的轮廓。直接驱动式机头的电子套结机，具有优越的作业性能和广泛的用途，因为采用了高低自由压脚，可以很容易地确定正确的缝制位置，可以缝制帽眼、半圆、假眼等线迹。

四、花样打揽缝纫机

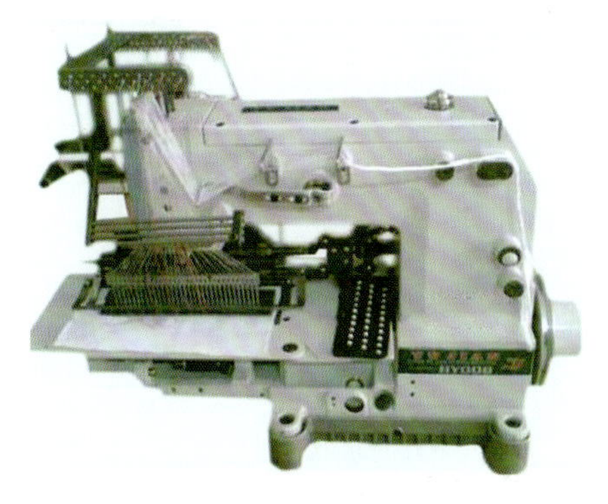

图 1-38　花样打揽缝纫机

1．用途

（1）用于普通运动裤、便裤上松紧带，上腰、衬衫门襟、装饰条带。

（2）用于时装、女装、内衣、童装窄的、宽的抽皱装饰缝。

（3）用于面料开发利用等。

（4）用于普通打揽装饰与橡筋线抽皱装饰。

其有多种针位、多种车缝宽度的设备可供选择（图 1-38）。

2．可选针数

花样打揽缝纫机可选针数有 12 针、13 针、16 针、17 针、18 针、21 针、24 针、25 针、33 针。

3．可选针距

花样打揽缝纫机可选针距有 1/8 英寸[1]、3/16 英寸、1/4 英寸。

五、高速绷缝机

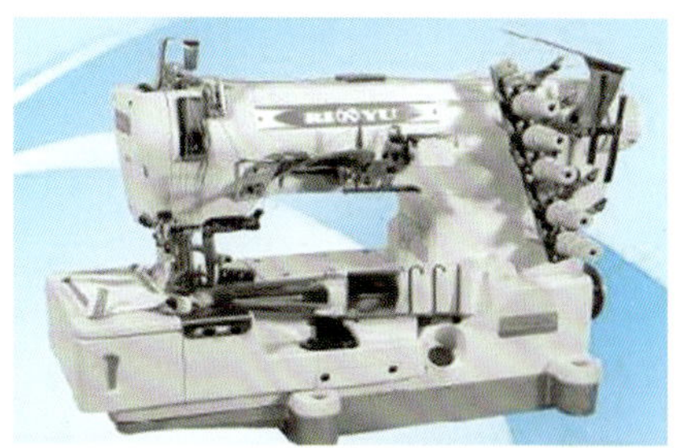

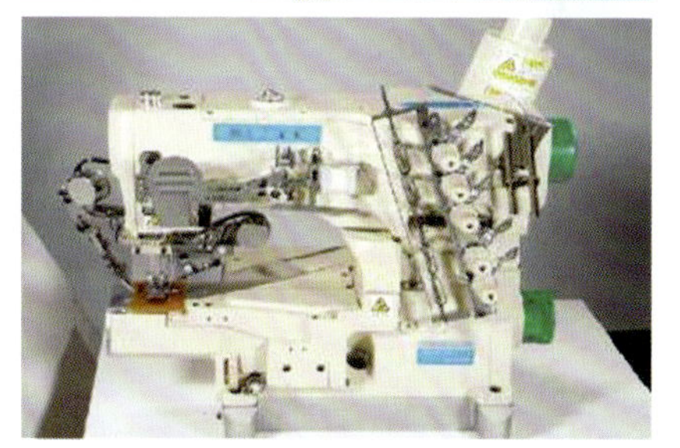

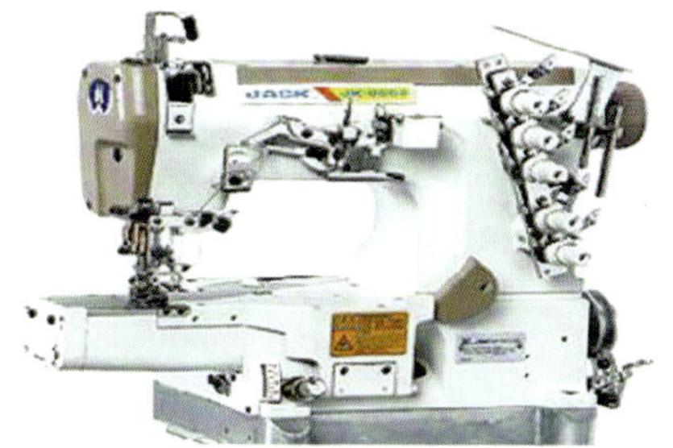

图 1-39　高速绷缝机

高速绷缝机（图 1-39）可进行两面装饰缝，因它是小方头式结构，故适用于领口及袖口等较小部位的缝制，并配备切线装置，可实现自动剪线和自动抬压脚功能，可以轻松地进行下一次的缝制。

六、高速单针平缝曲折缝缝纫机（人字车）

高速单针平缝曲折缝缝纫机（图 1-40）适用于内衣、针织、胸饰、内裤、手套、鞋帽等行业的薄料曲折和装饰缝。该机器具有自动剪线、自动倒回缝、自动抬压脚、自动停针等功能，进一步提高了操作性能和工作效率，迎合了服装的多样化，通过操作键盘可输入自定义线迹。该机器速度快，噪声小。机针摆幅最高可达 10 mm，放料部位宽敞。

① 1 英寸 = 2.54 厘米。

七、高速双针缝纫机

该产品系列有薄料机和厚料机两种，适宜于缝制衬衫、制服、大衣、女内衣、牛仔衣裤等。该机器（图 1-41）采用双直针，两只立式自动供油润滑旋梭勾线，滑杆挑线，形成两行双线锁式线迹，针杆摆动与送布牙同步送料，线迹美观又无缝料间的滑移，上、下轴采用同步齿形带传动。左、右梭心内的缝线回拉弹簧，可更细致地调节缝线张力。

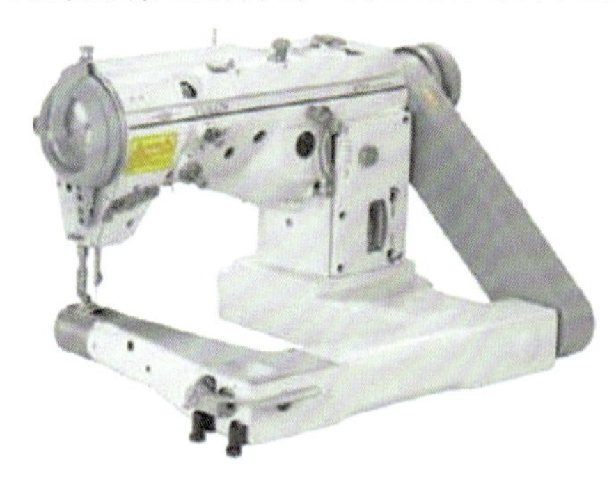

图 1-40　高速单针平缝曲折缝纫机（人字车）

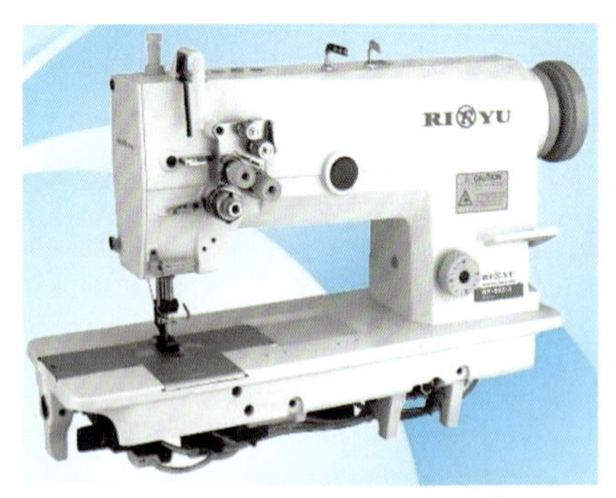

图 1-41　高速双针缝纫机

八、臂型双针双重环缝缝纫机（埋夹机）

图 1-42 所示是缝制衬衫侧缝时不可欠缺的臂型双针双重环缝缝纫机。通过低张力缝制，该机器可形成缝迹柔软的气球形缝迹。标准型装备了可顺畅通过高、低层部的新型卷具，配备了可对应从极薄料到中厚料缝制的各种卷具。

九、高速连杆式双同步厚料机

图 1-43 所示的高速连杆式双同步厚料机适用于缝制中厚料，如纺织品、聚乙烯面料、箱包、船帆、遮篷、行李袋、皮衣、沙发、皮革等。它采用连杆式送料机构，耐久性好，送料平稳，齿轮泵供油系统确保机器低速运转时也能得到充分润滑。滚针连杆挑线，自动润滑大旋梭勾线；上、下同步送料，可防止上、下缝料层之间的滑移；针距标盘的锁紧装置确保在顺倒缝操作下，线迹长度不易变化；顺倒缝针长度可调，线迹美观。

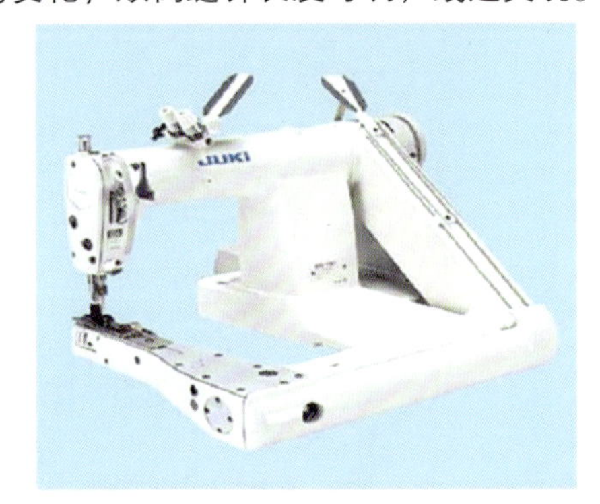

图 1-42　臂型双针双重环缝缝纫机（埋夹机）

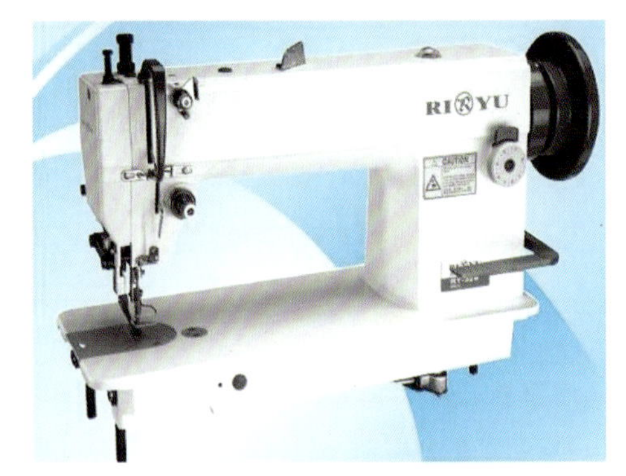

图 1-43　高速连杆式双同步厚料机

十、高速链缝机

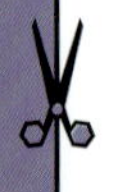

高速链缝机（图 1-44）适用于服装、针织等行业的薄、中厚料的缝制。该机器采用连杆式送料

机构，针杆挑线，双弯针勾线，形成平行的双线链式线迹，线迹牢固且具有弹性，面线底线均由线团供线，操作方便。针间距的标准为 6.4 mm，另外在 3.2 ～ 12.7 mm 范围内有 7 种规格可供选择。

十一、多针链式缝纫机

多针链式缝纫机（图 1-45）适用于衬衫门襟车缝、上带车缝和裤头车缝（松紧带车缝）。它采用完全自动给油，钩针纵向运动机构，筒型车台利于圆筒形衣物的缝纫。其适用于高级衣物的装饰车缝，有 4 针、6 针、8 针、12 针、13 针等不同针位的机型，一机多针，缝制方便，可配卷边器，一次性加工成形，是现代缝制休闲服的最佳设备。

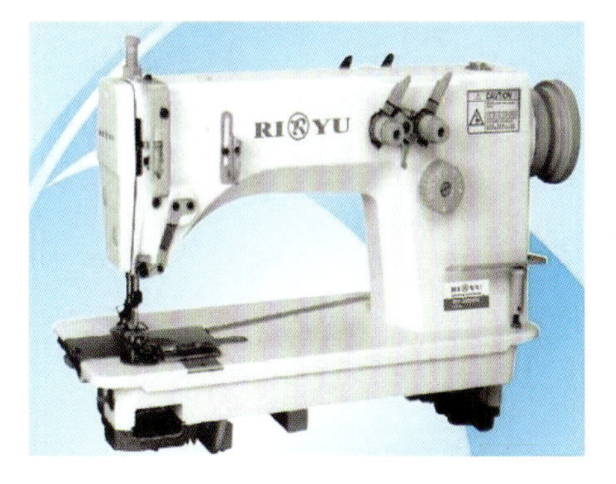

图 1-44　高速链缝机

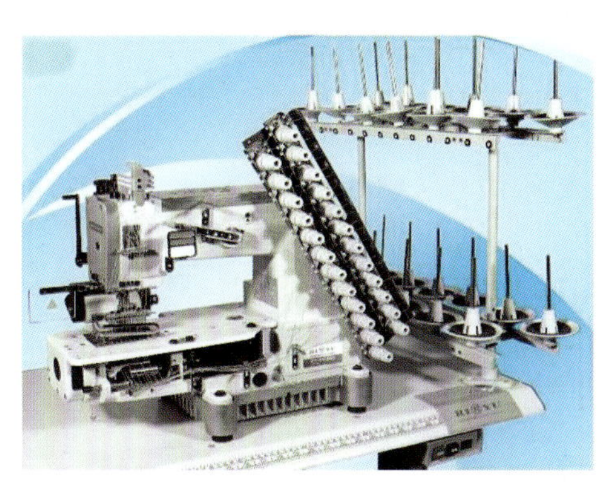

图 1-45　多针链式缝纫机

十二、暗缝机（撬边机）

暗缝机（图 1-46）的特点如下：

（1）因附有新型线张力调整器，缝纫时能够得到适当的线张力。

（2）因装备新型针板与压脚，可稳定且顺利地送布，得到美观的缝制品。

（3）附有防止倒线装置，可解决倒线引起的跳线问题。

（4）因附有新型撬缝调节旋钮，可得到最适当的撬缝量。

图 1-46　暗缝机（撬边机）

十三、高速包缝机

高速包缝机（图 1-47）适用于针织服装、内衣、T 恤衫、丝绸、化纤的包边作业等。该产品采用国际最先进的技术：一是增加牙架回油装置和改进油封槽，该设计较好地解决了两处渗漏油这个世界性技术难题；二是增加滤油器装置进一步净化润滑油，延长机器使用寿命，根除抱死现象。这是一款物美价廉的高档缝纫设备。

十四、珠边机

珠边机（图 1-48）适用于西装、男女休闲装、大衣、西裤、衬衫等时装的装饰缝纫。该机器具有结构合理、运转平稳、噪声小、外形美观大方、线迹美观、使用方便等特点，是服装行业理想的缝制设备。

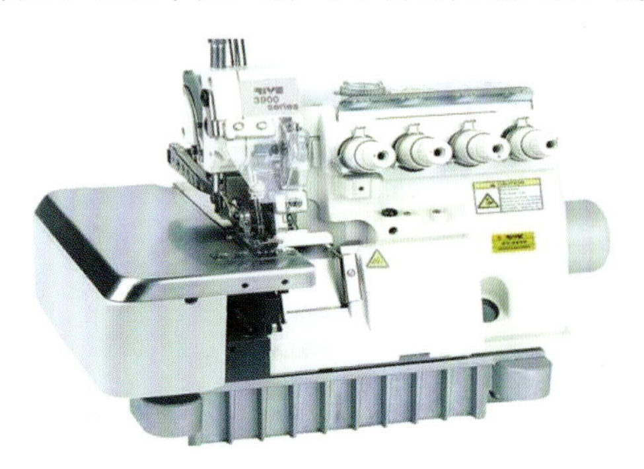

图 1-47 高速包缝机

图 1-48 珠边机

十五、全自动电热式蒸汽锅炉

全自动电热式蒸汽锅炉（图 1-49）的电热管采用分段式开关加热控制，安全性高，自动给水，操作简单，附警报系统等设备。它体积小，不占空间，内部构造特殊，热效率高，蒸汽干燥无水分。特殊无缝钢管制成的水管式内炉，坚固耐用，寿命长，耐压高。双层密封式玻璃纤维隔热装置，防止热力散失及节省燃料而达到最佳保温效果；安装简易，不受空间大小限制，附有超高温及超高压安全阀双重装置，安全可靠。

图 1-49 全自动电热式蒸汽锅炉

十六、抽湿烫台

抽湿烫台（图 1-50）主要有以下性能特点：

（1）抽湿高效：抽湿性能强，台面选用优质气泡海绵，透气性好、吸力强、易干燥。

（2）运行平稳：风叶及电动机经特殊设计，噪声小、吸力强、运行平稳。

（3）使用方便：配有优质烫臂，方便衣领、袖口整烫，采用节能脚踏开关控制，操作方便。

（4）用途广泛：适用于服装厂、洗烫店、宾馆等行业服装整烫定型。

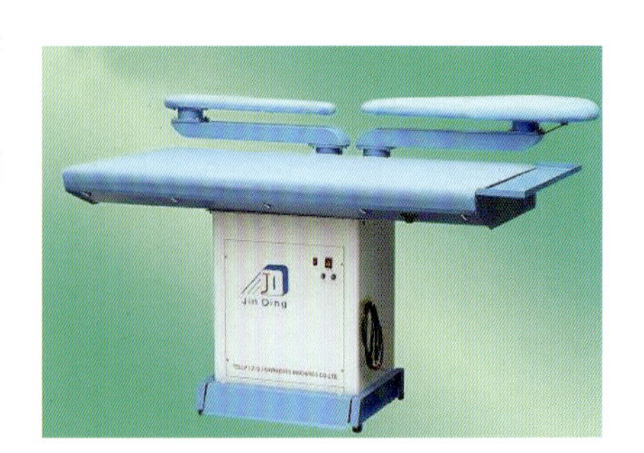

图 1-50 抽湿烫台

十七、全蒸汽熨斗

全蒸汽熨斗（图 1-51）的性能特点如下：

（1）采用不锈钢底板。

（2）可进行回水阀 / 蒸汽流量调节。

（3）有拔式开关和舒适的手柄。

（4）有高密封性能蒸汽阀。

（5）有防冷凝水的罩壳。

图 1-51 全蒸汽熨斗

十八、连续式黏合机

连续式黏合机（图 1-52）的性能特点如下：

（1）采用特制的独立两段加压方式，压力滚筒采用硅胶包覆汽缸加压法，保证压力稳定且均匀分布在滚筒上的每一点，确保最佳的黏合效果。

（2）独立两段式加热系统经由微电脑温控仪控制，让温度达到理想效果。

（3）采用特殊的监控系统，可监控发热系统、皮带修正系统及电动机、压力等。运动产生异常时机器会自动判别，让维修工作更简便，提高了生产效率。

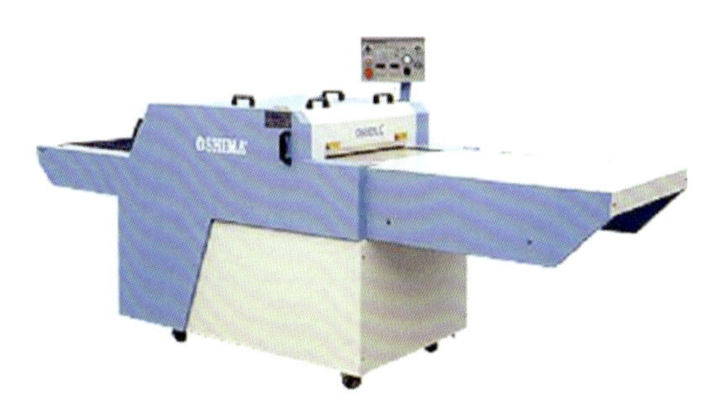

图 1-52 连续式黏合机

（4）采用自动定时转动式皮带清洁系统，确保皮带在最佳的洁净度下工作，而不影响布料表面。

（5）采用超强的抽风冷却系统，让黏合后的布料在短时间内缓和定型，保证黏合效果。

十九、自动对边卷布、验布、松布机

自动对边卷布、验布、松布机（图 1-53）的性能特点如下：

（1）采用调频变速器进行无级调速，使卷布、送布更平稳。卷布速度可随意设定。

（2）可倒后及反验有问题的面料。

（3）顶轴可独立调校速度以适应不同张力的面料。

（4）量码表能准确测量布料的长度。

（5）所设的上 / 下灯箱用来配合验布及对色，更为清晰。

（6）具有自动齐边装置，选用交流电动机自动齐边，齐边效果更完美。

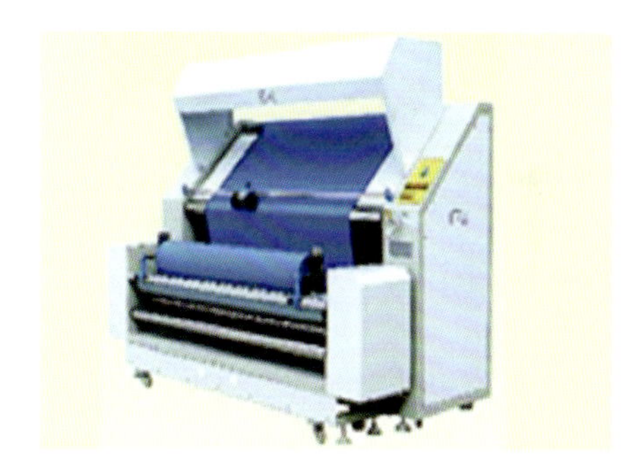

图 1-53 自动对边卷布、验布、松布机

（7）更适合各种面料的工艺流程。圆柱状卷装布松开后可折叠成折叠状的叠装布，折叠状的叠装布卷装成圆柱状卷装布。

二十、吸线头机

吸线头机（图 1-54）针对各类成衣（衬衫、西裤、裙子）设计，将车缝过程中的尘垢、线头、布绒等去除，提高质量、增加产量、省时省力。其优点如下：

（1）具有强劲的吸风力，吸去附着在衣物上的线头、尘垢

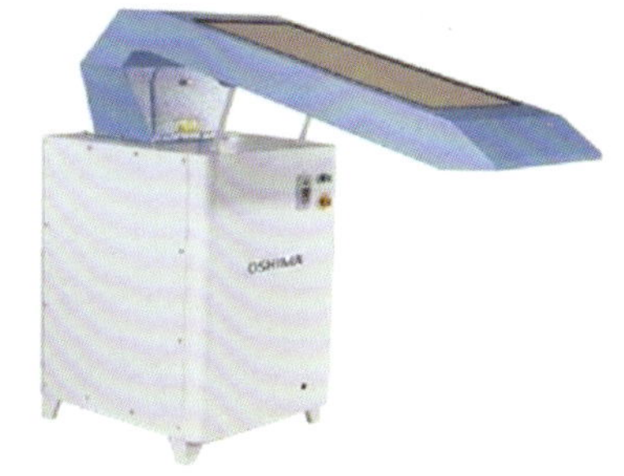

图 1-54 吸线头机

等，使衣物更加亮丽可人。

（2）装有可视物工作面，让操作者能清楚地看见对象。

（3）装有保护开关，当成衣被吸进去时，可自动停机保护，确保对象完整。

（4）具有特长吸台，噪声小、操作简易。

思考与练习

1. 常用的服装工艺术语有哪些？
2. 排料的具体要求是什么？如何节约用料？
3. 简述工业平缝缝纫机的工作方法。
4. 简述工业平缝缝纫机的操作要领，并进行空车缉纸练习。

第二章 服装基础缝制工艺

知识目标 了解手缝工艺、机缝工艺和熨烫工艺等基础缝制工艺的特点、功能及常用部位；掌握手缝针法、机缝方法、熨烫工艺的基本操作方法和基本要领。

技能目标 通过学习与实践操作，能够依据各类服装款式选用各种基础缝制工艺，从而达到服装效果。

素养目标 培养学生具有独立思考、求真务实和踏实严谨的作风。

服装加工根据不同品种、款式和要求制定出它的加工手段和生产工序。纵观成衣加工生产过程，基础工序是不变的，加工工艺的原理是相通的。现代成衣工艺技术可由现代科学技术手段来完成，为此，通过系统学习对各种缝制加工设备的性能进行较全面的了解和认识。服装基础缝制工艺是服装生产过程中的主要方法和手段。服装基础缝制工艺主要分为手缝工艺、机缝工艺和熨烫工艺三部分。

第一节 手缝工艺基础

手缝工艺是服装缝制工艺的基础，也是现代工业化生产不可替代的一项传统工艺。随着服装机械的发展及制作工艺的不断改革，手缝工艺正在不断地被取代，但从目前缝制的状况来看，很多工艺过程仍然依赖手缝工艺来完成，尤其是高档毛料服装离不开手缝工艺，另外一些服装装饰也离不开手缝工艺，手缝工艺有着灵活、针法多变的特点。

视频：手缝工艺

一、手缝工具

1. 手缝针

手缝针即手工缝纫用的钢针。其外形顶端尖锐，尾端有小孔，可将缝线穿入进行缝制，如图 2-1 所示。手缝针是以前人们从事服装加工的主要工具，初为骨制，后为铁制，现多为钢制。自缝纫机问世后，手缝针运用得越来越少，但在手缝加工中依然不可缺少。

图 2-1　手缝针

手缝针按长短粗细有 1 ～ 15 个型号。号码越小，针身越粗越长；号码越大，针身越细越短。在服装行业中，通常按加工工艺的需要或缝制材料的不同，选用不同型号的手缝针，否则易在材料上留下针孔或发生弯针、断针的现象（表 2-1）。通常缝制一般面料时常用的是 7 ～ 9 号手缝针。

表 2-1　手缝针的型号及用途　　mm

针号	1	2	3	4	5	6	7	8	9	10	11	12	13	14	15	长 7	长 9
直径	0.96	0.86	0.86	0.80	0.80	0.71	0.71	0.61	0.56	0.48	0.48	0.45	0.39	0.39	0.33	0.71	0.56
长度	40.5	38	35	33.5	32	30.5	29	27	25	25	22	22	29	25	22	32	30.5
线的粗细	粗线			中粗线				细线			刺绣线						
用料	厚料			中厚料		一般面料		轻薄面料			丝绸类薄料						
用途	缝制帆布用品、被子等		缝制较厚呢料、锁眼、钉扣、装垫肩等	缝制一般的毛呢面料或敷衬布，也可用于中型面料锁眼钉扣等		缝制一般面料服装，也可用于一般面料锁眼钉扣等		缝制较薄面料服装，也可用于较薄面料锁眼钉扣等			缝制较精细的丝绸类服装，也可用于丝绸面料锁眼钉扣等				在薄料上刺绣或穿珠花、钉珠片等装饰物		

选用手缝针时要求针身圆滑，针尖锐利，防沾湿、受潮，尽量避免刺硬物，否则针身易生锈斑，或针尖起毛，缝制时就会出现拉毛织物或阻滞不畅的现象。此外，由于手缝针较小，易丢失，因此要养成使用完毕即插在针插上或在针尾留出一段余线的好习惯，不能随手乱丢或插在面料上，那样容易遗忘并造成危及人体的事故。

2. 顶针

顶针又称针箍，一般常用铜、铅或其他金属制成环状，表面有较密的凹型小孔，没有型号之分，只有死口和活口之别。死口是固定了环的大小，不适应所有人；而活口可根据个人的手指粗细调节大小，故较常见，如图 2-2 所示。

图 2-2　顶针

顶针在手缝时套在右手中指上，起顶住针尾将针向前推的作用。选用顶针时以凹槽较深、大小均匀为宜。

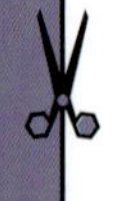

3. 针插

针插又称针座，是插针专用工具。一般常用布或呢料包一些棉花、头发等物品制成。其大小款式可根据各人喜好制作，如图 2-3 所示。使用时套在手腕上，便于使用，不易丢失，还能使针保持滑润、防止生锈。

4. 尺

尺的种类很多，我国传统缝纫过程中使用的主要有市尺和米尺，现根据《中华人民共和国法定计量单位》的规定，必须统一使用公制度量单位。常用的尺有塑料软尺、有机玻璃直尺等，如图 2-4 所示。软尺主要用于量体及检验服装规格；直尺用于定位、画线、测量零部件等。

图 2-3　针插

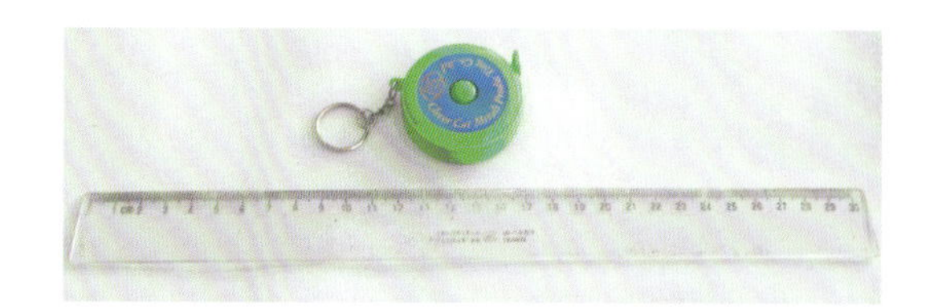

图 2-4　尺

5. 画粉

画粉又叫作划粉（图 2-5），多用石粉制成，颜色有多种，形状为三角形，中间较厚，边沿较薄，以确保画线时线迹的精确度。此外也有以天然滑石割片制成画粉的，多为白色。使用时一般画粉与面料为不同颜色，深色面料用浅色画粉，浅色面料用深色画粉，但有些浅色面料因为质地原因只能用近似颜色画粉，以免面料吸附颜色而沾污衣料，如白色面料就应用白色或接近白色的浅色画粉。画粉主要起在面料上画线、定位的作用。

图 2-5　画粉

6. 剪刀

剪刀是缝纫辅助工具，其构造是剪刀后柄为弯形，剪刀前为直的，刀口薄而锋利，刀刃咬合时无间隙，刀尖不缺口而整齐，以便在裁剪面料时减小误差。在缝纫中剪刀一般有两种，一种是裁布用的裁剪剪刀（图 2-6），常用的有 9 ～ 12 号；另一种是普通小剪刀或线剪，主要用于剪线头或拆线，如图 2-7 所示。

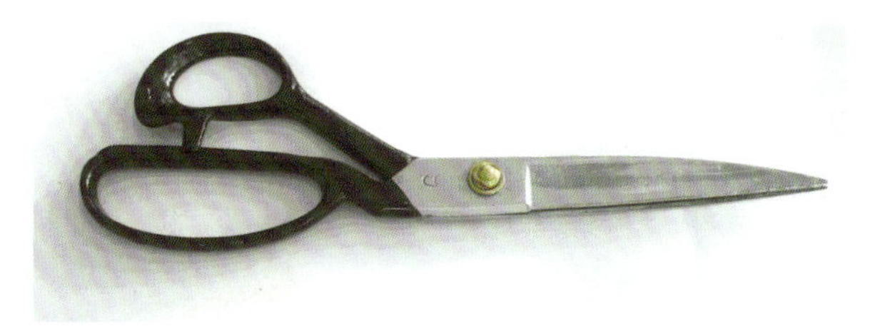

图 2-6　裁剪剪刀

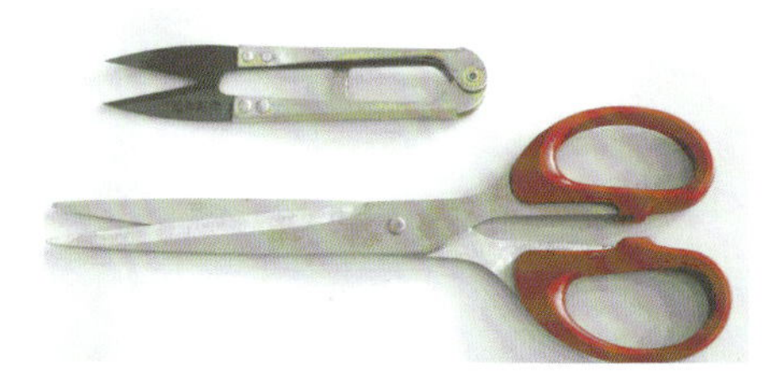

图 2-7　线剪

使用剪刀时应注意尽量不要随便去剪面料之外的硬物，或将多层面料叠放在一起剪，以保持刀刃的锋利；经常剪厚的衣物，剪薄料时就会出现不咬口的弊病。剪刀较长时间不用，应用布料沾点油擦拭刀口，以防生锈。

7. 线

服装制作中线为主要用品，一般有涤纶线、丝线、棉线、牛仔线等之分，如图 2-8 所示。线的颜色多种多样，缝制时应与面料的颜色一致或近似。应根据面料的厚薄、工艺需求选用线，市面上一般为大轴塔线或小轴卷线。

（a）　　（b）

图 2-8　线

（a）棉线；（b）涤纶线

二、手缝针法

手缝针法主要包括缝、拱、寨、缲、撩、环、贯、纳、扳、绷、勾、锁、钉、拉、打等，具体操作方法包括穿线、打线结（图 2-9）。

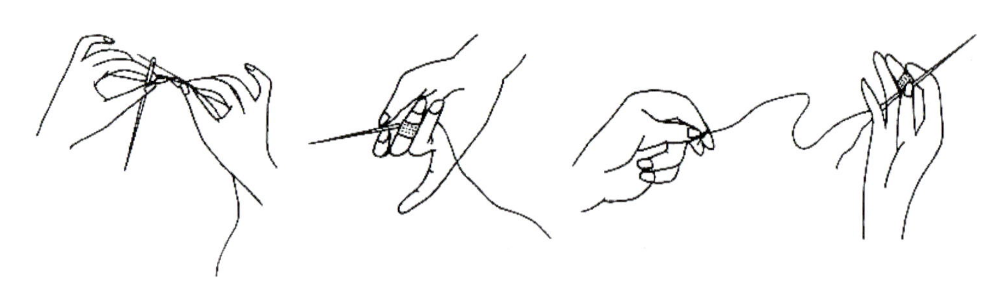

图 2-9　手缝针法

1. 平缝针

平缝针又叫作绗针，是初学者学习的一种针法，也是最简便的一种针法，是一针上一针下，从右向左等距运针的方法，上、下线迹长短一致，排列顺直整齐，可以抽动收缩。这种针法常用于缝补衣服、抽袖山弧、抽口袋圆角、抽细褶等工艺（图 2-10）。

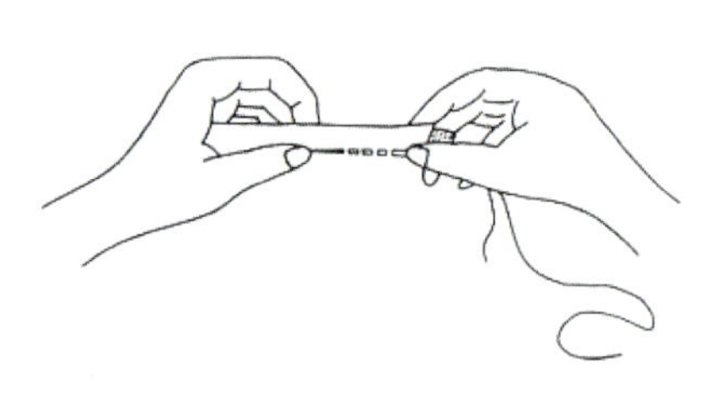

图 2-10　平缝针

（1）操作方法。

1）左手拉布，拇指、小指放在布的上面，其余三指放在布的下面，将布夹住。

2）右手拿针缝好第一针后，右手的食指和小指放在布的下面夹住布，左、右手配合采用一针上一针下的方式，连续五六针拔一次针，不必缝一针拔一针，利用带顶针的右手中指向前将针推出，移位，循环进行。

（2）工艺要求。用棉纱线，针距长短一致，线迹顺直、整齐、美观。

2．寨针

寨针也称为短绗针、假缝，是一针下一针上，从右向左不等距运针的方法，必须缝一针拔一针，上、下层面料应缝住。这种针法常用于高档服装敷衬、敷挂面及服装袖口、底边或裙摆等部位，起暂时固定作用（图 2-11）。

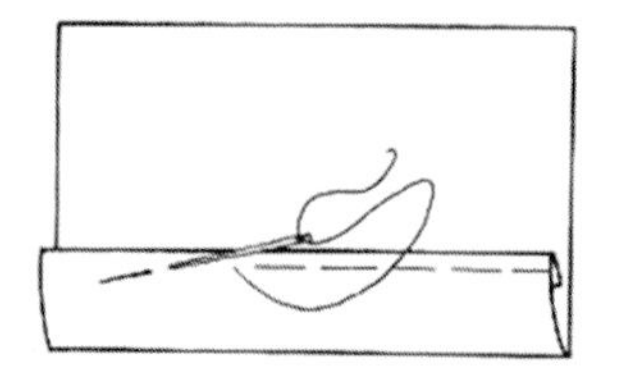
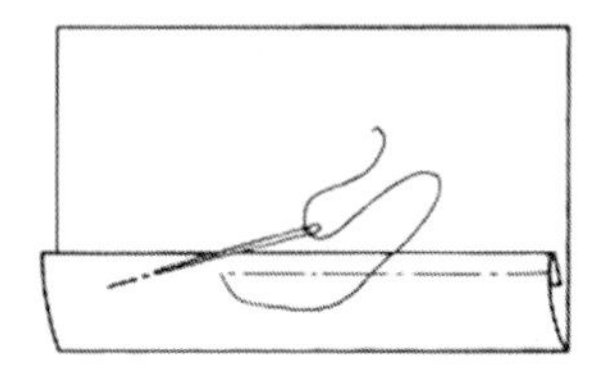

图 2-11　寨针

（1）操作方法。

1）将衣料摆平铺在台板上，上、下衣料对齐。

2）左手压住下针和起针的部位，右手拿针，从上向下使针尖穿透衣料，应注意向下穿透的线迹不能过长（一般不超过 0.5 cm），上线迹为 4 ～ 5 cm。

3）左手用食指按住起针部位的衣料，同时以右手将针尖从下向上挑起，注意针尖不要挑到台布，顶针顶住尾部向前推，将针抽出，循环进行。

（2）工艺要求。一般采用白棉线，针迹顺直，抽线松紧适当。

3．打线钉

打线钉也称为假缝，常用于高档服装做对位标记。

（1）操作方法。

1）将两层裁片正面相对，对齐平铺在台板上，在缝份、省道、袋位需离开画粉线 0.3 cm，做好成衣后，需拔断缉线或拔不出线钉，其他打线钉部位按照画粉线的位置钉。

2）打线钉第一步缝，类似于寨针；第二步剪断，将上线从中间剪断；第三步剪开，掀开一层裁片，用剪刀尖将线挑开 0.3 cm，再剪断线；第四步修剪，将上层面料长的线头修剪成 0.2 cm 长，完成打线钉后，使线钉清晰地留在衣片上。

3）根据面料的厚薄和打线钉的部位不同，打线钉有单针、双针两种方法。单针是每缝一针就移位、进针，双针是在同一位置上缝两针平缝针再移位。

（2）工艺要求。

1）打线钉一定要选用白棉线，因为棉线软，并且多绒毛，不易脱落，不会褪色而污染面料。

2）线钉不宜过长或过短，线钉过长不易拔出，线钉过短容易脱落。

3）剪线钉时应注意上、下两层衣片要有 0.3 cm 长的线钉，剪刀要握平，要对准线钉中间剪，防止剪破衣片，剪完后用熨斗喷水熨烫（图 2-12）。

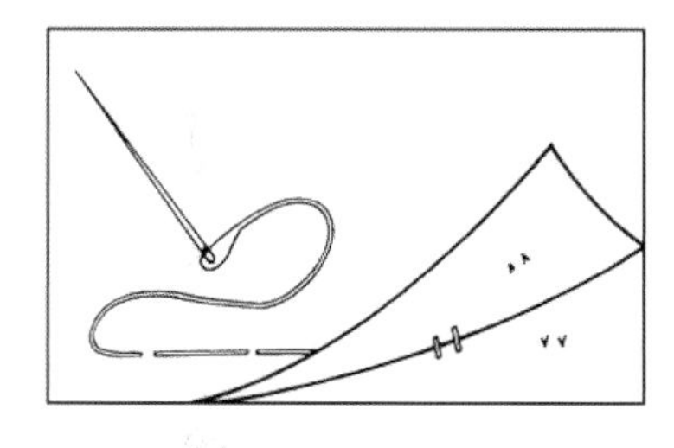
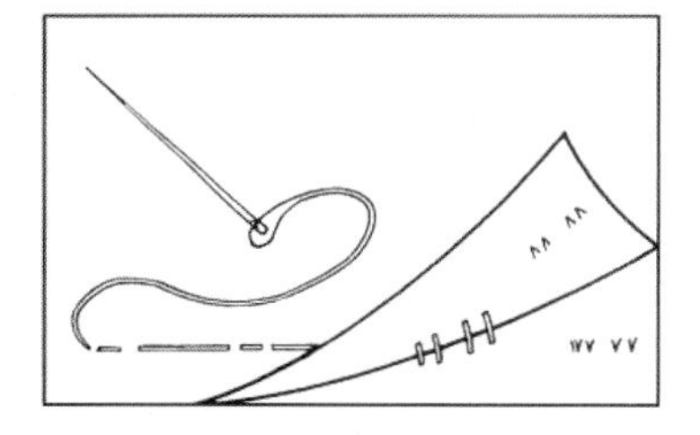

图 2-12　打线钉

4．钩针

钩针也称回针，有倒钩针、顺钩针和斜钩针三种。这是一种运针方向进退结合的针法，根据每种针法的特点所用的部位不同，线迹也不同。倒钩针多用于面、里的摆缝处，起固定作用；顺钩针也称为暗针和拱针，多用于点止口，起固定挂面不往外翻的作用；斜钩针多用于高档服装敷衬上的领口弧和袖窿弧线处，全回针和半回针都用于天领口、袖窿、裤裆等部位，起加固的作用（图 2-13）。

（1）倒钩针操作方法。

1）倒钩针多用于双线，在衣物表面的线迹呈交叉相接形，在衣物底面的线迹呈短绗针形，上线迹为 1.5 ～ 2 cm，下线迹为 0.2 cm。

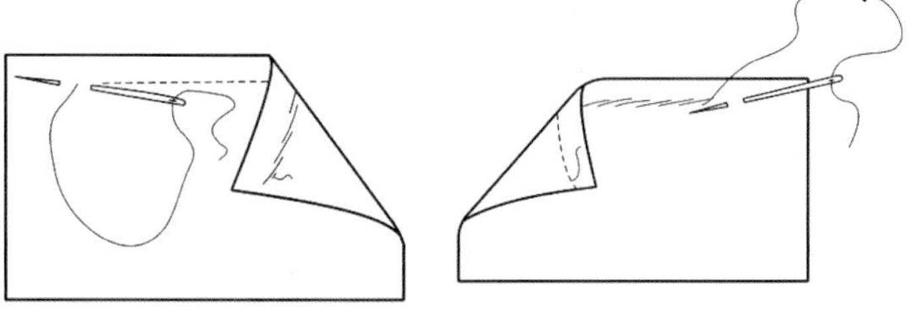

图 2-13　钩针

2）倒钩针从左向右运针，先使针尖刺透衣片，拉线，再向右按确定的距离和位置入针尖，向左衣片拔针，再向右退针，循环操作。

（2）顺钩针操作方法。

1）顺钩针多用于单线，在衣物表面线迹呈小点形，在衣物底面的线迹呈链形，上线迹为 1 ～ 2 根纱，下线迹为 0.7 cm。

2）顺钩针从右向左运针，起针时先从上向下，使针尖刺透衣片，再按确定的针距离与位置，使针向上刺透衣片后拔针，这为进针，然后使拔出的针从前一针的出针处向后略为一点再入针，循环操作。

（3）工艺要求。

1）线迹松紧适宜，具有伸缩性，中途不宜断线。

2）针距长短一致、均匀，线路顺直，弧线流畅。

5．纳针

纳针也称为八字针，是一种将两层织物或多层织物牢固扎缝在一起的针法，常用于高档服装驳头、领里、挺胸衬等部位（图 2-14）。

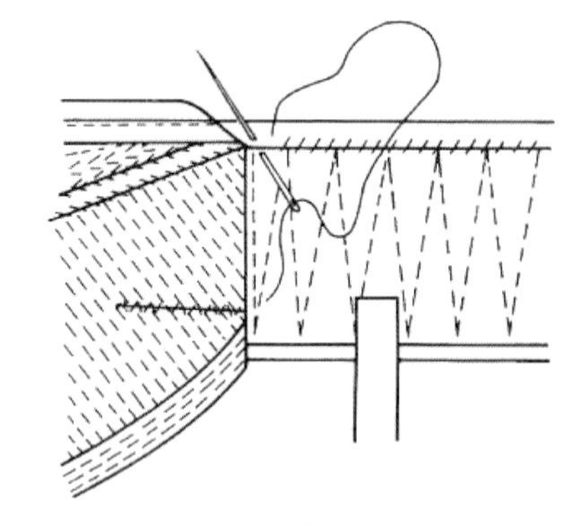

图 2-14　纳针

（1）线迹特点。缝来去针，上层线迹斜向平行，行与行之间形成“八”字状，在布料底层显露的线迹呈隐细小点，线迹长短、距离均匀相等。

（2）操作方法。

1）左手拿布，拇指放在布的上面，其余四指放在布的下面，将要做纳针的部位折转，形成弯曲状。

2）右手拿针，从右向左一针下一针上运针，但每行线迹排列斜向相同，针尖起落时应均匀一致地朝同一个方向；来去换行衣片不换方向，与前行形成不同的线迹。

（3）工艺要求。

1）每行相隔的针距一致，线迹均匀，松紧适宜。

2）扎缝后的面料根据要求形成一定的弧线。

6．扳针

扳针是一种进退结合的针法。它主要用于不缉明线的服装止口边缘，起固定作用，如扳止口，将止口扳紧、扳顺、扳实。

（1）线迹特点。衣物表面的线迹呈斜形，衣片正面不露线迹，用单线将缝份的边缘和一层衬料扳住。

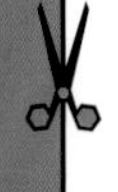

（2）操作方法。

1）按止口去缝份粘牵条，缉好线后沿止口边缘从右向左斜向运针，以扳住止口。

2）操作时先将衣服止口缝份翻转，然后沿止口缝份边做扳缝，第一针从下向上刺出，再向右斜方向进针，从缝份边缘的衬入针，把缝份固定在衬布上，循环操作。

（3）工艺要求。线迹整齐、均匀，拉线松紧量一致，面料正面不可露线迹。

7. 缲针

缲针有明缲针、暗缲针、三角缲针三种（图2-15）。这三种针法是按一个方向进针，根据每种针法特点的不同，所用的部位不同，线迹自然也不同。明缲针多用于单中式服装的底边、衩位、袖口等部位；暗缲针多用于男装上衣袖里布等；三角缲针多用于高档服装的底边等部位，起固定作用。

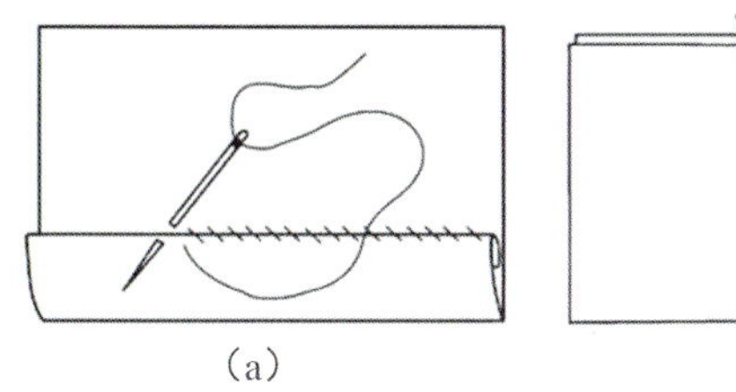
（a）

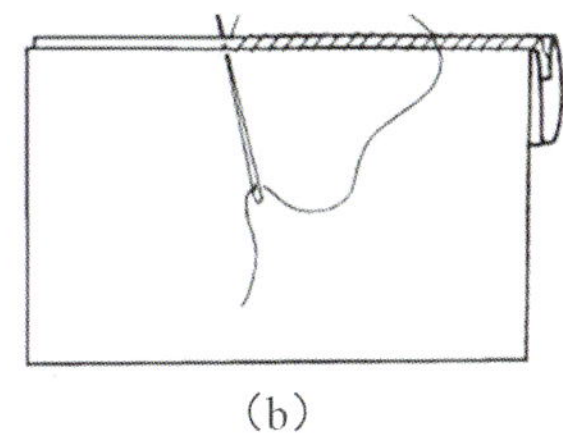
（b）

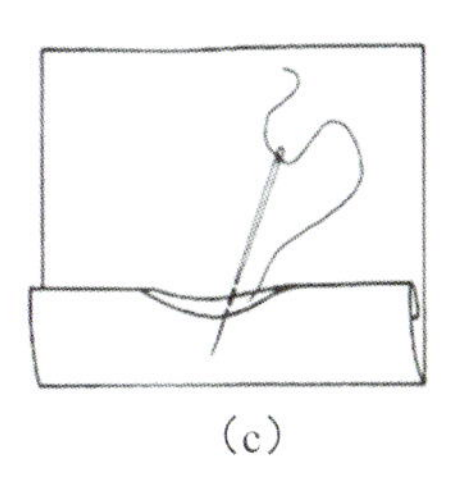
（c）

图2-15 缲针
（a）明缲针；（b）暗缲针；（c）三角缲针

（1）操作方法。

1）明缲针：将衣服底边折转0.7 cm，再折底边4 cm，用单线起针线头藏于夹层内，然后从底边折边的下层布向上层折边斜向进针，针尖在衣片上挑住1～2根纱，正面只露隐细的小点，折边处外露线迹呈斜形，循环操作。

2）暗缲针：将里布袖山弧折转缝份0.7 cm，用单线起针线头藏于夹层内，然后从下层衣身向上层袖山弧斜向进针，针尖在袖山弧上挑住2～3根纱，外面只现细小点状，线迹藏于夹层。

3）三角缲针：将服装底边滚包好，烫好折边，用单线，起针线头藏于夹层，然后从滚包好的折边挑一针，再从面料上挑一针，两边都只能挑住1～2根纱，线迹暗藏于夹层内。

（2）工艺要求。针距为0.5 cm左右，针距均匀一致，线迹不外露，拉线松紧量一致。

8. 三角针

三角针是一种常见的针法，用于锁边的服装底边处，线迹呈三角交叉形，类似“×”形，衣物正面只露隐细小点形（图2-16）。

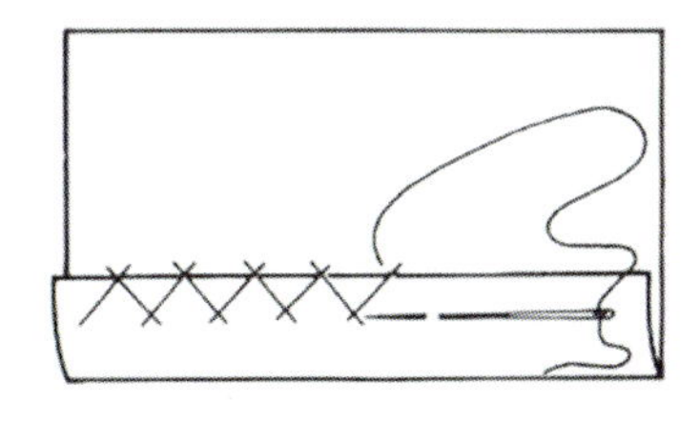

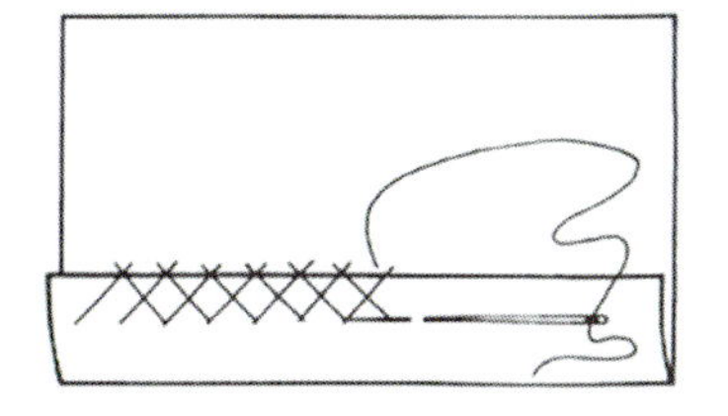

图2-16 三角针

（1）操作方法。将底边烫折好，线头藏在折边内，第一针插入锁边线宽度处，第二针后退斜向缝在折边边缘的衣料反面挑1～2根纱，第三针后退插入锁边线的宽度处，使线迹形成等腰三角形，循环操作。

（2）工艺要求。线迹成交叉三角形，针距均匀相等，排列整齐、美观。

9．环针

环针也称为甩针，是一种将服装衣片边缘毛丝缠绕住，使衣片边缘毛丝固定、不易散落的一种针法。它用于高档服装的衣片毛边锁光，不用锁边机，使环针易归拔（图 2–17）。

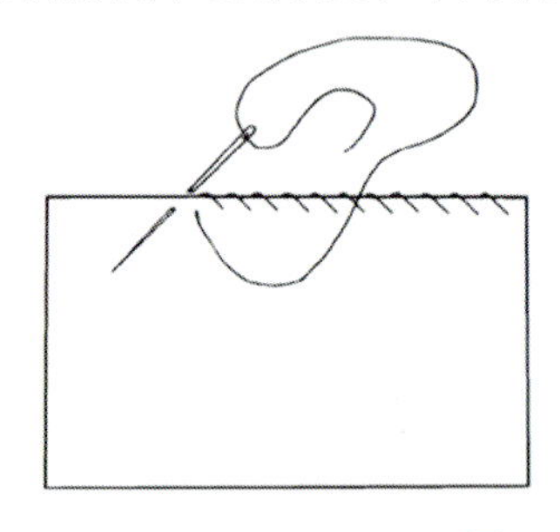
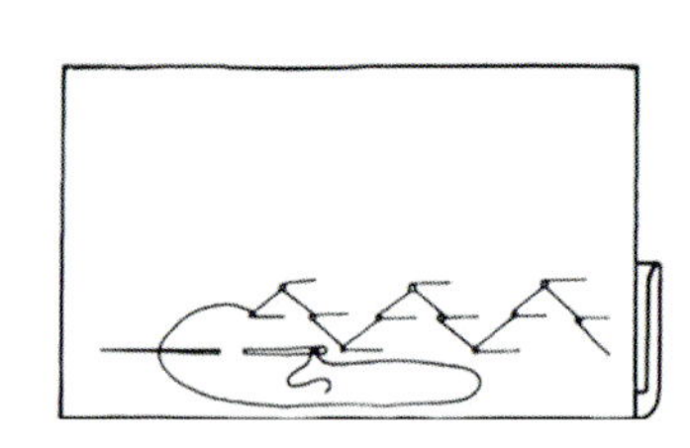

图 2–17　环针

（1）操作方法。从衣片边缘 0.5 cm 宽处，由下向上出针，拔针后又从下向上出针，使环针斜向绕住布边。

（2）工艺要求。线迹均匀、整齐，拉线松紧量适宜。

10．杨树花针

杨树花针是一种装饰性的针法，有二针花形、三针花形或多针花形。从右向左运针，进退结合，针针相套，缝线可选用较粗的亮光线或丝线、毛线等；线的颜色可选用与面料搭配的颜色，以达到鲜明的装饰效果。这种针法常用于女装、童装等，起点缀作用。

（1）操作方法。针尖从下向上起针，从上向下再向上拔针，拉线后形成半圆的花环，针距为 0.3 cm，针距向上缝，花形向上走，缝线也向上甩套，转弯针距向下缝，花形向下走，缝线同样也向下甩套，循环操作。

（2）工艺要求。每针针距长短一致，拉线松紧适中、一致，避免将面料抽皱。

11．锁针

锁针是一种将缝线绕成线环，把织物毛口锁绕住的针法，多用于锁扣眼、挖空花及某些装饰性较强的服装绣边等。锁扣眼是锁针的一种，外观分为方头和圆头两种，功能上有实用与装饰之分，加工方法有手工锁缝和机器锁缝之分。夹里的服装多锁圆头扣眼，单薄的衬衫锁方头扣眼，扣眼大小根据扣子的直径缝制，锁扣眼用线长度按扣眼直径的 38 倍缝制（图 2–18）。

（1）操作方法。

1）按剪开的扣眼打衬线，衬线离剪开口处 0.2 cm，缝制两条与扣眼等长的线，作用是使锁好的扣眼边牢固，有力度。

2）锁眼第一针从扣眼尾部起针，线结藏于两层布的中间，针从下层向上层挑缝，第一针缝出针身的一半，但不能拔出针，用右手将针尾的线由下向上，由人体向外绕在针上，再将针拔出，随即拉线，拉线时应向自己的耳朵方向拉，线与布成 45° 角，使线结套在扣眼边缘，锁住毛边，从此顺序向前锁，拉线要紧，但是不能把布弄皱，循环操作。

（2）工艺要求。

1）扣眼两边排列整齐、均匀、对称、结实。

2）锁线结紧密，不露衣片毛丝及衬线，拉线松紧量一致。

12．拉线袢

拉线袢有手编法和锁缝法两种，是在衣片上以连环套线迹一环套一环，套成小袢的针法。它常

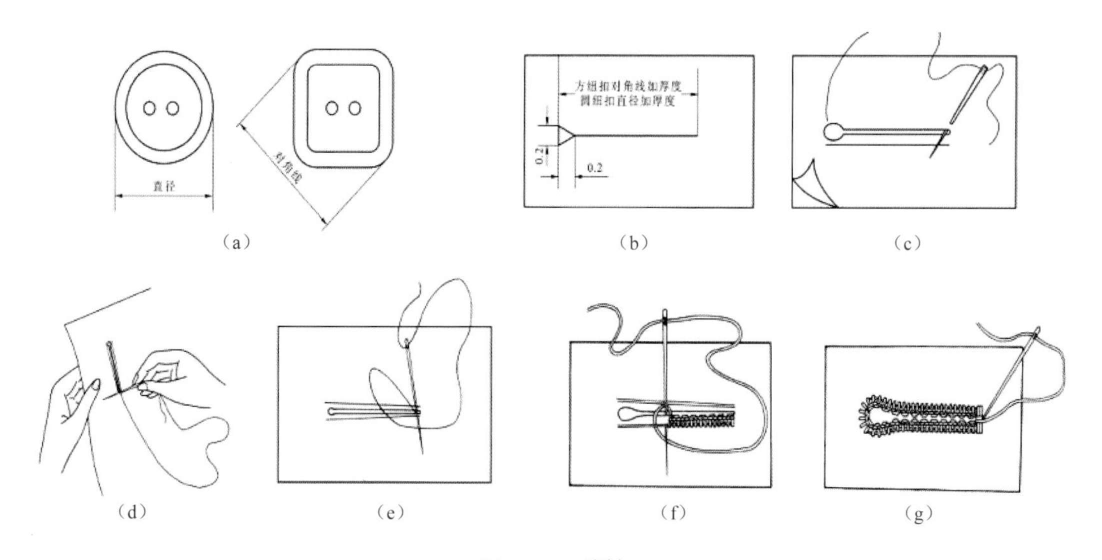

图 2-18　锁针

(a) 画扣眼；(b) 剪扣眼；(c) 打衬线；(d)、(e) 锁针；(f)、(g) 锁圆头扣眼

用于纽袢，腰带袢，大衣、风衣活里底摆，婚纱裙摆等面料与里料的固定，缝线选用与面里料颜色相近的粗丝线（图 2-19）。

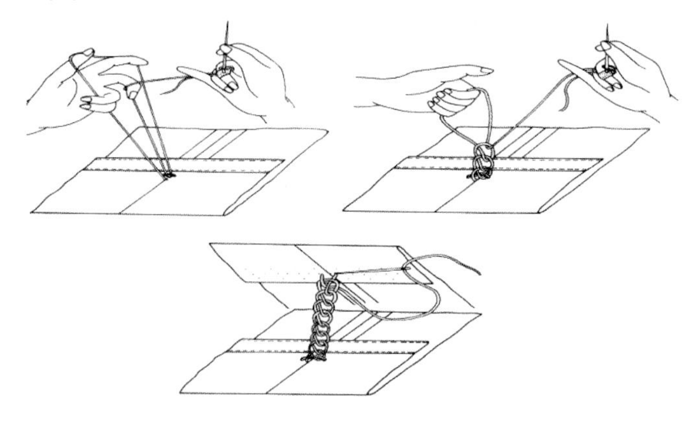

图 2-19　拉线袢

（1）手编法。

1）操作方法。手编法有套、钩、拉、放、收五个步骤。第一针从反面缝出，并将线结藏在反面，然后缝第二针，针距约为 0.2 cm，在工用台上放平衣片，将线套住缝线，右手食指钩住缝线，左手拉住缝线，然后左手放松缝线，右手食指将钩住的缝线收紧，形成线袢，循环操作。收针时，将针穿过最后一个线袢，拉紧穿到反面打结。线袢长应根据款式的部位而定。

2）工艺要求：拉线袢时双手配合好，环环相套的线结应大小、松紧量一致。

（2）锁缝法。

1）操作方法。锁缝法应根据做线袢的部位，起针从反面缝出，用缝线来回缝固定的四条衬线，然后按照锁扣眼的方法进行锁缝衬线，收针时将针穿到反面打线结。

2）工艺要求：衬线长短适宜，锁针排列整齐，拉线松紧量一致。

13．打套结

打套结是一种类似锁缝法的线袢，套结在需要的部位来回固定两条衬线，然后在衬线与布上，针距排列整齐。它常用于中式服装的摆衩开口和袋口等部位，通常受较大的拉力部位，增强牢度，并起装饰作用（图 2-20）。

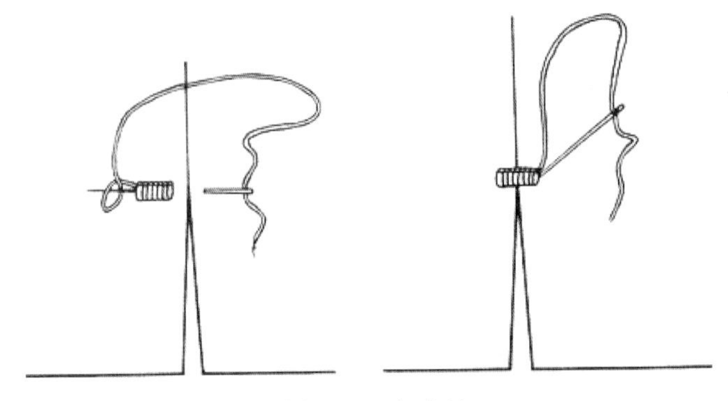

图 2-20　打套结

（1）操作方法。起针从衣片反面穿出，使线结藏于反面，在开衩或袋口处垂直方向来回固定两条衬线，衬线要紧靠拢，必须缝住衬线与下面的布料，最后针刺入反面打结。

（2）工艺要求。针距排列整齐，线迹长短一致。缝线周围平整、牢固、美观。

14．钉纽扣

纽扣根据其与衣服的关系可分为有眼扣和无眼扣两种功能形式，实用扣要与扣眼吻合，因此在钉纽扣时，线要拉紧钉牢（图 2-21）。

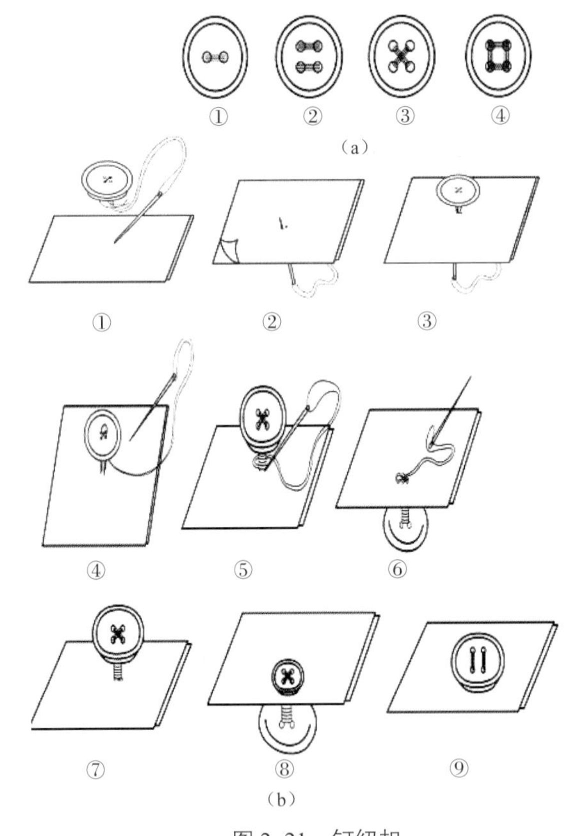

图 2-21　钉纽扣

（a）钉纽扣的形式；（b）钉纽扣的步骤

（1）操作方法。

1）无线脚无垫布纽扣的钉纽方法。起针从衣片下面出针，把线结藏于夹层内，然后把针线穿插入纽扣孔，再从另一个纽扣孔穿出，刺入布面，来回缝制两次，纽扣与布面之间留有松度（0.1 ～ 0.2 cm），多用于衬衫。

2）有线脚有垫布纽扣的钉纽方法。起针从衣片上面出针，在布的表面缝制一针，把线结藏在纽扣下面，把针刺入纽扣孔，再从另一个纽扣孔穿出，刺入反面垫纽扣孔穿出，针又从另一个垫纽孔刺入表面纽扣孔，根据面料厚度，留出线脚量，连续缝制两次，缝制完第四针在第二纽扣孔下面的线脚上开始缠绕若干圈，绕满后将针刺入反面打结，线头藏于夹层。

3）纽扣本身有脚，起针从衣片下面出针，直接刺入纽扣脚中，来回缝制三针，缝线不必留线脚，注意钉纽扣时扣脚方向对准扣眼方向。

4）四孔纽扣的钉缝方法有平行、方形、交叉形等。

（2）工艺要求。纽扣位置要正确，钉好的扣子应不紧不松，周围平服，垫纽平服，缠绕线脚排列整齐。

15．包扣

包扣是花色纽扣的一种，是用面料将普通纽扣和其他薄形材料包在内部［图 2-22（a）］。

（1）操作方法。剪一块圆形包扣布，直径为被包入纽扣的两倍，沿包扣布边 0.3 cm 处缝制平缝针一圈，针距要小，然后将需要包入的纽扣放入包布中间，抽拢四周的缝线，直至完全包住纽扣为止。

（2）工艺要求。包扣周围要圆顺，不得出角，钉扣要平服。

16．揿扣

揿扣又称按扣、子母扣，比纽扣、拉链穿脱方便，且较隐蔽，按扣以金属和塑料为原料制造，按扣有大有小，色彩丰富，用途比较广泛，厚面料需用力的地方，钉大按扣，在不明显的暗处钉的按扣应与面料布同颜色，凹形钉在下面，凸形钉在上面［图 2-22（b）］。

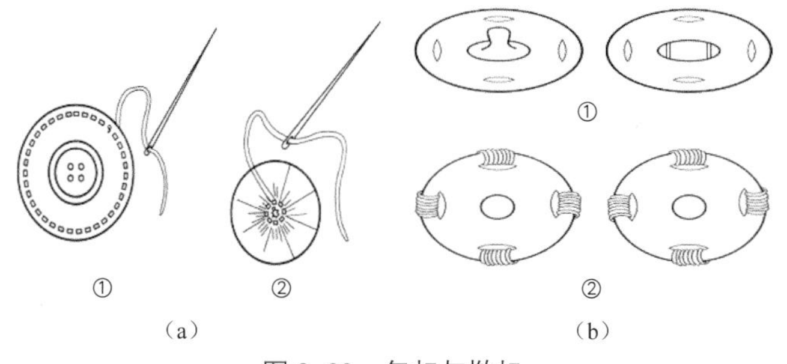

图 2-22　包扣与揿扣

（a）包扣；（b）揿扣

（1）操作方法。起针从钉扣位开始，按锁扣眼方法，将四小孔锁锁住，最初与最终线结放在按扣与布之间，不要留在外面。

（2）工艺要求。钉按扣位置要正确，按扣四个孔锁线要均匀，钉扣线松紧适宜，周围布料平服无皱。

17．盘扣

（1）盘扣的制作。盘扣是用称为“袢条”的折叠缝纫的布料细条编织而成的。盘扣是传统风格的中式纽扣。这和现代用整块硬质材料打洞而成的纽扣不同，如布料细薄可以内衬棉纱线。做装饰花扣的袢条一般内衬金属丝，以便于定形（图 2-23）。

（2）盘扣的分类。

1）直盘扣（一字扣）：它是最简单的盘扣。其用一根袢条编结成球状的扣坨，另一根对折成扣带。扣坨和扣带缝在衣襟两侧并相对。

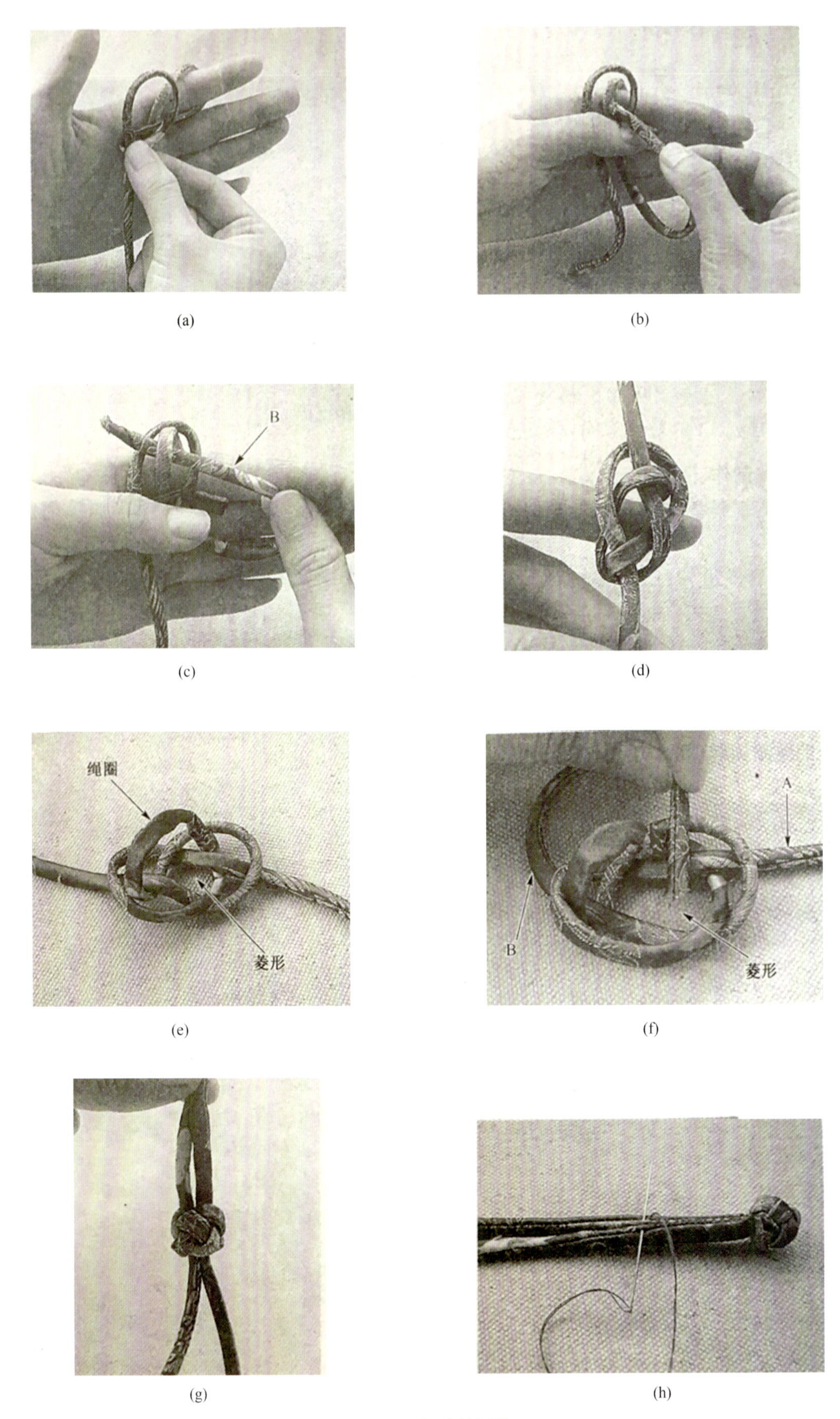

图 2-23　扣头的制作

2）花型扣：包括琵琶扣（扣两边形似琵琶）、四方扣、凤凰扣、花篮扣、树枝扣、花蕾扣、双耳扣、树叶扣、菊花扣、蝴蝶扣、蜜蜂扣等（图 2-24）。

第二节　机缝工艺基础

一、机缝设备概述

图 2-24　花型扣的样式

缝纫设备是服装企业最基本的加工设备。第一台缝纫机是英国发明的单线链式线迹缝纫机，到 20 世纪，各种缝纫设备已达到 7 000 种以上。

从缝纫设备的历史发展情况来看，按科技的发展和应用可分为四个阶段：缝纫设备机械化阶段，如工业平缝机 GC1-2 型等，代表 20 世纪 60 年代水平；缝纫设备自动化阶段，如专用设备中的锁钉设备等，是 20 世纪 70 年代水平；缝纫设备的计算机化阶段，代表 20 世纪 80 年代水平；计算机网络化阶段如自动开袋机和电脑平缝机等缝纫设备，代表 20 世纪 90 年代水平，现在还在不断地发展，它将缝纫设备和服装 CAD/CAM 及吊挂式运输系统等结合起来，形成服装计算机集成加工系统。

视频：机缝工艺

1．缝纫机型号编制规则

1957 年以前，我国对缝纫设备的分类和命名没有统一标准。国家轻工业部于 1958 年颁布了我国缝纫机的统一命名和分类标准。之后又经过几次修订，在 1997 年实施了《缝纫机型号编制规则》（QB/T 2251—1996）。各缝纫设备厂都执行了这个标准对产品进行编号。

根据国家标准，缝纫机产品的型号由两个汉语拼音大写字母和两组数字组成，它们的型号含义和组成方式如下：

（1）型号中第一个字母表示缝纫机和用途类别，家用缝纫机用“J”表示，是“家”字拼音的声母；工业用缝纫机用“G”表示，是“工”字拼音的声母；服装性行业缝纫机用“F”表示，是“服”字拼音的声母。

（2）型号中第二个字母表示缝纫机的挑线和钩线机构形式及线迹类型。

（3）型号的第一组阿拉伯数字表示在用途和机构相同的设备中设备性能的改进，一般来说数字越大，性能就越先进。例如工作平缝机 GC1-1 型和 GC15-1 型相比，前者转速为 3 000 r/min，后者则提高到 4 500 r/min。数字变更的依据主要表现在以下四个方面：

1）转速有 500 r/min 以上的提高。

2）缝纫对象改变或转移（如皮带、橡胶、塑料等）。

3）缝纫性能提高和改进（如顺逆料、自动切边、自动剪线等）。

4）机构的传动上有显著不同（如皮带变速、多速电动机变速等）。

（4）型号的第二组阿拉伯数字（型号表示中横线后的数字）表示在相同机种类型的设备中第几种派生设计形式，在结构上局部有改进，如 GCB-1 和 GC8-2 型高速平缝机等。

2．工业缝纫机的分类

工业缝纫机是按照成衣的工艺要求和目的设计制造的，服装工业化生产需要各种性能的缝纫设备。其特点就是专用性强。工业缝纫机的分类如下：

（1）按缝纫速度分类。转速在 3 000 r/min 以下的缝纫机为中低速缝纫机，转速为 3 000 ～

6 000 r/min 的缝纫机为高速缝纫机，转速在 6 000 r/min 以上的缝纫机习惯上称为超高速缝纫机。

（2）按专业用途分类。满足专门工艺加工要求的缝纫机称为专用缝纫机，它区别于使用范围广的通用缝纫机。通用缝纫机主要指锁式或链式线迹的缝纫机、各种用途的包缝机和绷缝机。专用缝纫机虽然在服装厂中数量较少，但却是关键设备，它又可分为工艺专用、饰绣专用和特种用途三个类型。工艺专用缝纫机如钉扣机、锁眼机、套结机、绱袖机和暗缝机等，饰绣专用缝纫机如曲折缝机、打褶机、绣花机、花边机和珠边机等，特种用途缝纫机如自动开袋机等。

（3）按线迹结构分类。线迹和缝型基本上决定了缝纫机的用途。按线迹结构分类的缝纫机可以是通用缝纫机，也可以是专用缝纫机，一般有以下几种：

1）单线链缝纫机；

2）锁式（梭式）缝迹缝纫机；

3）双线链缝纫机；

4）绷缝线迹缝纫机；

5）包缝线迹缝纫机；

6）复合链式线迹缝纫机；

7）无线迹缝纫机；

8）特殊线迹缝纫机。

（4）按机头外形分类（图 2-25）。

1）平面形机头；

2）筒形机头；

3）箱形机头（又称小平台机头）；

4）柱形机头（又称高台机头）；

5）弯臂形机头。

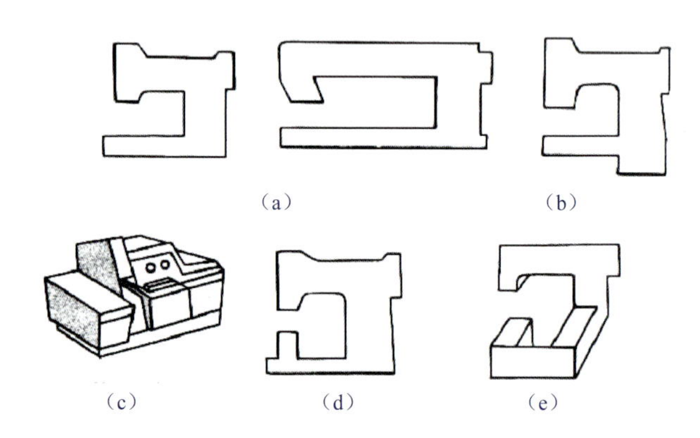

（a）长、短平面形机头；（b）筒形机头；（c）箱形机头；（d）柱形机头；（e）弯臂形机头

图 2-25　按机头外形分类

二、工业平缝机

采用双线锁式线迹缝制服装的工业缝纫机统称为工业平缝机，它广泛应用于机织原料服装的加工。它和链式缝纫机在结构上有很多不同之处，但最显著的不同之处是工业平缝机带绕梭芯机构，采用旋梭钩线（图 2-26）。

国产工业平缝机有 GA 型、GB 型、GC 型、GB 型等，虽然派生型号多，但用途最广的是 GC 型。

图 2-26　工业平缝机

1．工业平缝机的结构

（1）引线（针杆）机构。引线机构的任务是引导线穿刺缝料，形成供旋梭钩取的线环，为缝线交织形成线缝做准备。引线机构属于曲柄连杆机构，通过该机构将机头主轴的旋转运动转换为针杆的直线往复运动。引线机构的组成：针杆曲柄固定安装在主轴上，曲柄的另一端与连杆铰连，连杆下端套在针杆接柱上，针杆连接柱与挑线摆杆通过螺钉固定，针杆套在上、下套筒之间。机器工作时，电动机离合器合上，电动机带轮通过机头带轮拖动主轴，固定在主轴上的针杆曲柄通过传动连杆驱动针杆作上下往复直线运动。

（2）钩线机构。钩线机构即旋梭机构，其作用是通过钩线、分线和脱线三个步骤引导面线环绕

过梭芯，实现底、面线交织，形成锁式线迹。

（3）挑线机构。挑线机构是为引线和钩线机构服务的一个机构。其承担的任务是：需要缝线时放线，而需要抽紧线时收线，不致因供线不足而拉断巨线，也不致因手收线不到位而造成浮线。

（4）送料机构。送料机构的作用是在一个线迹形成，机针离开缝料（针送布平缝机除外）后，将缝料向一个方向移动一个单位距离。送料动作的执行机构是送布牙，送布牙的表面加工成锯齿形，工作时在针板的牙槽有规则地作上下前后复合运动。

2．工业平缝机的车缝附件

车缝附件（或称为缝纫机辅助装置）可以大大提高生产效率，改善缝纫产品的质量，它包括以下三类：

（1）缝杆类，是指使缝料产生起皱、打褶等效果的车缝附件。常用的有单边压脚、起皱压脚、嵌线压脚等。

（2）定位类，如挡板、挡块和高低压脚，它能保证缝针的缝迹和服装规定部位之间保持工艺要求的距离。

（3）折边类，又称为卷边器，有二卷、三卷，甚至四卷卷边器，还有卷边压脚，它们都将布边折成规定的形状和大小，供缝纫时使用。

3．工业平缝机的使用

使用工业平缝机时应注意以下几点：

（1）对初次使用电动工业平缝机的操作人员，要进行安全操作和安全用电常识教育。

（2）新工业平缝机或长期未使用的工业平缝机在使用前要仔细检查，并在各转动部位加注润滑油，工业平缝机空转几分钟后，才能进行缝制工作。

（3）每次操作前，要认真检查机器的每个连接件，若发现问题，应排除后再用。

（4）操作时，若机器出现不正常的声音，要停机修理，以免造成重大事故。

（5）操作时，要戴上工作帽，以免皮带转动时把头发绞进去，造成不应有的事故。

（6）操作时，手和机针要保持一定距离，以免机针扎伤手。

（7）在安装机针时，应将工业平缝机的电源切断。

（8）使用工业平缝机时，要保持工作环境干燥，以免漏电或机器生锈。

（9）下班时（或不用时）要给机器注油，空转一段时间后，擦好，用罩布盖上。

（10）工业平缝机连续工作时，要有间歇时间，以免电动机温度过高，损坏机器。

（11）若工业平缝机在操作时出现事故，要果断地拉闸断电，停机检查处理。

（12）不要带电检修工业平缝机，以免触电。

（13）每台工业平缝机的电源开关要做到用时开，不用时关，以免出现事故。

（14）保持电气设备、电源线绝缘完好，以免发生漏电现象。

（15）更换工作灯泡时，除要求新、旧灯泡的体积、外形相同外，还要求其照明电压一致。

（16）拆卸机器时，先把电源接头拆开。装配或接上电源时，注意不能把电线接错，以免出现倒车或发生危险。

（17）使用工业平缝机时，要先开总开关，再开机台上的开关，以免发生意外。

三、包缝机

包缝机为 GN 型工业平缝机。包缝机不像工业平缝机那样能完成多种工序任务，但它在结构形式、工作性能方面，却有着许多工业平缝机不可比拟的优点。包缝机的零部件短小，结构紧凑，因此，工作性能比较稳定，特别适合调整运转（最高转速可达 7 500 ～ 8 000 r/min）。另外，由于包缝机的线迹形成方法和成缝器形式与锁式线迹不同，在生产中包缝机可以用大卷供线，不必像工业平缝机那样频繁地更换梭芯，而且能将面料的缝合和包边两道工序并为一道，提高生产效率。

1. 包缝机的主要机构与性能

包缝机的主要机构包括刺料、挑线、钩线、送料机构及切刀机构。前四种机构的作用与工业平缝机相同，它们是形成包缝线迹所必需的四大成缝机构，分别驱动机针、成缝器、缝料输送器和收线器协调运动，互相配合。切刀机构的作用是切去缝料的毛边，保证线缝宽度相等，使线迹美观。

包缝机的机针最多有三根，其中两根用于包缝线迹加工。三线包缝机的钩线机构——弯针机构包括上弯针和下弯针两部分。由三线包缝线迹结构可知，这种线迹是由机针和两个弯针相互作用穿套而成的，其中两个弯针均作左右摆动。

包缝机的可调操作参数有三个，即差动量、针距、包边宽度。包缝机的最大针距一般不会超过 4 mm；调整切刀机构的左右位置可以控制包边宽度。

2. 包缝机的用途

随着包缝机缝纫附件的开发和新机型的研制，今后其应用范围还会拓宽。包缝机主要有以下五种加工用途：

（1）用于布边的加固和装饰，如包边和镶边等。

（2）用于面料的合缝加工，如男衬衫的摆缝和袖窿处常用五线和四线包缝机缝纫，又如针织内衣的缝纫、两段厚料的接头加工等。

（3）用于下摆和袖口的边加工，如波浪形绣花型袖边的制作等。

（4）利用切刀把多层衣片布剪齐，如芯料和里料的切齐。

（5）用于弹性面料和光滑面料的缝纫加工。包缝机带有性能良好的差动送料装置，可以顺差动和逆差动送布，还可以完成弹性面料和光滑面料的加工，如泳装料的缝纫等。

除以上服装缝纫设备外，还有服装加工专用缝纫设备，此类设备是用来完成各种专门缝制工艺（如钉扣、锁眼等工艺）的缝纫机。专用缝纫设备在服装生产中占有十分重要的地位，是服装工业化生产中不可缺少的设备。服装厂采用服装加工专用缝纫设备可以改善缝纫质量，提高生产效率。与一般缝纫设备相比，专用缝纫设备的工作性能的特殊性表现在三个方面：没有通用性，只有专用性；完成指定的工艺作业操作；在产量和加工质量上都大大高于一般工艺作业。专用缝纫设备主要包括套结机、钉扣机、锁眼机（圆头锁眼机和平头锁眼机）、暗缝机和绱袖机等。

四、机缝工艺

机缝工艺是指服装加工过程中依靠机械来完成的缝制加工方法。它是现代服装工业生产的主要手段。

1. 机缝工具介绍

有些机缝工具与手缝工具相同，现将其他常用的机缝工具介绍如下。

（1）机针。机针，即缝纫机专用针，是缝纫机成缝的主要机件，如图 2-27 所示。机针也按针杆粗细用型号表示，只是与手缝针的型号相

图 2-27　机针、梭芯、梭壳

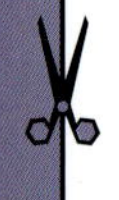

反。机针的型号越小，针越细；型号越大，针越粗。由于缝纫机的种类和型号很多，机针各有区别。工业机的机针针柄是圆柱形，家用机的机针针柄是半圆柱形，另外，同是工业机用的针，由于工业机种类的不同，机针也不能通用。为了区别各种机器的机针，机针在号数前都有一个型号，以区分该机针适用的缝纫机种类。如 J-70，“J”为家用机的机针；81-65，“81”表示包缝机的机针；96-90，“96”表示工业平缝机的机针；GK16-14，“GK”表示绷缝机的机针等。作为服装专业人员，应了解机针与缝纫机之间的关系，能够针对面料的厚薄、质地、工业要求的不同，选择相应的机针。

（2）梭芯、梭壳。梭芯、梭壳又称梭子、梭套，是缝纫机成缝的主要机件，如图 2-27 所示。梭芯、梭壳根据缝纫机的种类不同也有区别。家用的梭芯、梭壳比工业用的稍高一点；家用梭壳侧面是完整的一圈，工业用的梭壳在侧面有一缺口。梭芯、梭壳主要起将线固定到旋梭内，与面线组成缝型的作用。

（3）锥子。锥子是缝纫辅助工具，一般用木材或塑料制成柄，装上铁质圆锥形头，要求头尖不起毛，方便拿取，如图 2-28 所示。锥子主要用来拆除缝线、挑邻角、摆缝等，也可在缝制时用于推面上的衣料，防止在缝制时上、下面料出现松紧不一致的现象。

（4）镊子。镊子是缝纫辅助工具，多用钢制成，镊身扁平，镊口密合不错位，弹性好，如图 2-29 所示。镊子在缝纫时用于疏松缝线或拔取线头，也可用于包缝机穿线。

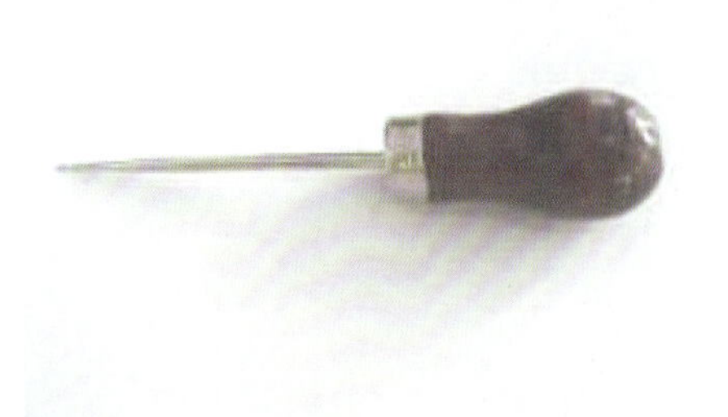

图 2-28 锥子

图 2-29 镊子

（5）拆刀。拆刀是缝纫辅助工具，一般用木材或塑料制成柄，装上铁质扁平的头，铁制头的前方较锋利，一般用塑料做成小球固定在顶端，以防止损坏面料，如图 2-30 所示。拆刀主要用于缝错后拆除缝线。

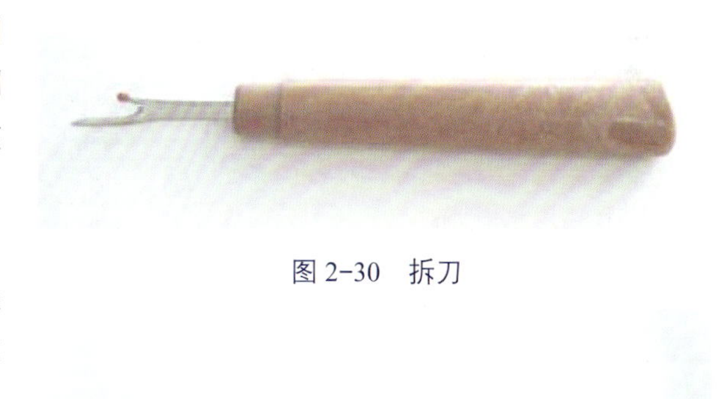

图 2-30 拆刀

（6）滚轮。滚轮又称为点线器或擂盘，是缝纫辅助工具，一般用木材或塑料制成柄，装上可活动的铁质扁平圆头，在圆头上有一圈尖锐的针状物，如图 2-31 所示。滚轮主要是在面料或纸样上做标记的工具，使用滚轮时可在面料上留下点状痕迹，为缝制对位做记号。

图 2-31 滚轮

（7）螺丝刀。螺丝刀主要用于装针或修缝纫机，是常见工具之一，如图 2-32 所示。

2．各种缝型的机缝方法

缝型的结构形态对成衣的品质（外观和强度）具有决定性的意义。

衣服是由不同的缝型连接在一起的，由于服装款式及适用范围的不同，在缝制时，各种缝型的

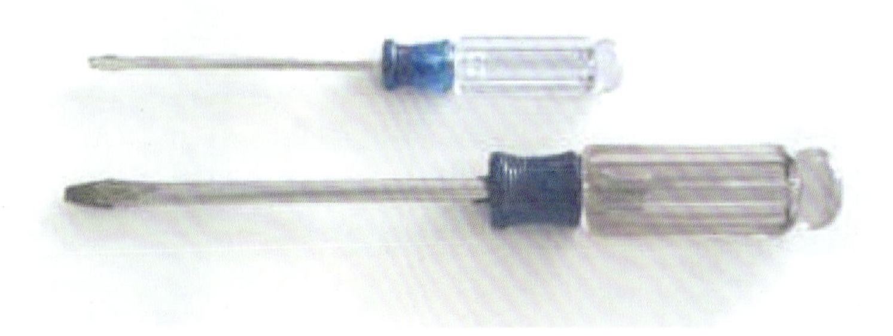

图 2-32　螺丝刀

连接方法和缝份的宽度也不同。缝份的加放对于服装成品规格起着重要的作用。

（1）平缝。平缝也称合缝，是机缝中最简单、最基础的一种缝制方法，也是使用广泛的一种缝制方法，适用于服装的各部位（图 2-33）。

1）缝制方法：取两块面料正面相对，上、下对齐，沿所留缝份缝合，缝份一般留 1 cm 左右。缉线开始和结束须做到回针，以免线头散开。缉好将缝份分开烫平，称为分缝。

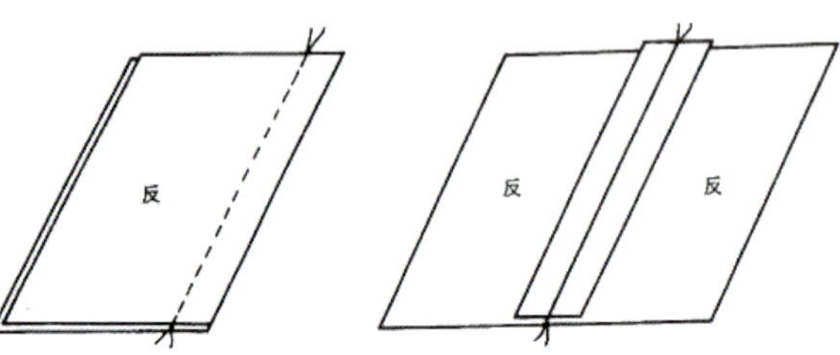

图 2-33　平缝

2）工艺要求：缝线顺直，宽窄一致，布料平整，长短一致。线迹上、下绞合一致。

（2）坐缉缝。坐缉缝是在平缝的基础上分倒缝份，缉一条或两条明线，多用于夹克衫分割线、缉明线的时装，裤子侧缝、裆缝等，起装饰和加固的作用（图 2-34）。

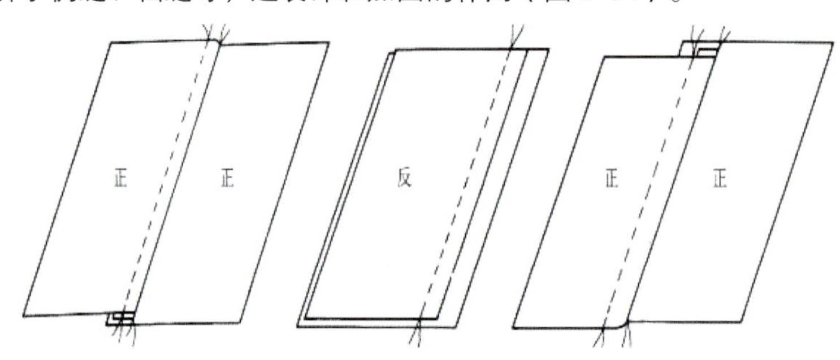

图 2-34　坐缉缝

1）缝制方法：取两块面料正面相对，将缝份坐开，缉一条平缝。上层缝份为 0.6 ～ 0.7 cm，下层缝份为 1.2 ～ 1.4 cm。平缝后，将两层缝份烫倒向一边，小缝份夹在中层，缉一条 0.7 cm 的明线，或两条明线。

2）工艺要求：将上、下两层面料缉线平服，无皱缩现象，缉明线顺直，宽窄一致。

（3）搭接缝。搭接缝是将两块面料缝份重叠，中间缉一条线固定的缝制方法。这种缝制方法可减少缝份的厚度，多用于衬布或暗藏部位的拼接（图 2-35）。

1）缝制方法：将两块面料正面朝上，缝份互相交搭 0.7 cm 缉一条线。

2）工艺要求：缝线顺直，上、下布料长短一致，下层无皱缩现象。

（4）扣压缝。扣压缝是将布料毛边翻转扣烫缝份后，缉在下层衣片上的一种缝制方法，多用于各种贴袋、过肩等（图 2-36）。

1）缝制方法：取出大、小布料各一块，将小布料按 1 cm 缝份扣烫好。大

图 2-35　搭接缝

布料放在下层，小布料放在上层且正面向上。按确定的袋位，将烫好的小布料放在大布料上面缉一条 0.1 cm 的明线，也可缉两条明线。第二条明线根据款式设定。

2）工艺要求：缉线顺直，明线宽窄一致，缝份不外露。

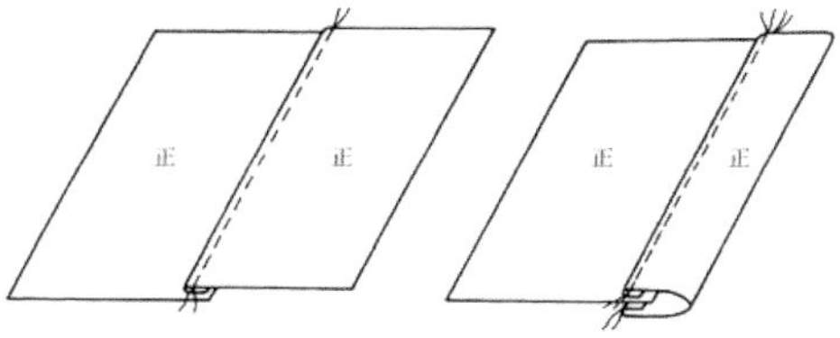

图 2-36　扣压缝

（5）卷包缝。卷包缝是只需一次缝合的缝制方法，并将两片毛边均包干净，以免锁边，多用于薄料服装、绵绸面料等（图 2-37）。

1）缝制方法：将两块面料正面与正面相对，将下层面料卷折两次，先卷折 0.6 cm，再卷折 0.6 cm，与上层面料 0.6 cm 缝份同时在反面缉一条明线（沿下层面料第二次卷折的边缉 0.1 cm）。正面不露明线。

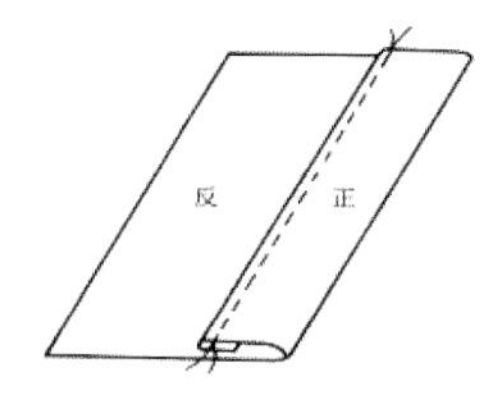

图 2-37　卷包缝

2）工艺要求：上、下两层面料需卷平服，缉线顺直，宽窄一致。

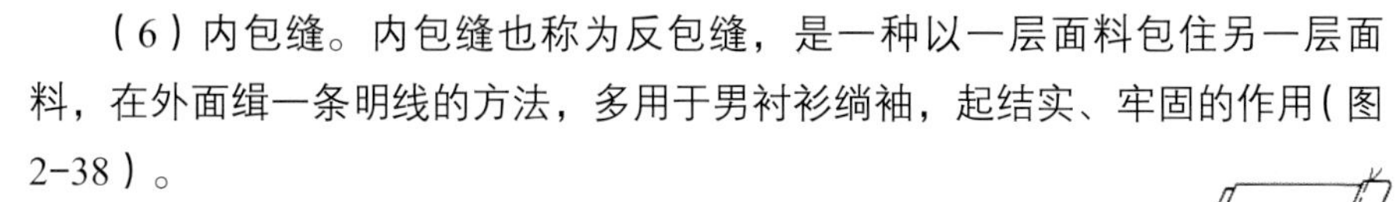
（6）内包缝。内包缝也称为反包缝，是一种以一层面料包住另一层面料，在外面缉一条明线的方法，多用于男衬衫绱袖，起结实、牢固的作用（图 2-38）。

1）缝制方法：取两块面料缝份坐开 0.9 cm，正面与正面相对，将下层面料缝份包转上层面料缝份，在正面沿毛边缉一条线。将两块面料打开，正面朝上，在正面缉一条 0.8 cm 的明线，下层沿折转的边压住 0.1 cm，正面只见一条明线。

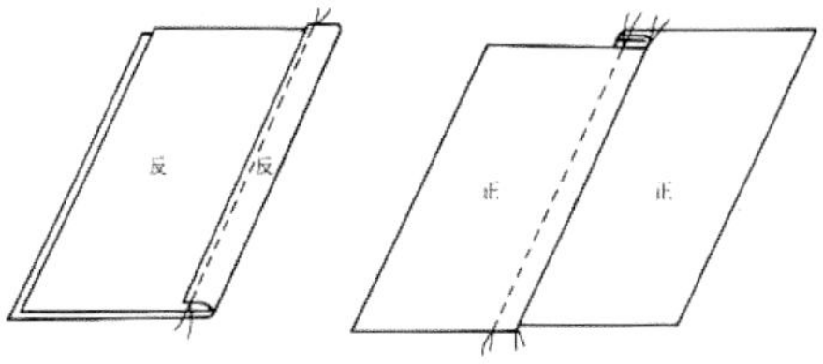

图 2-38　内包缝

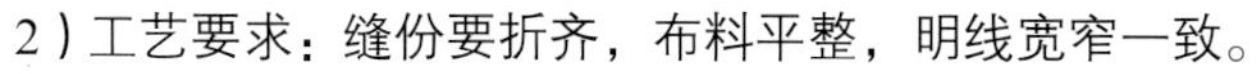
2）工艺要求：缝份要折齐，布料平整，明线宽窄一致。

（7）外包缝。外包缝也称为正包缝，是以一层面料包住另一层面料，外面露两条明线的方法，多用于男衬衫摆缝和裤子侧缝、裆缝等，起结实、牢固的作用，结构线明显（图 2-39）。

1）缝制方法：取两块面料，反面与反面相对，缝份离开 0.8 cm，将下层缝份包转上层缝份，在反面沿毛边缉一条线。将两块面料打开，正面朝上，将缝份折转扣齐，在正面靠边缉 0.1 cm 明线，正面见两条明线。

2）工艺要求：缝份要折齐，布料平整，明线清晰、宽窄一致。

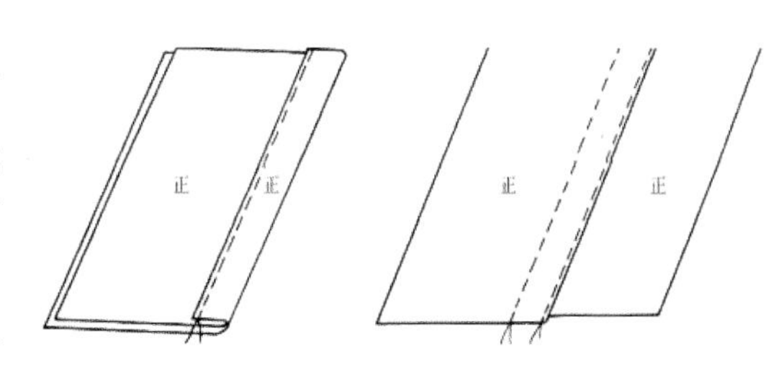

图 2-39　外包缝

（8）来去缝。来去缝也称为反正缝、筒子缝，是将面料正面缝好再从反面缝，正面不露线迹的方法，多用于女衬衫、童装的肩缝和摆缝等（图 2-40）。

1）缝制方法：将两块面料正面相对，毛边对齐，沿边缉 0.3 cm 的来缝，翻过来对折烫平，在反面缉一条 0.7 cm 的去缝。

2）工艺要求：缝份整齐，宽窄一致，正、反面不露毛边。

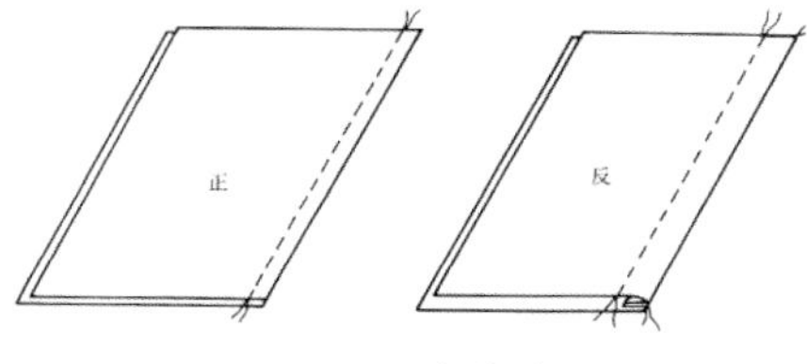

图 2-40　来去缝

（9）咬合缝。咬合缝是一种将两边缝份扣烫，对折烫好，再咬住另一块面料的方法，多用于衬衫袖衩、袖头、女裙腰等部位（图 2-41）。

1）缝制方法：取一块面料，将两边缝份扣烫 1 cm，然后反面与反面相对再对折烫好，下层略烫出 0.1 cm。将另一块面料正面朝上，夹在对折烫好的面料内，缝份为 1 cm，靠边缉 0.1 cm 的明线。

2）工艺要求：咬合时上、下层面料都应缉到线，缉线顺直，上、下层面料松紧量一致。

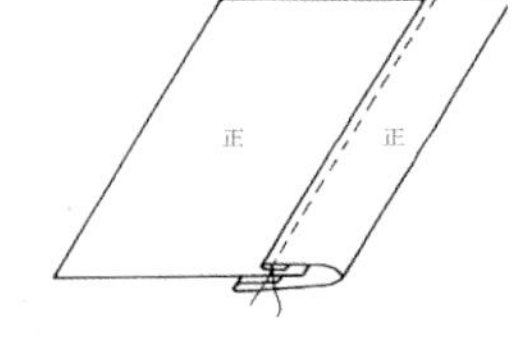

图 2-41　咬合缝

（10）沿边缝。沿边缝是一种将线迹暗藏于折缝旁边的方法，多用于裤腰、大衣、风衣底边等（图 2-42）。

1）缝制方法：将两块大小不等面料正面相对，缉一条 1 cm 宽的平缝，再将上层面料按宽窄要求向下翻转烫平，然后靠紧翻折边缉第二条线。

2）工艺要求：缉沿边缝顺直。不能缉着折边或远离折边，不起链形。

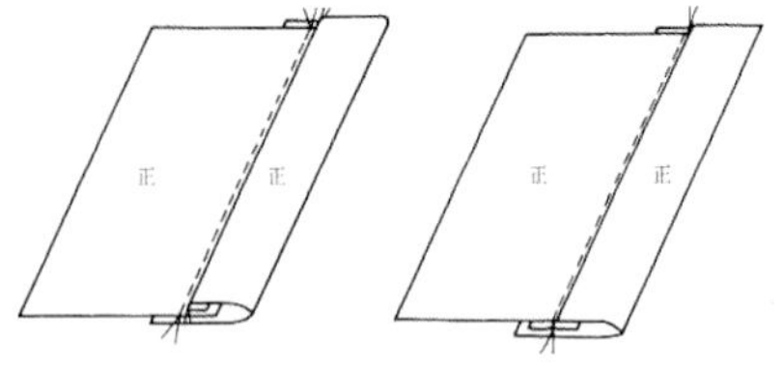

图 2-42　沿边缝

（11）漏落缝。漏落缝也称为灌缝，是一种将线迹藏于凹槽内的缝制方法，多用于服装嵌线袋、西服串口线等（图 2-43）。

1）缝制方法：将两块面料正面与正面相对，缉一条 1 cm 宽的平缝，然后分烫缝份，在口袋嵌条反面垫一块面料，从正面凹槽内缉一条线固定。

2）工艺要求：缉线顺直，不准缉在两边布上，线迹一定要缉在凹槽内。

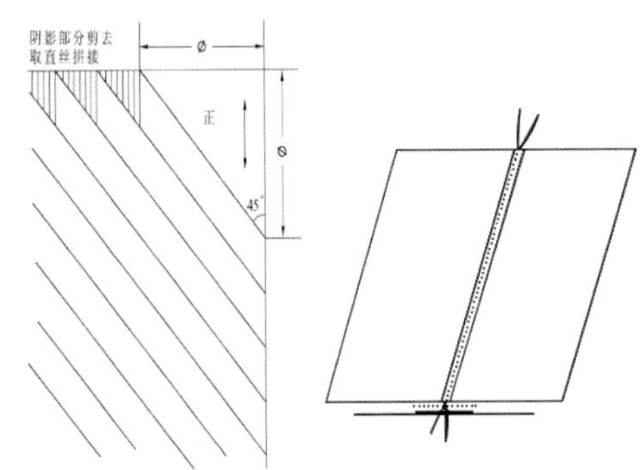

图 2-43　漏落缝

（12）绲边。这是一种装饰服装细节部位的方法，多用于服装领口、袖口、底边、男女大衣、风衣、高档裙下摆等（图 2-44）。

1）缝制方法：将一块面料和一条滚条布正面相对，缉一条 0.5 cm 宽的线，翻转滚条，在滚条的另一边扣烫 0.5 cm 缝份，然后沿边缉第二条线，下层靠边缉 0.1 cm，正面绲边条宽 0.6 cm 不缉明线（这种称为暗绲边）。明绲边缝制方法相反。

2）工艺要求：①绲边条应取 45° 正斜面料，宽度为绲边宽的 4 倍，长度根据所需绲边的部位钉。绲边条长度可以拼接。②缉沿边线顺直，无链形。绲边宽窄一致。

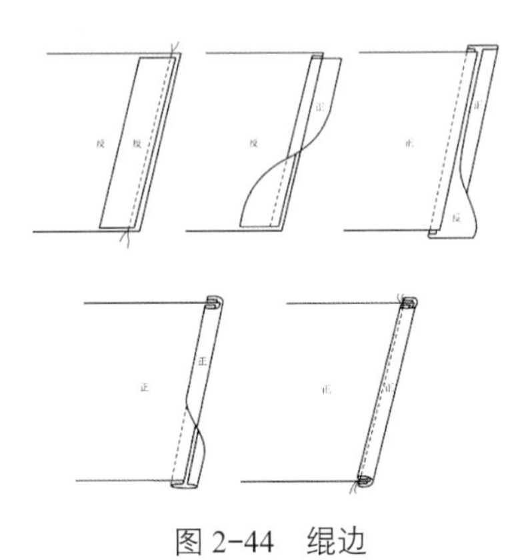

图 2-44　绲边

第三节　熨烫工艺基础

一、熨烫作业的概念

熨烫作业是根据织物纤维的热塑变形特性，借助湿度、温度和压力，使处于服装不同部位的织物根据造型需要，或改变结构密度，或弯曲定型，或保持挺括，从而获得预期的造型效果。

对于大多数服装，特别是毛呢、真丝服装来说，熨烫作业贯穿于制作全过程。俗话说“三分做工七分烫”，熨烫对于成衣的重要意义可见一斑。

熨烫作业的具体操作有熨平、折熨和归拔三种。

（1）熨平。熨平是熨烫作业最基本的操作，其目的是消除服装在制作过程中由于线缝流转而形成的皱褶和压痕，使成衣增加悬垂效果，感觉平整挺括。

（2）折熨。折熨的目的是通过作业使织物改变平整的初始状态，弯折成形。一般在服装的止口定型、分缝、裤子的挺缝和前裥后省、裙子的褶裥及上衣领子的翻驳等均属于折熨。

（3）归拔。归拔是成衣工艺中一项技术难度较大的工作，通过归拔（拉拔和归缩处理），原本是平面的衣片局部被拉伸，从而成形后适合人体的曲线。需要归拔的衣片主要是上衣前片、上衣领片和裤子后片。

二、熨斗

各类熨烫机械问世以前，熨斗（图 2-45）是服装行业最主要的熨烫装备。而目前，熨斗在大多数场合仅充当辅助熨烫工具的角色。熨斗包括以下三种。

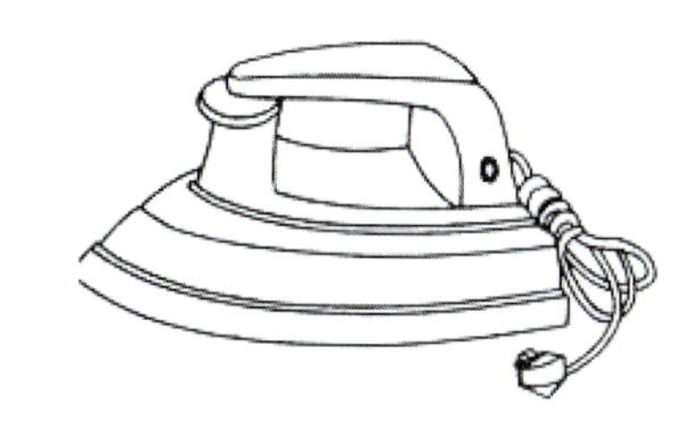

图 2-45　熨斗

（1）通过式蒸汽熨斗。该熨斗俗称全蒸汽熨斗，是蒸汽熨斗中结构最为简单的一种。整机由不锈钢合金材质的底板壳体、进汽接头、三通接头及针形阀、喷汽阀、进出汽胶管及木质或胶木质手柄组成。

（2）再热式蒸汽熨斗。该熨斗俗称电热蒸汽熨斗，是针对全蒸汽熨斗极限工作温度偏低，气雾中伴有水滴的缺点而改进设计的机型，属于汽进汽出、二次加热型。

（3）滴液式蒸汽熨斗。滴液式蒸汽熨斗属于水进汽出型。该熨斗分吊瓶式和水箱式两种，吊瓶式滴液蒸汽熨斗俗称吊瓶熨斗，其储水瓶与熨斗体异体；水箱式滴液蒸汽熨斗则将储水箱直接与熨斗体设计在一体，一般为家用。

三、其他辅助工具

其他辅助工具包括铁凳、布馒头、长烫凳等（图 2-46）。

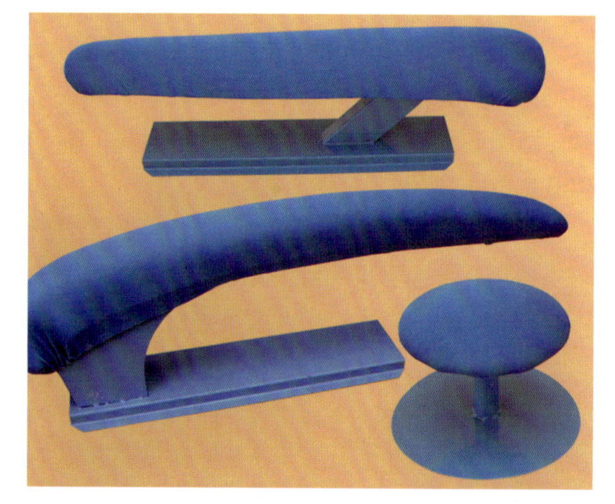

图 2-46　其他辅助工具

四、吸风烫台

吸风烫台辅以蒸汽熨斗是通用性最强、应用最广泛的整烫装备。从传统的熨烫作板到当代的吸风烫台，是与熨烫蒸汽化改造配套的一大变革。吸风烫台最基本的功能是吸风抽湿、冷却定型。然而，通过改变烫台机座的结构、台面的尺寸、电动机的种类、烫模的形状及附属装置的配备，可衍生出一系列专用的吸风烫台（图 2-47）。

1. 吸风烫台的种类

在吸风烫台基本机型的基础上，根据各类服装及作业者的不同需要，出现了各种不同的吸风烫台的完整系列。

按生产工序区分，有中间烫台和最终成品烫台，其主要区别是烫台的台面尺寸。中间烫台台面尺寸较小，最终成品烫台台面尺寸较大。

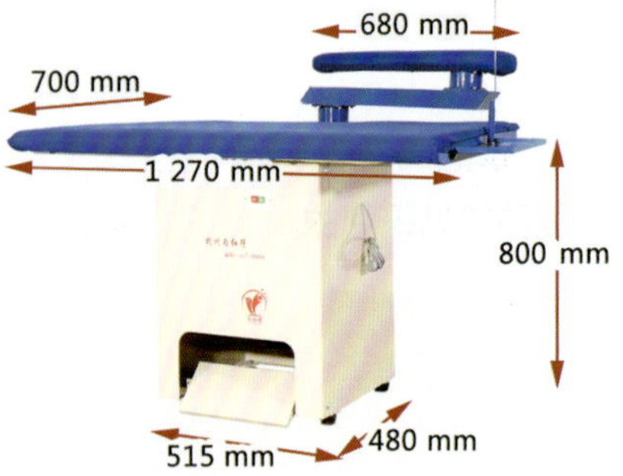

图 2-47　吸风烫台

2. 吸风烫台的使用和保养

（1）吸风烫台必须安放在坚固和平整的地面上，并尽量使工作台面保持水平。

（2）为了保证吸风效果，应保持出风通道的畅通，因此烫台背部出风口处不能堆放物品。

（3）所用电源必须与烫台的额定参数一致。

（4）必须保持风机电动机的正确转向，若发现反转应及时将相线对换，否则将影响吸风效果。

（5）由于灰尘、棉絮、水分、高温及压力的因素，吸风烫台的势料使用一段时间后将出现“板结”现象，影响吸风烫台的吸风效果。因此，要求每使用 40 个小时后（一般选在周末）对所有垫料进行清洗、干燥，以保持垫料的良好性能。

（6）使用中须保持风机叶轮内外整洁，以免影响动态平衡而致吸风能力下降或产生噪声。一般每年清洗叶片 2 或 3 次。

五、熨烫定型五要素

（1）熨烫温度。适当的熨烫温度会使织物变软，使织物按要求变形。熨烫中掌握温度最为重要，不同的织物和纤维由于结构、质地不同，所需要的温度也不同。棉、麻纤维织物熨烫温度可高些，丙纶、尼丝纺织物熨烫温度可低些。要正确掌握熨烫温度，温度过高，易使衣物焦黄；温度过低，达不到熨烫要求。

（2）熨烫湿度。湿度的作用是使织物纤维湿润、膨胀伸展、弹性降低，增强织物的可缩性，使织物柔软易变形。大多数服装材料均可给湿熨烫。湿烫的主要方法有两种：一种是布面喷水，另一种是盖湿布。布面喷水由于熨烫比较直接，推、归、拔效果比较理想；盖湿布对整烫比较理想，可以避免烫坏衣料。

（3）熨烫压力。压力超过织物纤维的应力就会使织物变形。手工熨烫压力的来源，除了熨斗的自身质量外，主要是手的压力。手的压力大小可以根据衣料的质地变化而变化，也可以根据服装的不同部位和熨烫要求变化。质地紧密的布料，压力大些；质地疏松和轻薄的布料，压力要小些；绒毛类织物，压力应较小，否则会引起绒毛倾倒等问题。

（4）熨烫时间。由于织物导热性差，时间能使织物受热达到一定的要求，使其变形，延长加温时间，将织物的水分完全烫平、蒸发，才能使织物变形后不还原。压力要求小的织物，熨烫时间就短；压力要求大的织物，在其表面的停留时间可长些。但是时间过长容易造成衣料褪色、烫焦等现象。

（5）熨烫后的冷却。温度、湿度、压力、时间等条件使织物达到预期的变形效果，但定型不能

在加热过程中产生，而是在冷却后实现的，手工熨烫一般使用自然冷却方法。

六、熨烫工艺要点

1. 掌握织物的耐热度

各种常见织物的耐热性能见表 2-2。

表 2-2 常见织物的耐热性能

序号	织物名称	耐热范围 /℃	原位熨烫时间 /s
1	麻	180 ～ 200	4 ～ 6
2	棉	150 ～ 170	3 ～ 5
3	毛	150 ～ 170	3 ～ 5
4	真丝	110 ～ 130	3 ～ 4
5	人造丝	110 ～ 140	3 ～ 4
6	尼丝	90 ～ 100	2 ～ 3

2. 掌握熨斗的温度

熨斗温度参数见表 2-3。

表 2-3 熨斗温度参数

熨斗温度 /℃	100 以下	100 ～ 120	120 ～ 140	140 ～ 170	170 ～ 200	200 以上
水滴声音	无声	长的“哧哧”声	略短的“哧哧”声	短的“扑哧”声	短促的“扑哧”声	极短促的“扑哧”声或无声
水滴蒸发情况	水滴不易散开	水滴散开，周围起水泡	水滴扩散成小水珠	水滴迅速扩散成小水珠	水滴散开，蒸发成水汽	水滴迅速蒸发成水汽消失
水滴形状						

七、最基本的熨烫技法

最基本的熨烫技法主要有直烫分缝、直扣缝、弧形扣缝、圆形扣缝、归烫、拔烫等，如图 2-48 ～图 2-53 所示。

八、黏合衬的熨烫工艺

目前在大多数服装中，黏合衬已逐步取代了传统的毛、麻、棉等衬布，成为服装的主要衬料。黏合衬的应用，改变了传统的缝制观念，并伴随衍生了与之相适应的一套缝制工艺的新体系。优质的黏合衬不仅能使服装具有轻、薄、软、挺、易洗、造型性能好的优点，还有使用方便、工艺简单等优点。掌握好黏合衬在服装工艺中的使用，对服装的质量起着关键的作用。

1. 黏合衬的选用

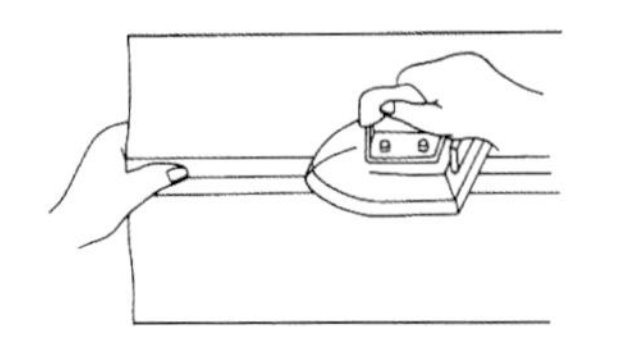

图 2-48　直烫分缝

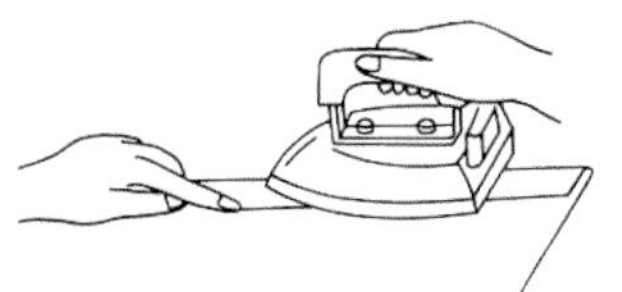

图 2-49　直扣缝

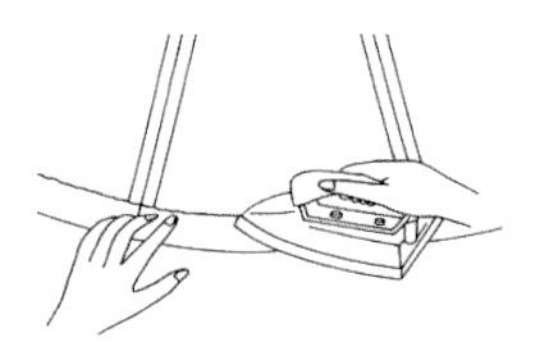

图 2-50　弧形扣缝

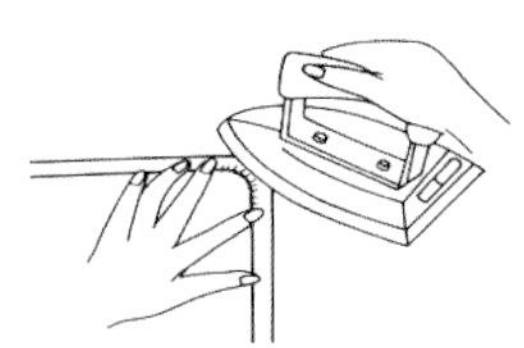

图 2-51　圆形扣缝

黏合衬可分为织造黏合衬（俗称有纺衬）和非织造黏合衬（俗称无纺衬）两大类。它是在织造和非织造的基布上通过专用设备均匀地涂一层热熔树脂胶制成的。附在基布上的热熔胶，按其表面形状不同可以分为点状、条状、粉状、片状、网状及薄膜状等若干类型。织造黏合衬又可分为机织和针织两种。织造黏合衬的厚薄主要由基布的纱支高低决定。一般粗支织造黏合衬最厚，其次为中支、高支。

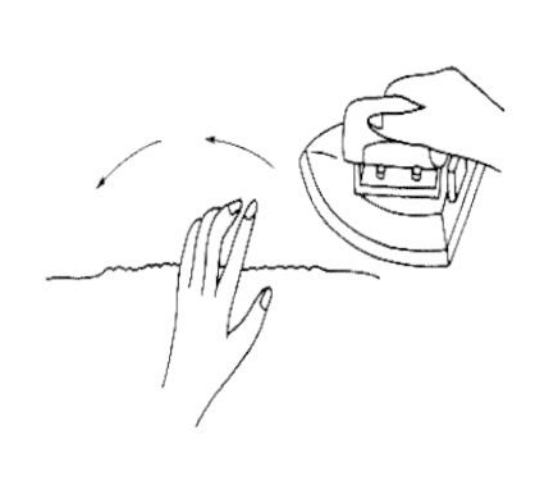

图 2-52　归烫

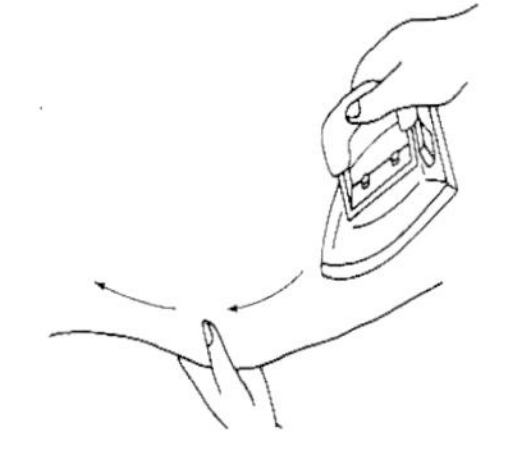

图 2-53　拔烫

非织造黏合衬的厚薄由基布在单位面积上的克重决定，常见的有 10 g、20 g、30 g 三种，克重越大的黏合衬越厚、越坚硬；反之，则越薄、越柔软。

除了黏合衬的基布外，黏合衬的厚薄还与热熔胶的表面形态有关，一般对于同样的基布，点状黏合衬为最厚，其次为条状、粉状、片状、网状黏合衬。织造黏合衬耐洗、耐热、保温性能好，但成本较高，一般有条件的都用黏合剂黏合。非织造黏合衬熔点低、黏合快、成本低，因此使用方便。选择服装黏合衬的原则有以下几点：

（1）与面料的厚薄相宜；

（2）与面料的色泽相配；

（3）与面料的耐热性能相应；

（4）与面料的缩水率相近；

（5）与面料的价格相当；

（6）与面料的风格、手感相同。

2．黏合衬黏合三要素

（1）黏合温度。正确掌握黏合温度，才能取得最佳的黏合效果。温度太高，会造成热熔树脂胶熔融流失，或渗透织物程度过大，黏合强度下降。温度太低，则不会发生热熔黏合。

（2）黏合压力。在热熔黏合过程中，正确的压力可以使面料与黏合衬之间有紧密的接触，使热熔树脂胶能够均匀地渗入面料纤维中。

（3）黏合时间。温度和压力都需要在合理的时间作用下才能对黏合衬上的热熔树脂胶发挥作用。

综上所述，在热熔黏合过程中，正确的温度、压力和时间是保证黏合质量的重要因素，否则就会导致脱胶或起泡等严重质量问题。如果用专用设备——黏合机粘衬，要以正确的黏合工艺参数对黏合机进行调整。为了可靠起见，有时还应用黏合衬配合面料进行小样压烫试验。

3．黏合衬熨烫的基本要领

（1）黏合衬与衣片在高温热熔过程中会有热缩现象，尤其是缩率大的面料，裁剪时衣片尺寸四周应略放大 1 cm 左右。

（2）毛样黏合衬裁片四周应略小于 0.4 cm，防止黏合衬超出衣片而粘在黏合机上或烫桌上，致

使黏合机传送衣片不畅，严重的会使衣片产生无法处理掉的皱褶。

（3）黏合前，衣片位置一定要放正，尤其是一些轻薄衣料要把丝绺归正，衣片按样板形状放端正，否则上黏合衬后衣片造型会完全走样。

（4）手工粘烫宜选用蒸汽熨斗，这是因为湿热传导比干热传导要快，而且粘烫更充分、全面、彻底。湿热粘烫后的黏合力要强于热粘烫。

（5）黏合温度应根据各类粘合衬上的热熔点不同，控制在 120 ℃～ 160 ℃。毛料、厚料温度略高，混纺、薄料温度略低。

（6）熨烫时不要将熨斗在黏合衬上移来移去，要用力垂直向下压烫，而熨斗每压烫一次在所接触部位停留时间控制在 4 ～ 10 s，根据面料与黏合衬的情况而定。

（7）粘衬时要有序，以防漏烫。可用蒸汽调温熨斗给予极少量蒸汽进行黏合。注意熨斗底部蒸汽没有烫到的地方，还应反复换位进行补烫。

（8）粘衬时，熨斗可以从一端走向另一端，黏合面积较大的黏合衬时，应持熨斗从中间开始依次向四周黏合，不能由两端向中间黏合，以免产生四周固定而中间面与衬大小不符的弊病。

（9）手工熨烫有窝势的部位，可以借助工具熨烫，使其效果更佳。

（10）粘衬完成后，待彻底冷却后才能进行下一道工序的操作。因为没有冷却，黏合衬基本上的热熔胶还呈熔融状态，操作的活动会使黏合衬基布与衣片分开，产生脱胶现象。

（11）有绒毛的面料如灯芯绒，压衬时易把毛压倒，与其他裁片会产生明显的色差，解决的方法是：

1）在保证其黏合质量的前提下，测试其最小的黏合压力进行黏合；

2）把所有不需粘衬的主附件全部在黏合机中走一遍或用熨斗烫一遍，以减少色差。

（12）如遇到黏合衬错而非揭不可时，试用熨斗重新在黏合部位熨烫一遍，趁热将衬揭下来。部位大的一边熨烫，一边剥离。

（13）以后各道工序中的熨烫温度均不应超过黏合温度；否则，原先的黏合质量会受到影响。

思考与练习

1. 手缝工艺常用的工具有哪些？手缝针针号大小与针杆粗细有什么不同？
2. 简述常用手缝针法的要领，并在 40 cm×60 cm 的布料上以常用针法各缝 2 行。
3. 简述机针、缝线规格与面料的关系。
4. 缝型的种类有哪些？
5. 熨烫定型五要素是哪些？简述熨烫温度、时间及压力的关系。
6. 如何选用黏合衬？
7. 简述黏合衬黏合三要素及熨烫的基本要领。

第三章 服装零部件缝制工艺

知识目标 了解零部件与成衣之间的关联；掌握服装零部件的缝制要求和方法技巧。

技能目标 通过学习与实践操作，能够熟练运用平缝机完成各类服装零部件的裁剪、缝制、熨烫等任务。

素养目标 培养学生具备质量意识、精益求精精神、质量是生命线的职业精神。

第一节 口袋缝制工艺

对于服装来讲，口袋既是实用部件，又是装饰部件。口袋对服装式样的变化起着重要的作用。常见的口袋形式有挖袋、插袋和贴袋三大类。

口袋缝制工艺是服装中的重点制作工艺，是成衣中实用性和装饰性较强的一种工艺，口袋的好坏直接影响成衣的外观、质量。

一、单嵌线口袋

单嵌线口袋又称单眼皮、一字袋，是口袋用途中最广泛的一种，多用于男西裤、夹克、女时装、男休闲装、女大衣、风衣等服装。款式不同，则单嵌线口袋的大小、宽窄也不同（图 3-1）。单嵌线口袋的缝制方法如下：

图 3-1 单嵌线口袋

（1）裁布：嵌条长按袋口大加 4 cm，宽 4 ～ 6 cm，用经纱裁一片，垫布长按袋口大加 4 cm，宽 4 ～ 6 cm，用经纱裁一片（图 3-2）。

（2）粘衬：在裁片反面袋位处粘无纺黏合衬，口袋垫布、嵌条也粘上无纺黏合衬，黏合衬用经纱，再将嵌条对折烫好即可（图 3-3、图 3-4）。

图 3-2 裁布

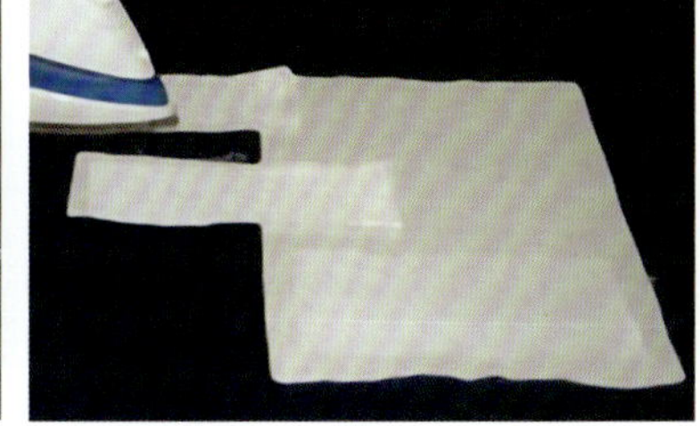
图 3-3 粘衬（一）

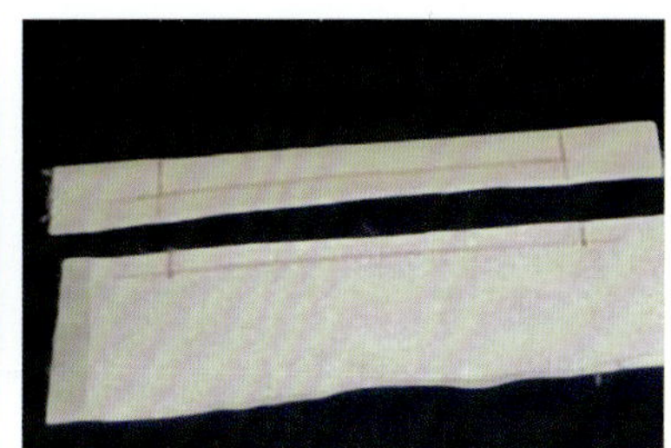
图 3-4 粘衬（二）

（3）缉线：将对折烫好的嵌条缉在袋位下面，垫布缉在上面。注意：嵌条与垫布两条缉线要长短、宽窄一致，如图 3-5 所示。掀开嵌条与垫布缝份，从中间剪开，如图 3-6 所示。

（4）剪开：剪至两头留 0.7 cm 开始剪三角刀口，按缉线留 1 或 2 根纱（图 3-7）。剪好后翻转嵌条、垫布（图 3-8）。用熨斗烫平，缉线固定三角刀口，如图 3-9 所示。

（5）固定嵌条及垫布，用熨斗烫平（图 3-10）。

图 3-5 缉线（一）

图 3-6 缉线（二）

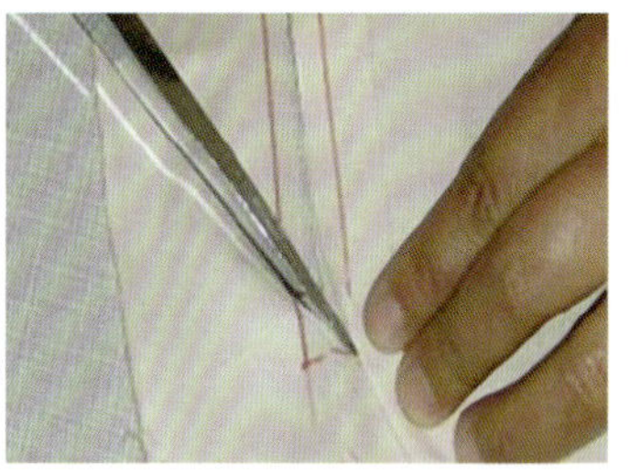
图 3-7 剪三角刀口

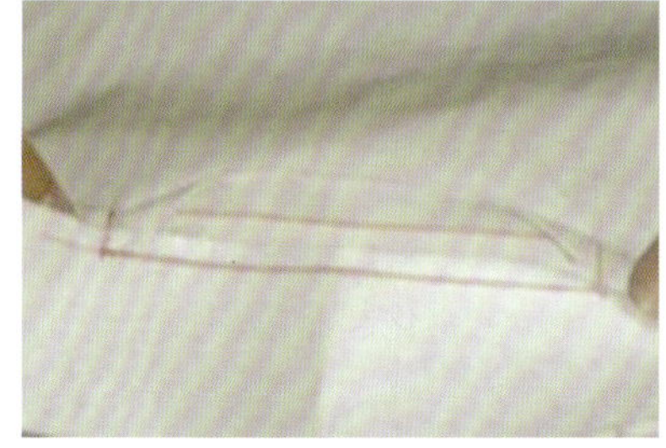
图 3-8 剪好后翻转嵌条、垫布

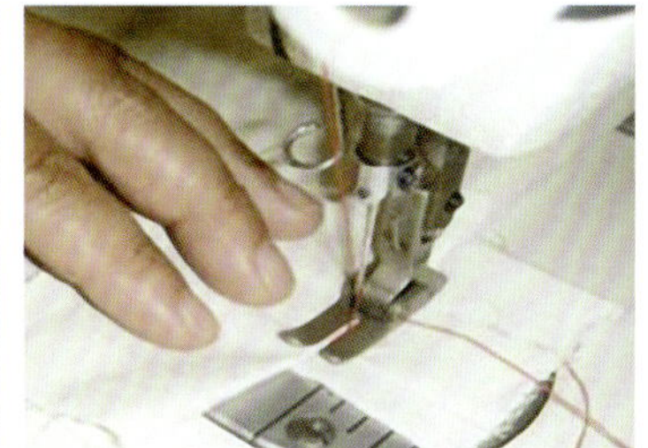
图 3-9 缉线固定三角刀口

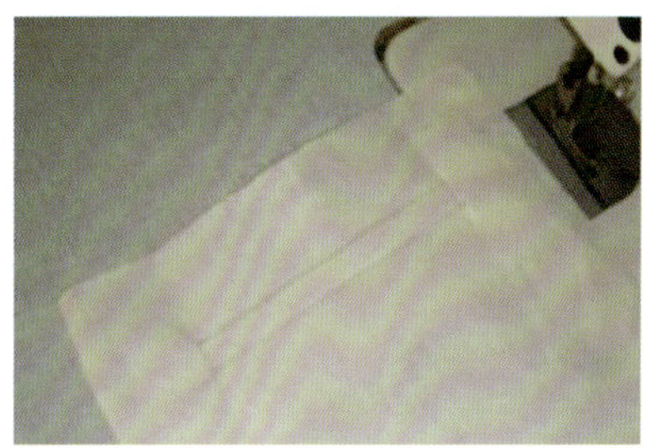
图 3-10 用熨斗烫平

二、双嵌线口袋

双嵌线口袋又称双眼皮、二字袋，多用于男西裤、女时装裤、女时装、男休闲装、女大衣等服装，根据款式确定口袋大小（图 3-11）。双嵌线口袋的缝制方法如下：

（1）裁布：嵌条长按袋口大加 4 cm，宽 3 cm，用经纱裁两片，垫布长按袋口大加 4 cm，宽 4 ～ 6 cm，用经纱裁一片（图 3-12）。

图 3-11 双嵌线口袋

（2）粘衬：在裁片反面袋位处粘无纺黏合衬，口袋嵌条也粘无纺黏合衬，黏合衬用经纱（图 3-13），再将嵌条对折烫好即可（图 3-14）。

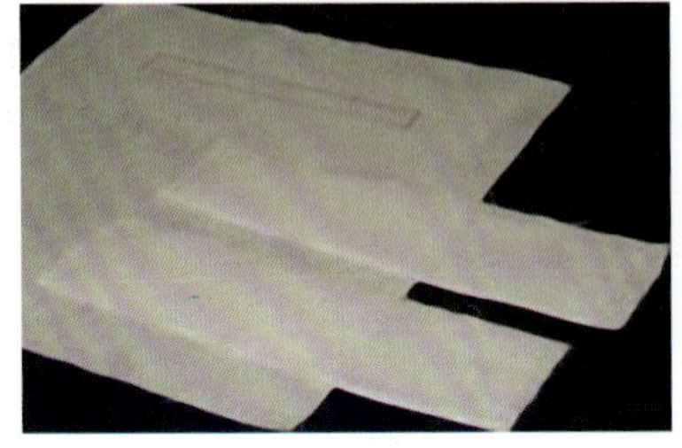

图 3-12 裁布

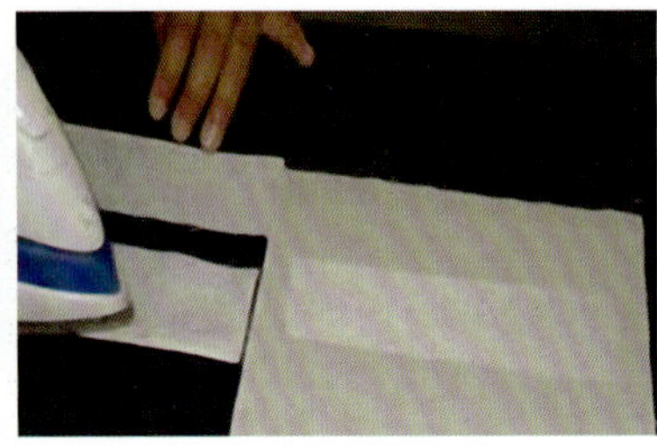

图 3-13 粘衬（一）

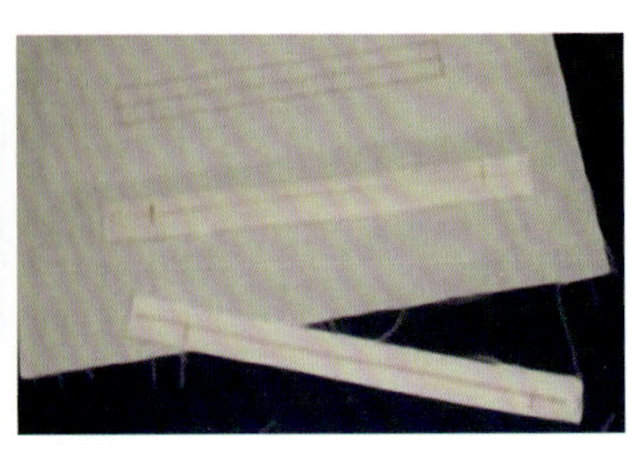

图 3-14 粘衬（二）

（3）缉线：将对折烫好的嵌条缉在袋位上，注意：上、下嵌条缉线要长短、宽窄一致（图 3-15）。

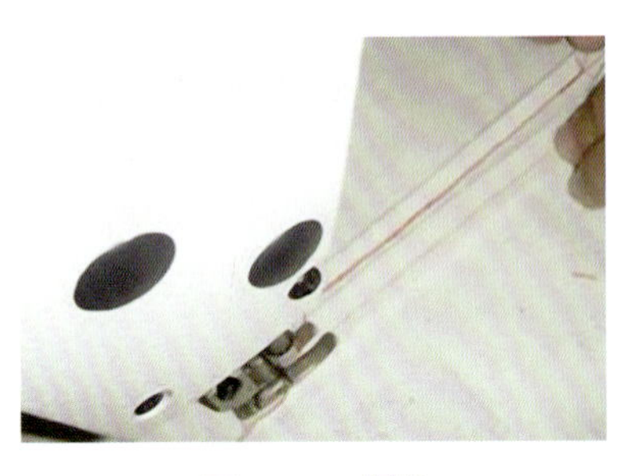

图 3-15 缉线

（4）剪开：掀开嵌条缝份，从中间剪开（图 3-16）。剪至两头留 0.7 cm 开始剪三角刀口，按缉线留 1 或 2 根纱，剪好（图 3-17）。

将嵌条翻转到反面（图 3-18）。用熨斗烫平，缉线固定三角刀口（图 3-19）。

（5）固定嵌条及垫布，用熨斗烫平，如图 3-20、图 3-21 所示。

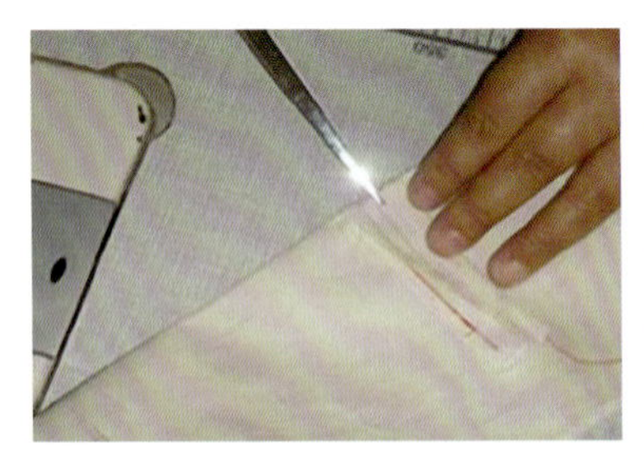

图 3-16 剪开（一）

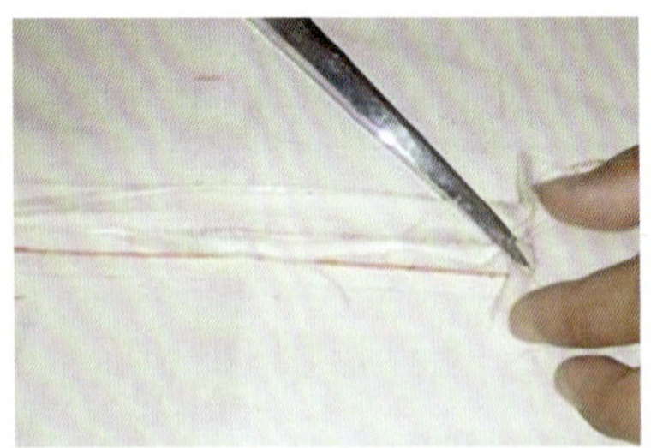

图 3-17 剪开（二）

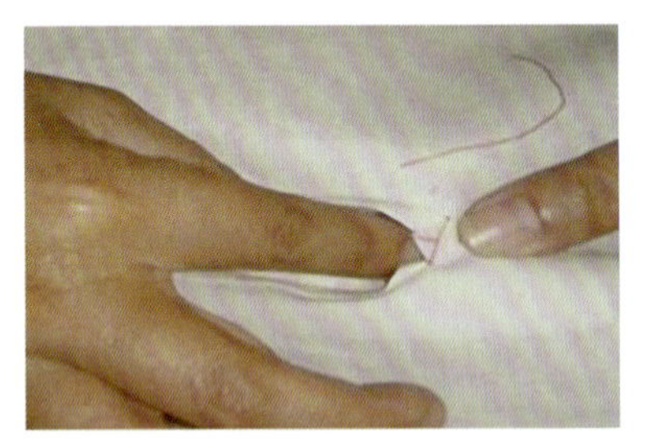

图 3-18 将嵌条翻转到反面

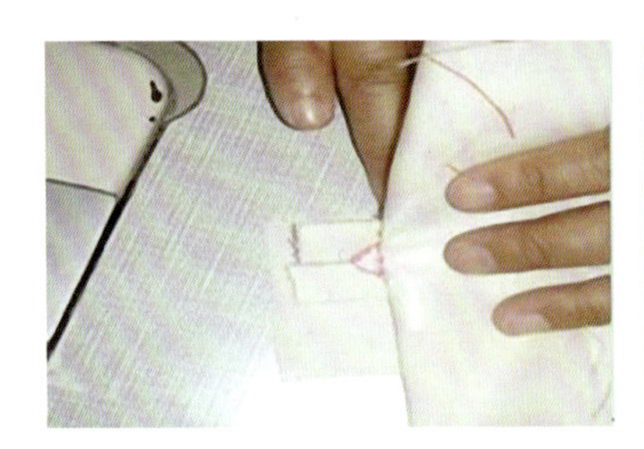

图 3-19 固定三角刀口

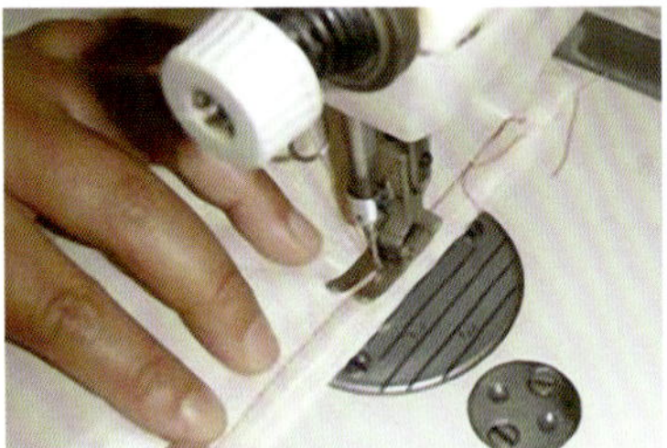

图 3-20 固定嵌条及垫布

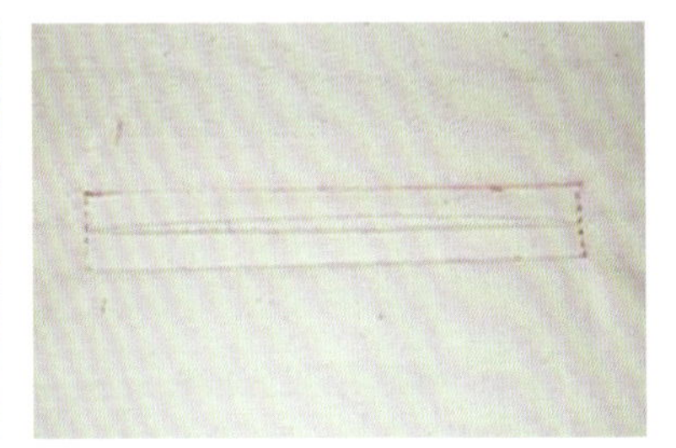

图 3-21 用熨斗烫平

三、有袋盖的双嵌线口袋

有袋盖的双嵌线口袋多用于男女西服、女时装等，根据款式确定口袋大小、袋盖的宽窄。有袋盖的双嵌线口袋的缝制方法如下：

（1）裁布：

1）嵌条布长按袋口大加 4 cm，宽 4 cm，用经纱裁两片。

2）垫布长按袋口大加 4 cm，宽 6 cm，用经纱裁一片，垫布与袋盖里布材料相同，如图 3-22 所示。

3）袋盖面布用经纱裁一片，袋盖里布用斜纱裁一片，袋盖里布与上衣里布材料相同，如图 3-23 所示。

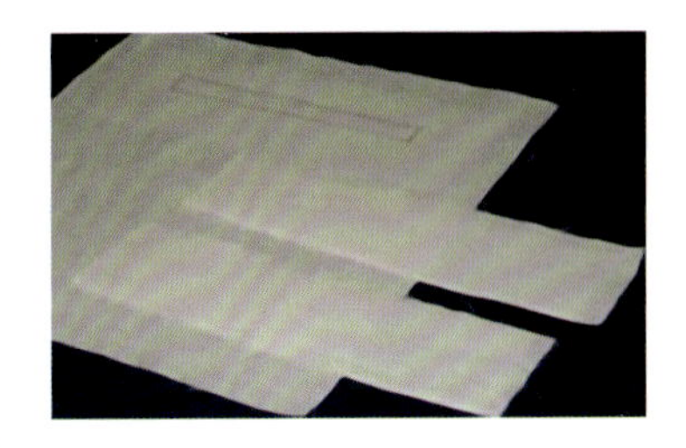

图 3-22 裁布（一）

（2）缉线：

1）先缉袋盖，袋盖面在下面，黏合衬的袋盖里在上面，正面相对，沿两侧和袋底缉一圈，如图 3-24 所示。注意：袋盖里角略紧，形成自然窝势，做好翻转到正面，如图 3-25 所示。

2）缉嵌条，按双嵌线口袋的缝制方法缉线，注意：上、下嵌条缉线要长短、宽窄一致，如图 3-26 所示。

（3）剪开：掀开嵌条缝份，从中间剪开，如图 3-27 所示。剪至两头留 0.7 cm 剪三角刀口，如图 3-28 所示。剪好后将嵌条翻转到反面，固定两头三角，如图 3-29 所示。

（4）装袋盖：先将袋盖固定在垫布上，如图 3-30 所示，然后将袋盖从双嵌条中间插出正面，固定袋盖、垫布，如图 3-31 所示。

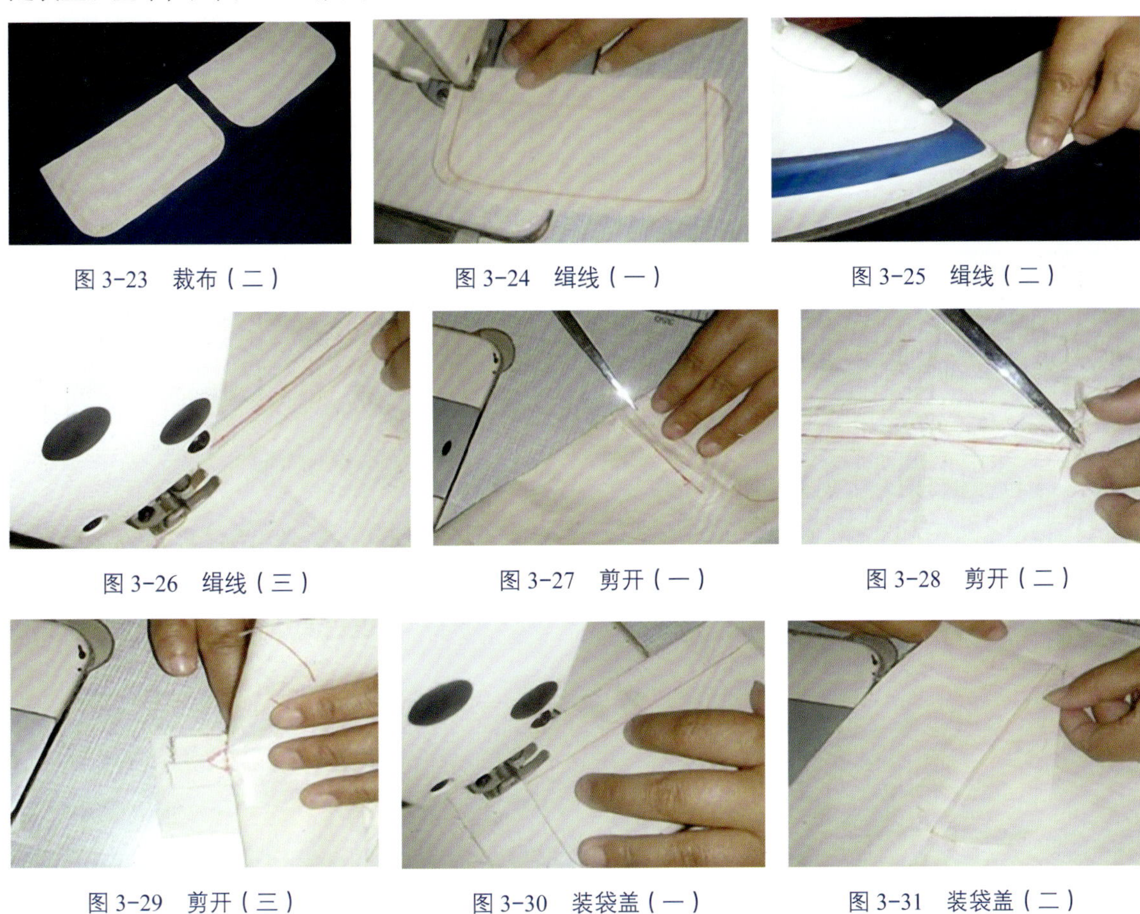

图 3-23 裁布（二） 图 3-24 缉线（一） 图 3-25 缉线（二）

图 3-26 缉线（三） 图 3-27 剪开（一） 图 3-28 剪开（二）

图 3-29 剪开（三） 图 3-30 装袋盖（一） 图 3-31 装袋盖（二）

四、手巾袋

手巾袋也称为手帕袋，多用于男西服上袋、马甲、女时装等，根据款式确定口袋大小（图 3-32）。手巾袋的缝制方法如下：

（1）裁布：袋口布按袋口大加 3 cm，袋口宽 8 cm 左右，用经纱裁一片，垫布按袋口大加

4 cm，宽 6 ~ 7 cm，用经纱裁一片。

（2）粘衬：

1）在裁片反面袋位处、袋口布、垫布上粘无纺黏合衬，衬料用经纱。

2）在面袋口布反面按净样烫一层有纺树脂塑胶黏合衬，使袋口更挺括，如图 3-33 所示。

3）烫折里袋口，锐角需打刀口，按净样烫，根据面袋口缝份两边各烫进 0.1 cm 即可，如图 3-34、图 3-35 所示。

（3）缉线：将烫好的口袋缉在下面，将垫布一边扣烫 0.7 cm 缝缉在袋位上面，袋口与垫布的缉线相隔 1.3 cm，垫布缉线比袋口短 0.1 cm 即可，如图 3-36、图 3-37 所示。

（4）剪开：掀开袋口与垫布缝份，从中间剪开，剪至两头留 0.7 cm 开始剪三角刀口，如图 3-38、图 3-39 所示。

（5）剪好后翻到反面，将上、下缝份烫分开，先缉袋口，再缉垫布，如图 3-40、图 3-41 所示。

（6）在正面缉两边袋口 0.1 cm 止口，注意：三角刀口放进袋口中间，如图 3-42、图 3-43 所示。

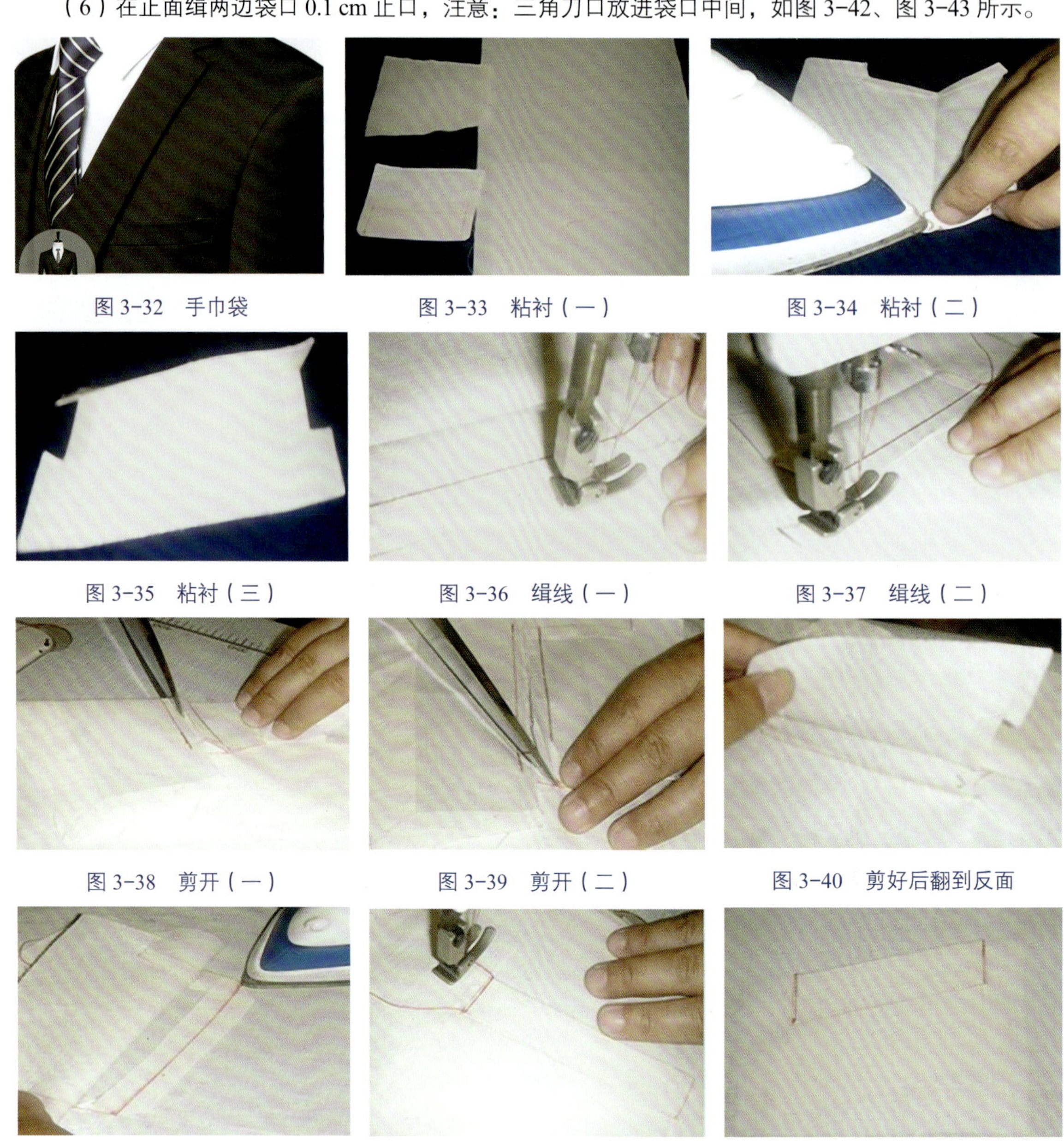

图 3-32　手巾袋　　图 3-33　粘衬（一）　　图 3-34　粘衬（二）

图 3-35　粘衬（三）　　图 3-36　缉线（一）　　图 3-37　缉线（二）

图 3-38　剪开（一）　　图 3-39　剪开（二）　　图 3-40　剪好后翻到反面

图 3-41　将上、下缝份烫分开　　图 3-42　正面缉两边袋口止口　　图 3-43　缉完袋口止口

五、圆贴袋

圆贴袋多用于男女休闲衬衫、男西服、男休闲装、男大衣等（图 3-44）。圆贴袋的缝制方法如下：

（1）裁布：袋口折边放 3 ～ 4 cm，其他三边放 1.3 cm，在袋布上剪几个对位刀口。

（2）粘衬：在袋口折边反面粘上无纺黏合衬，再向反面烫袋口折边，如图 3-45 所示。

（3）缉线：将袋位对位刀口与袋布对位刀口对齐，从里缉线 0.7 cm，外面不缉明线，如图 3-46、图 3-47 所示。

（4）封口：在袋口两端缉 0.7 cm 宽、2 cm 长明线止口，如图 3-48、图 3-49 所示。

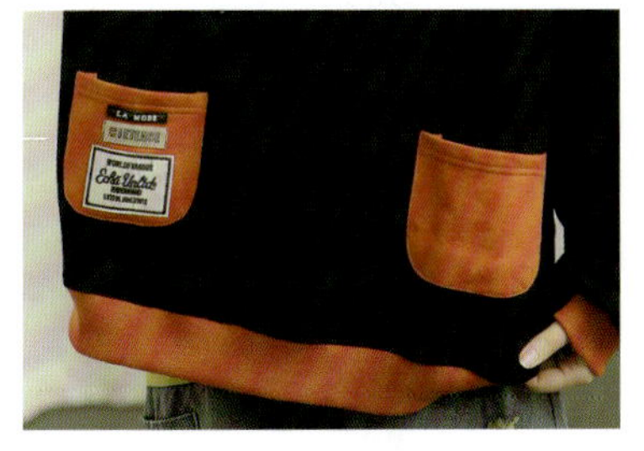

图 3-44 圆贴袋

图 3-45 粘衬

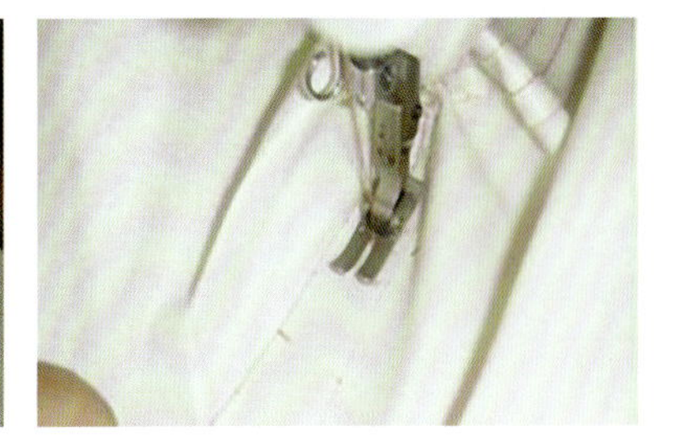

图 3-46 缉线（一）

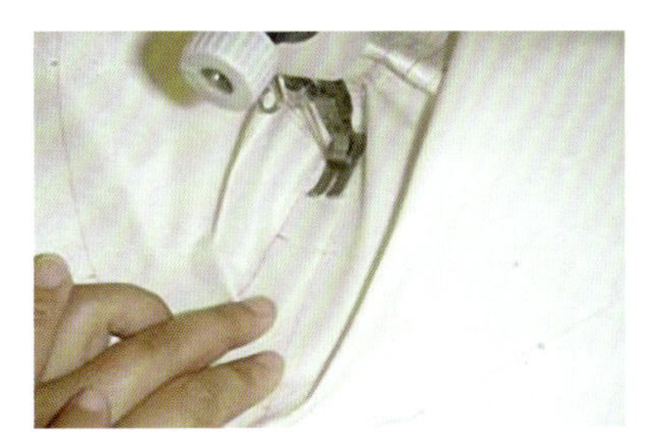

图 3-47 缉线（二）

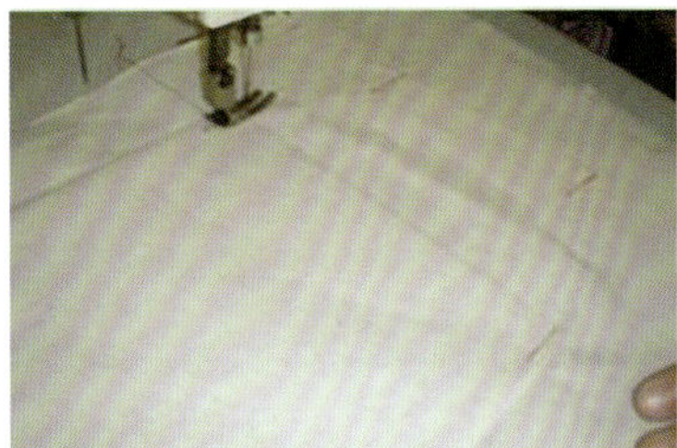

图 3-48 封口

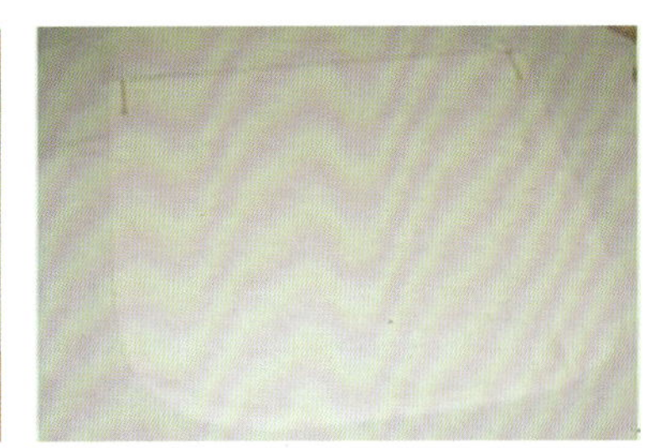

图 3-49 封口完成

第二节 衩位缝制工艺

一、袖衩

袖衩主要有用袖条做袖衩和宝剑头袖衩两种。

1. 用袖条做袖衩

用袖条做袖衩多用于女衬衫和男衬衫等（图 3-50）。

（1）粘衬：在袖衩位置和袖衩条上粘无纺黏合衬，衬用经纱。

（2）烫袖衩条：将袖衩条两边缝份扣烫，再对折烫好，沿袖衩位置线剪开，如图 3-51、图 3-52 所示。

（3）装袖衩条：袖子正面向上，将袖开衩位拉直夹在袖衩条中间，在袖衩条处做咬合缝，缉 0.1 cm 明线，如图 3-53、图 3-54 所示。

在袖衩条中间缉小三角固定，如图 3-55、图 3-56 所示。

图 3-50 用袖条做袖衩

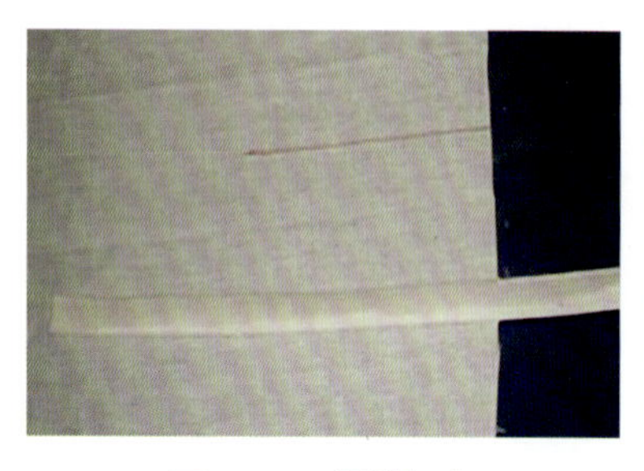

图 3-51　烫袖衩条

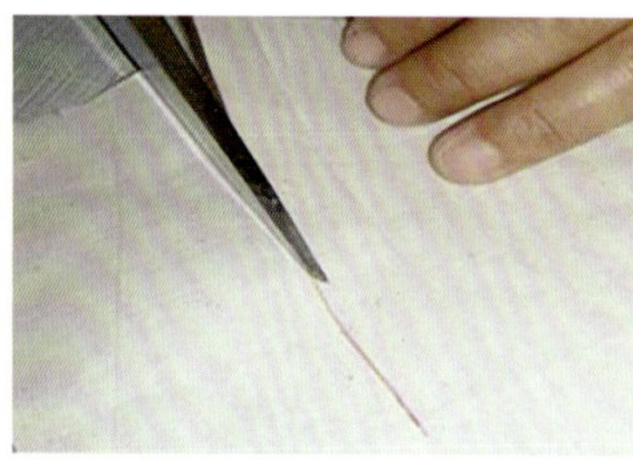

图 3-52　沿袖衩位置线剪开

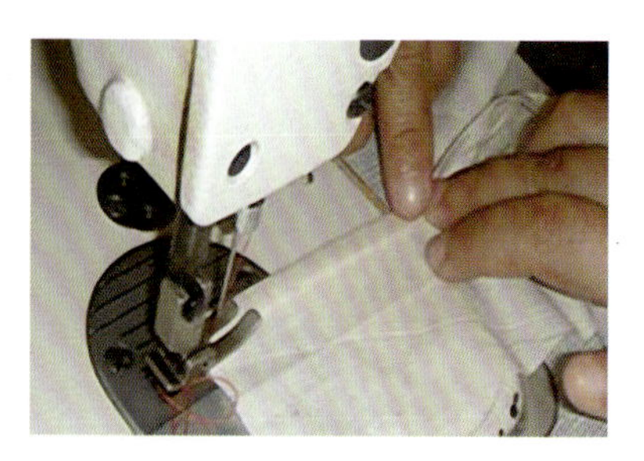

图 3-53　缉 0.1 cm 明线

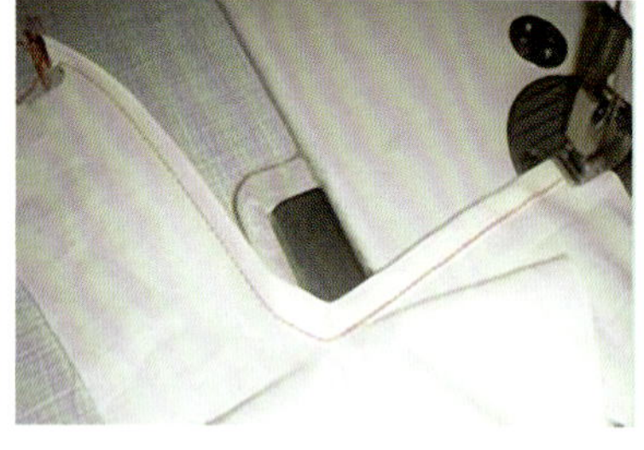

图 3-54　装袖衩条

图 3-55　缉小三角固定

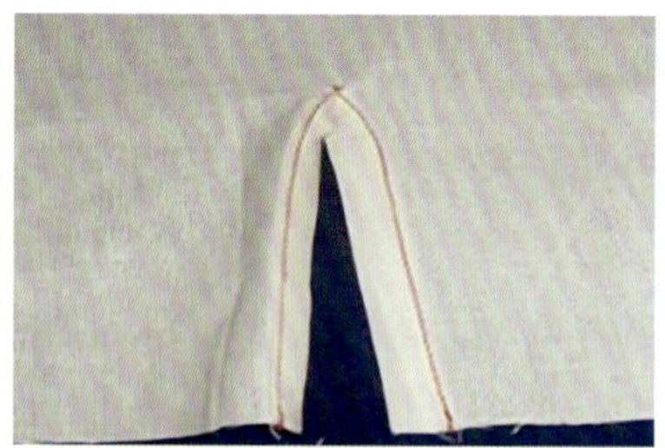

图 3-56　固定完成

2．宝剑头袖衩

宝剑头袖衩多用于男衬衫袖子等，如图 3-57 所示。

图 3-57　宝剑头袖衩

（1）粘衬：在袖子袖衩位置和大袖衩、小袖衩上粘无纺黏合衬，衬用经纱。

（2）烫大、小袖衩布：将大、小袖衩两边缝份扣烫，再将大、小袖衩对折烫好，大袖衩宝剑头处烫折缝份，如图3-58所示。

（3）沿袖衩位置线剪开，前端剪三角刀口，宽度为 1.4 cm，如图 3-59、图 3-60 所示。

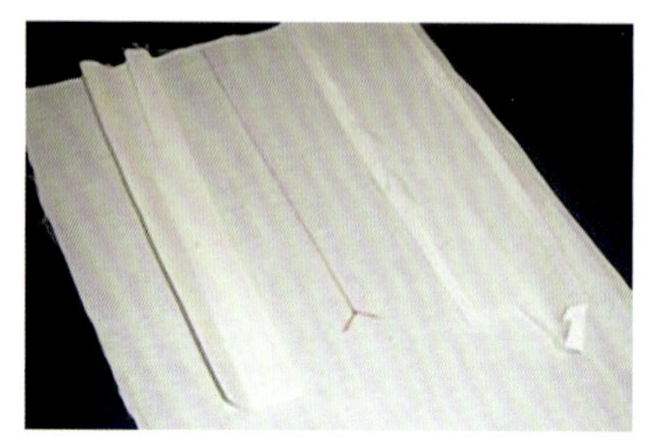

图 3-58　烫大、小袖衩布

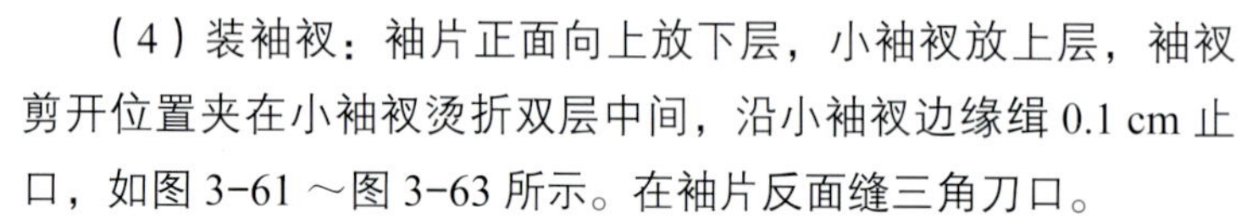

（4）装袖衩：袖片正面向上放下层，小袖衩放上层，袖衩剪开位置夹在小袖衩烫折双层中间，沿小袖衩边缘缉 0.1 cm 止口，如图 3-61 ～图 3-63 所示。在袖片反面缝三角刀口。

（5）将袖衩剪开位置夹在大袖衩烫折双层中间，沿大袖衩边缘缉 0.1 cm 止口，大袖衩缉线缉到剪三角处将小三角放平，如图 3-64 ～图 3-66 所示。

（6）做袖克夫：袖克夫里粘无纺黏合衬，衬用经纱，袖克夫面粘有纺树脂塑胶黏合衬，衬用经纱，用净样。先扣烫袖克夫面布缝份，缉一条 0.7 cm 宽的明线，如图 3-67、图 3-68 所示。

（7）将袖克夫面、里正面对齐，按衬料边缘离 0.1 cm 缝合线，袖克夫里略带紧，形成窝势，翻转到正面，烫平，扣烫袖克夫里缝份留 0.1 cm 错口，如图 3-69、图 3-70 所示。

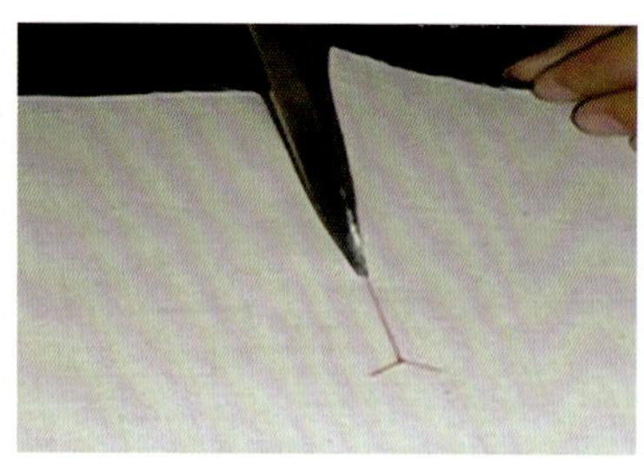

图 3-59　沿袖衩位置线剪开

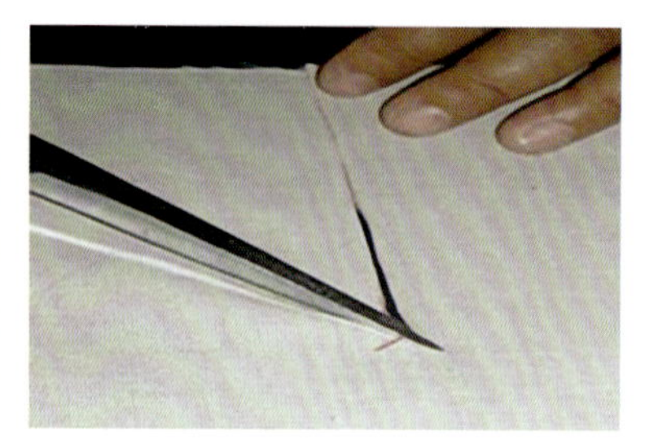

图 3-60　前端剪三角刀口

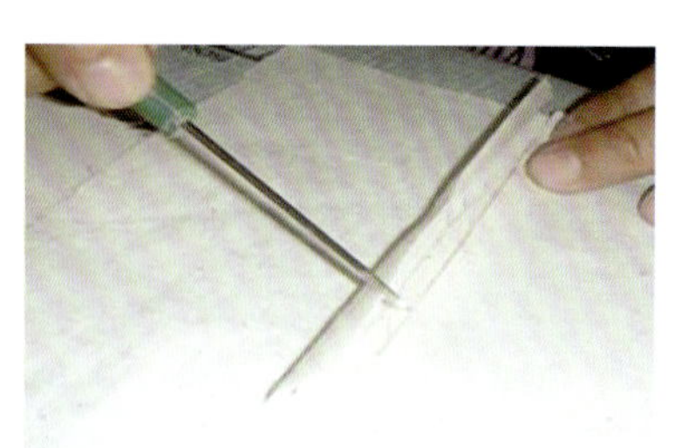

图 3-61　装袖衩（一）

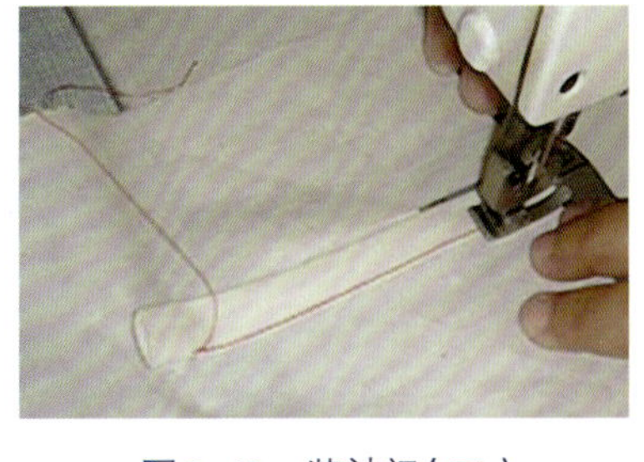
图 3-62　装袖衩（二）

图 3-63　装袖衩（三）

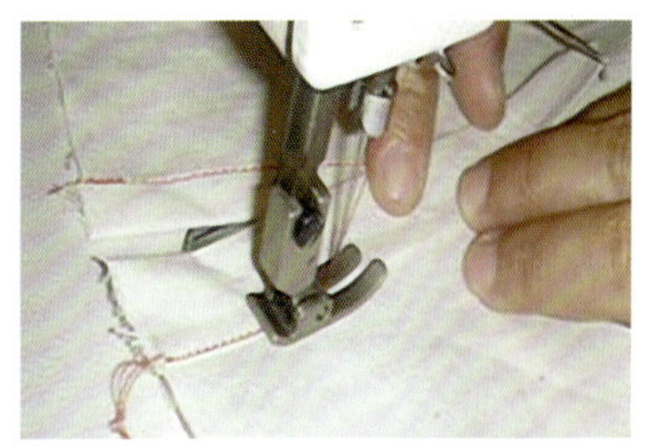
图 3-64　夹在大袖衩烫折双层中间

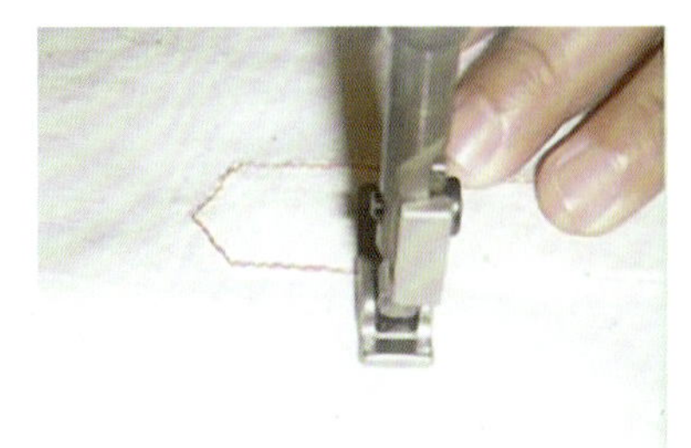
图 3-65　大袖衩边缘缉 0.1 cm 止口

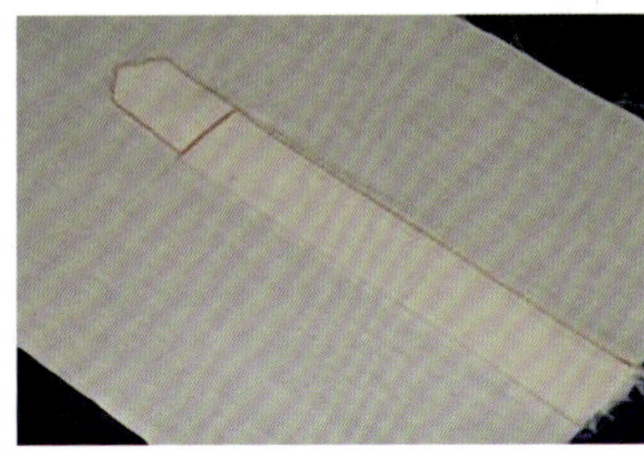
图 3-66　将小三角放平

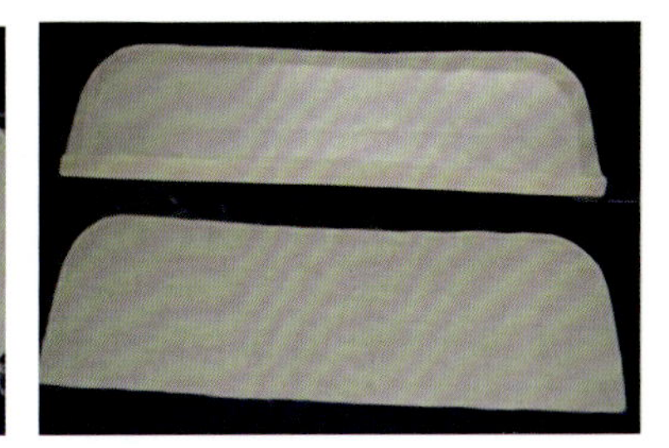
图 3-67　做袖克夫（一）

图 3-68　做袖克夫（二）

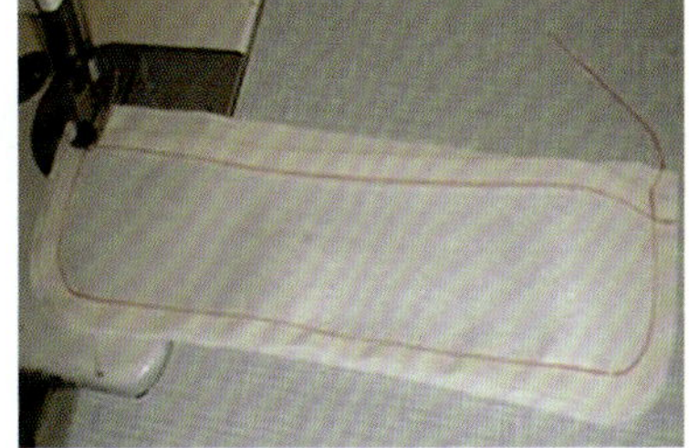
图 3-69　按衬料边缘离 0.1 cm 缝合线

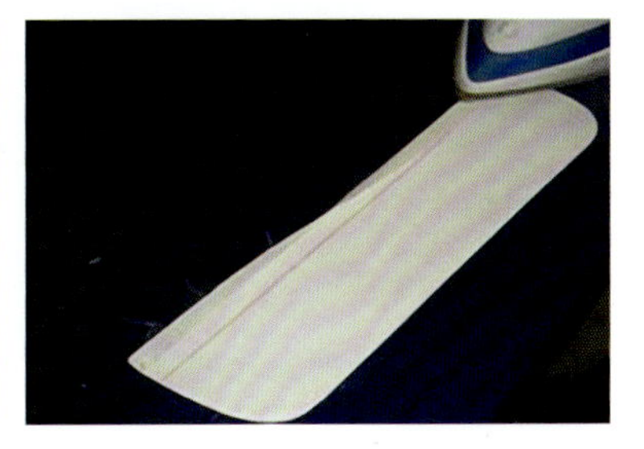
图 3-70　扣烫袖克夫

（8）合袖底缝、绱袖克夫：袖底缝做明包缝，将袖片夹在袖克夫面里之间做闷缝，缉 0.1 cm 的止口，从袖中线至衩位处折两个 3 cm 的刀褶，然后在袖克夫面缉一周 0.6 cm 宽的明线，如图 3-71 ～图 3-73 所示。

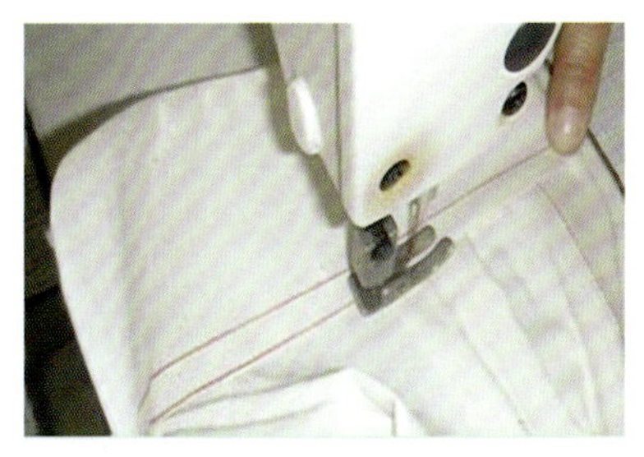
图 3-71　合袖底缝

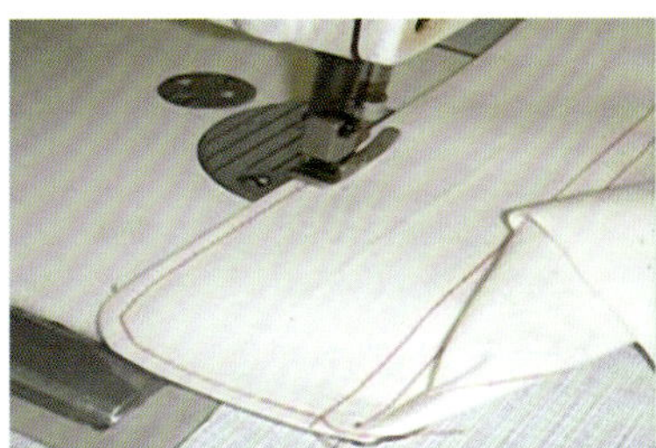
图 3-72　绱袖克夫

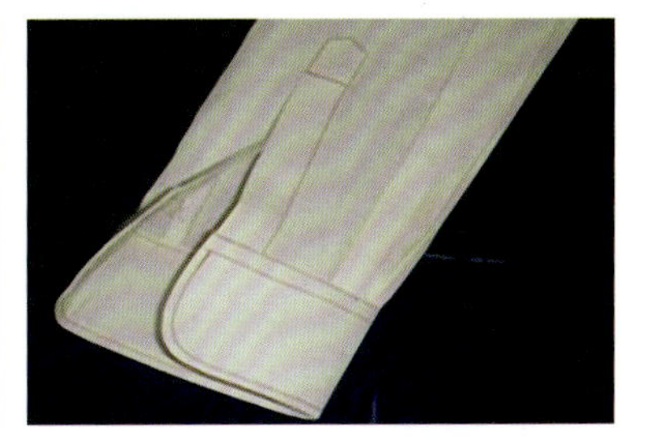
图 3-73　缝制完成

二、旗袍衩

旗袍衩也称为旗袍开衩绲边，多用于旗袍开衩、女裙开衩绲边等（图 3-74）。

（1）粘衬：在开衩位置粘上无纺黏合衬，衬用经纱。

（2）将开衩位置修剪成净样，将绲边条一边扣烫 0.5 ～ 0.7 cm，如图 3-75、图 3-76 所示。

（3）沿开衩位置缉缝 0.6 cm 至衩高 1.5 cm，折转绲边条，如图 3-77、图 3-78 所示。

（4）将缉缝好绲边的左、右裁片正面对齐平缝，翻转过来，如图 3-79、图 3-80 所示。将绲边条包住口，从正面缉漏落缝，如图 3-81、图 3-82 所示。

图 3-74　旗袍衩

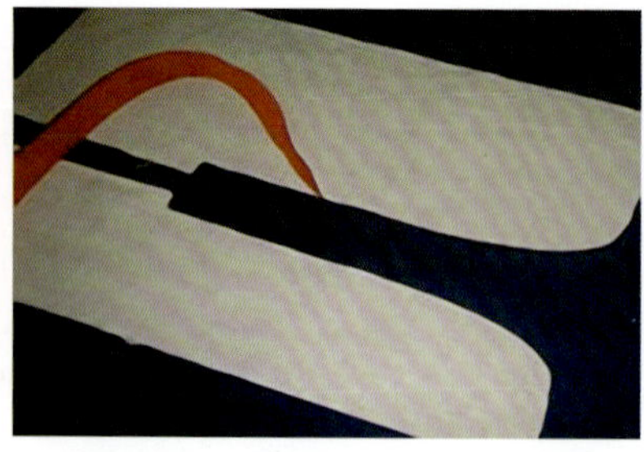
图 3-75　将开衩位置修剪成净样

图 3-76　扣烫绲边条

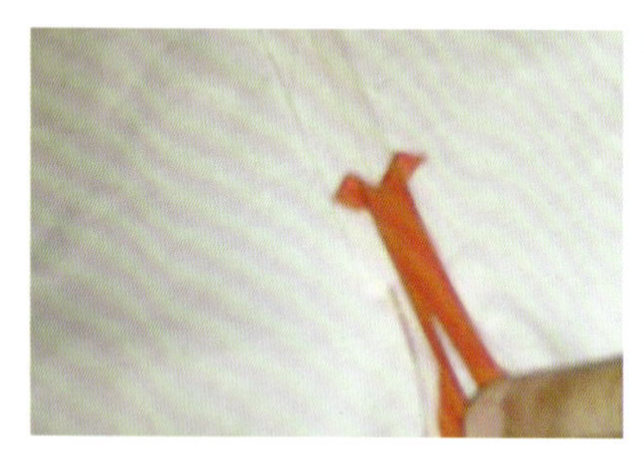
图 3-77　沿开衩位置缉缝

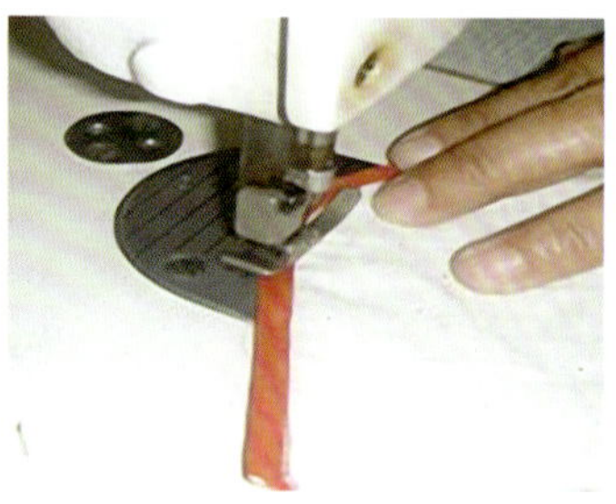
图 3-78　折转绲边条

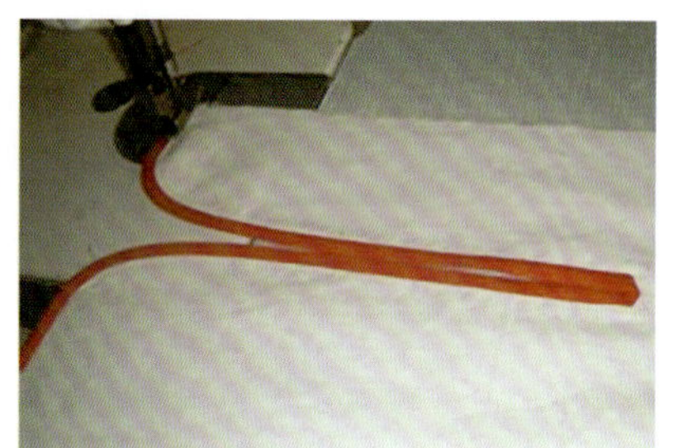
图 3-79　对齐平缝

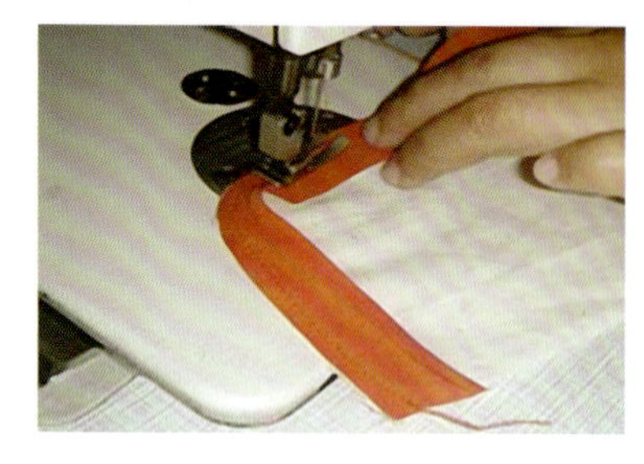
图 3-80　将绲边条翻转过来

图 3-81　将绲边条包住口

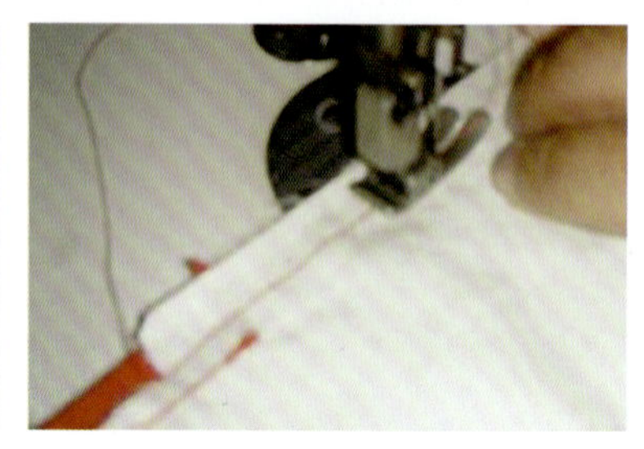
图 3-82　从正面缉漏落缝

第三节　领子缝制工艺

领子有无领、翻领、立领等。领子是上衣的重点，其缝制工艺是一项重要的工艺环节。领子的工艺造型与服装的整体风格、特点相烘托，是部件工艺成功的关键，直接影响服装的成衣效果。做好的领子，左右要对称，领角要有自然弯势，绱领圆顺，领中对齐后领中点（图 3-83）。

图 3-83　领子

一、男衬衫领

男衬衫领的缝制方法如下：

（1）烫衬：翻领领里、领座里粘无纺黏合衬，衬料用毛样，翻领领面粘有纺树脂塑胶黏合衬，衬料用毛样，尖角处衬料剪去缝份，领座面粘有纺树脂塑胶黏合衬，衬料用净样。烫衬要牢固、平服、无起泡现象，如图 3-84 所示。

（2）做领：先做翻领，领面、领里正面相对，沿净样线缉线，在领角处领里略拉紧，使领子形成自然弯势，如图 3-85 所示。

（3）修剪缝份：将领尖缝份留 0.3 cm，将多余缝份剪去，沿缉线扣烫缝份，领座面也扣烫好缝份，如图 3-86、图 3-87 所示。

（4）翻领、烫领：将翻领翻转到正面，烫平，缉 0.6 cm 宽的明线，再将领口固定，固定时，将领面松 0.2 cm 缉好，在翻领中点剪一个刀口。领尖要尖，有弯势，左右对称，缉明线宽窄一致，如图 3-88、图 3-89 所示。

（5）缝合翻领与领座：将翻领夹在领座面里中间，领座面反面向上放上层；沿领座衬的边缘 0.1 cm 缉线，从领座左搭门缝至领座右搭门，缝好后将领座翻转，烫平，在领座上领口面缉一条 0.6 cm 宽的线，缉好修剪领座下领口缝份，在领座中间剪一个刀口，如图 3-90 ～图 3-92 所示。

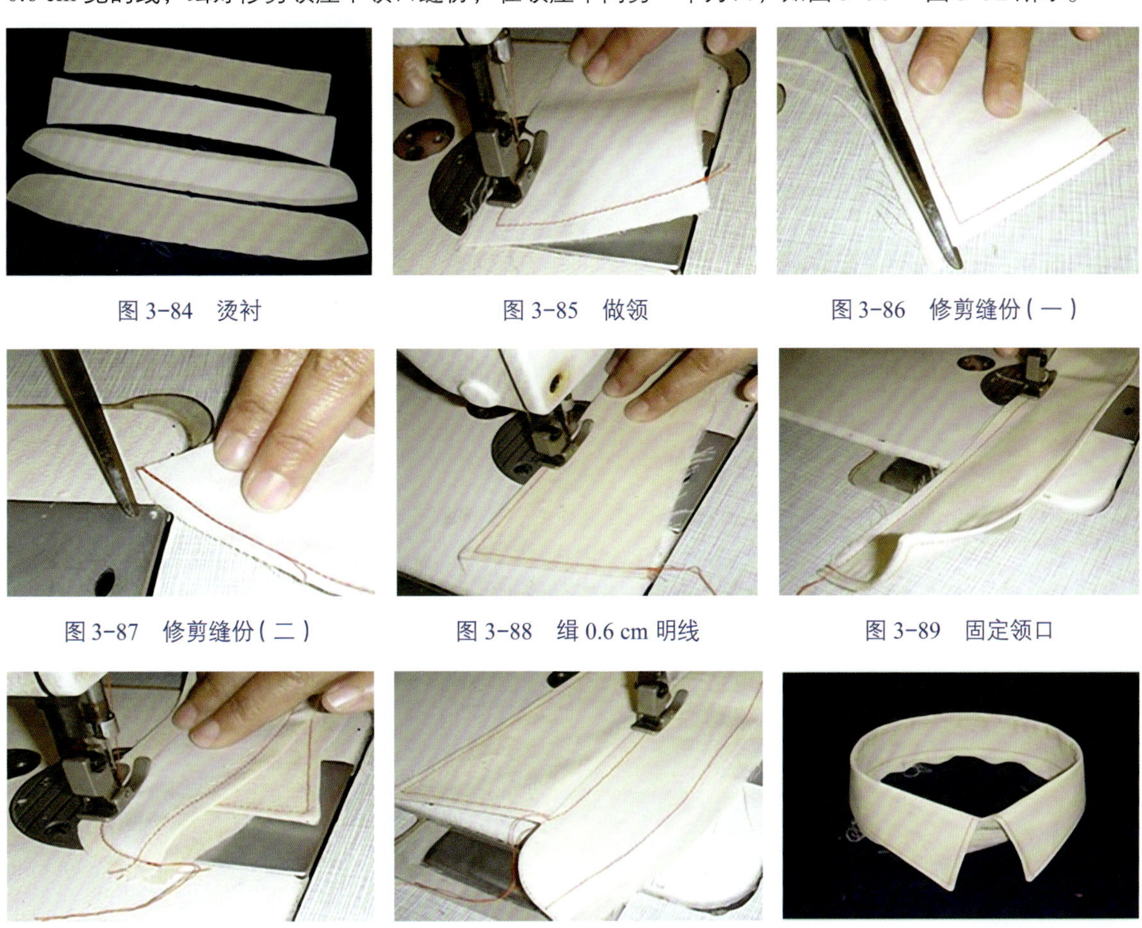

图 3-84 烫衬　图 3-85 做领　图 3-86 修剪缝份（一）

图 3-87 修剪缝份（二）　图 3-88 缉 0.6 cm 明线　图 3-89 固定领口

图 3-90 缝合翻领与领座（一）　图 3-91 缝合翻领与领座（二）　图 3-92 缝制完成

二、旗袍领

图 3-93 所示为旗袍领。其缝制方法如下：

（1）烫衬：领面裁净样，粘有纺树脂塑胶黏合衬；领里裁毛样，粘无纺黏合衬（薄衬 20 kg），衬料用毛样，如图 3-94 所示。

（2）绲边：绲边条采用 45° 正斜的布料，宽为 2.5 cm 左右，将领面放下层，将绲边条放上层，缉线 0.6 cm 宽，将绲边条翻转烫平，包边宽窄一致，如图 3-95 所示。

（3）合领：领里放下层，领面放上层，沿领面衬料边缘 0.1 cm 缉线，在领圆角处，领里拉紧，缉好，翻转到正面，烫平，领两头圆顺，左右对称，如图 3-96 ～图 3-98 所示。

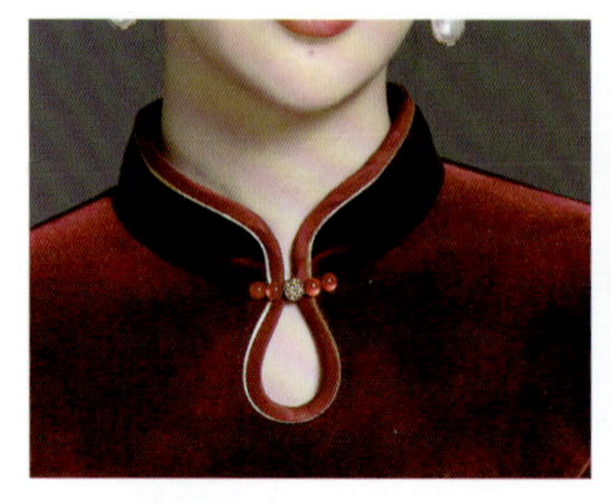

图 3-93　旗袍领

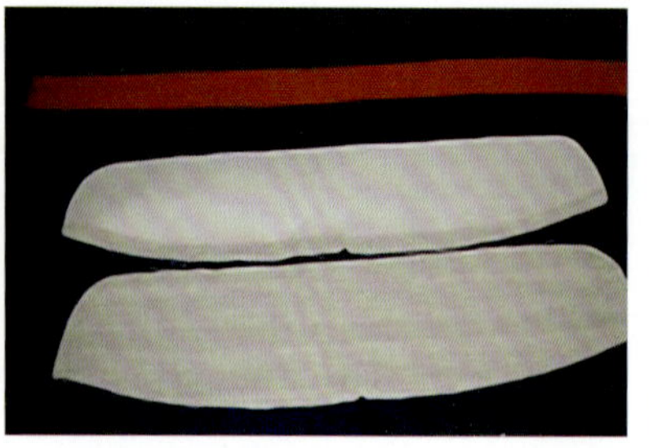

图 3-94　烫衬

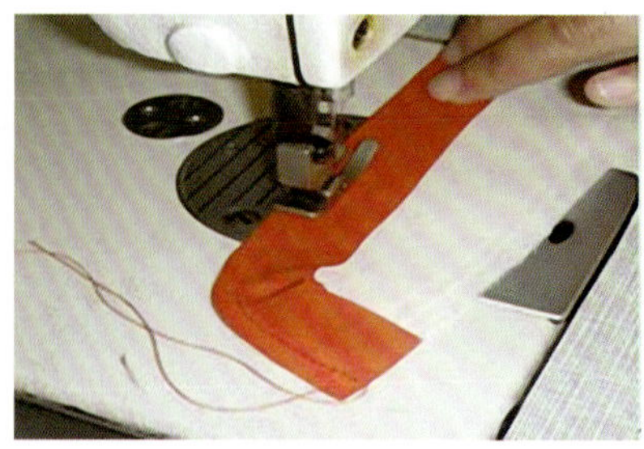

图 3-95　绲边

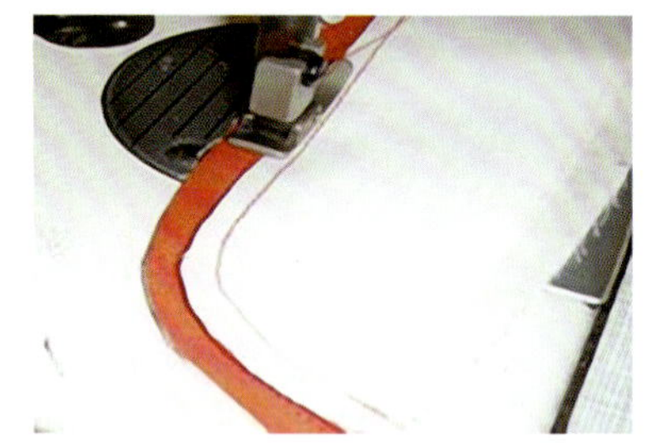

图 3-96　合领（一）

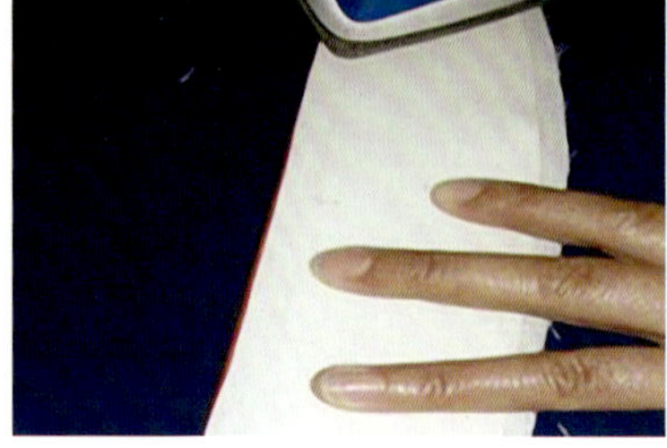

图 3-97　合领（二）

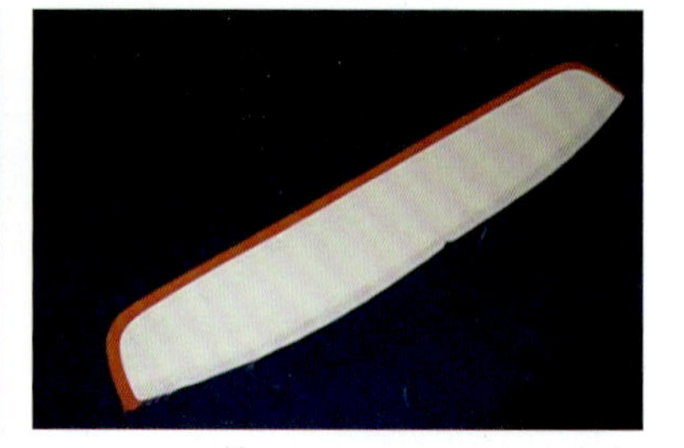

图 3-98　缝制完成

第四节　拉链缝制工艺

一、隐形拉链

隐形拉链常用于女裙、女裤、旗袍侧边等开口位置（图 3-99）。其缝制方法如下：

（1）把裁片按照开口位置长度将余下部分缝合且分缝，如图 3-100、图 3-101 所示。

（2）将隐形拉链扳开，沿齿边从裁片开口上端分别将拉链两边与开口处缝份进行缝合，如图 3-102 ～图 3-104 所示。

图 3-99　隐形拉链

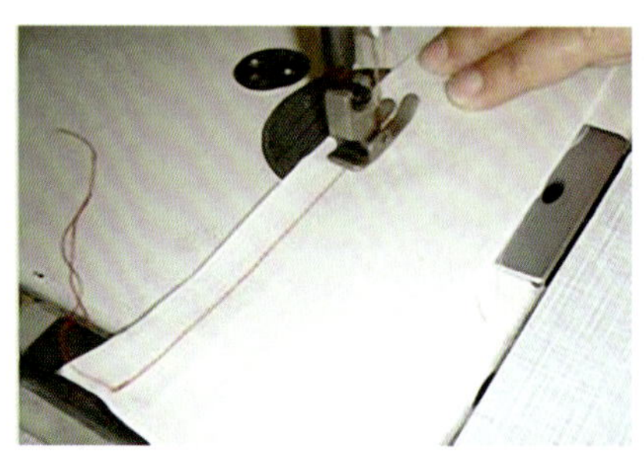

图 3-100　缝合

图 3-101　分缝

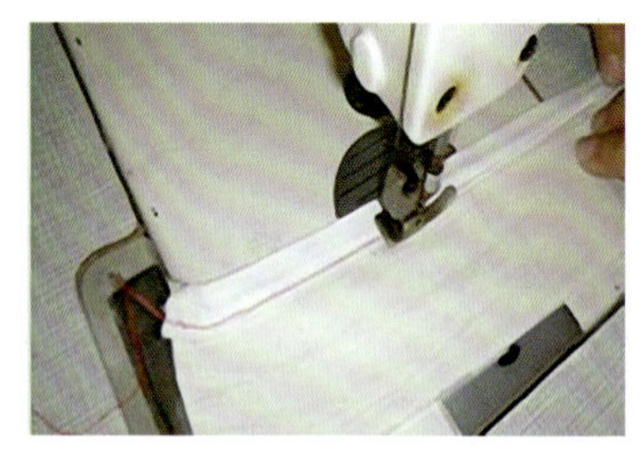

图 3-102　拉链两边与开口处缝份缝合（一）

图 3-103　拉链两边与开口处缝份缝合（二）

图 3-104　缝合完成

二、门襟拉链

门襟拉链常用于男裤、女裤前门襟等位置（图 3-105）。其缝制方法如下：

（1）裁布：门、里襟分别按照拉链长加 1.5 cm，宽度按门襟对折 4.5 cm、里襟 5 cm。在里襟反面粘无纺黏合衬，从门襟开口处将裁片下段缝合，如图 3-106、图 3-107 所示。

（2）将里襟与左边裁片在开口位置缝合，翻转做沿边缝固定，如图 3-108、图 3-109 所示。

（3）将拉链一侧夹在裁片与门襟之间缝合 0.1 cm，再在反面将拉链另一侧与里襟固定，如图 3-110 所示。

（4）从正面按照里襟形状在左边裁片上缉 3.3 cm 宽的明线，将拉链、里襟与裁片固定，然后在开口下端打枣 1 cm，如图 3-111～图 3-113 所示。

图 3-105　门襟拉链

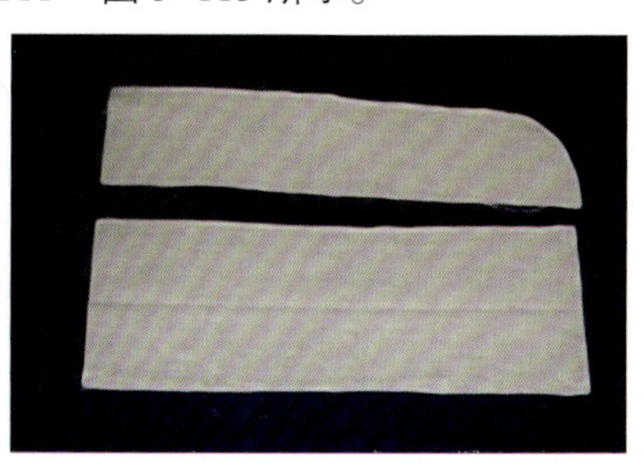

图 3-106　裁布（一）

图 3-107　裁布（二）

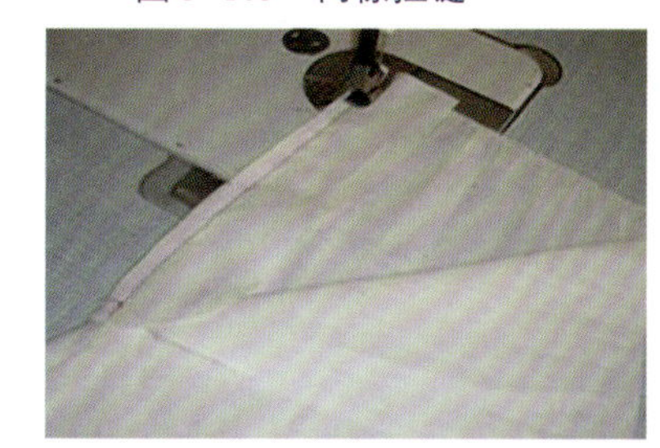

图 3-108　里襟与左边裁片缝合

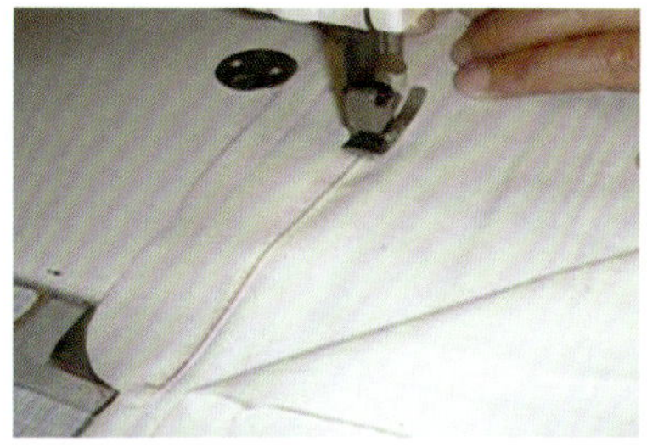

图 3-109　翻转做沿边缝固定

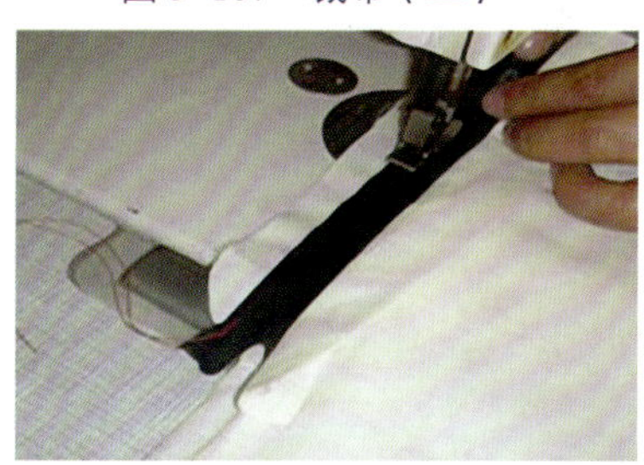

图 3-110　拉链另一侧与里襟固定

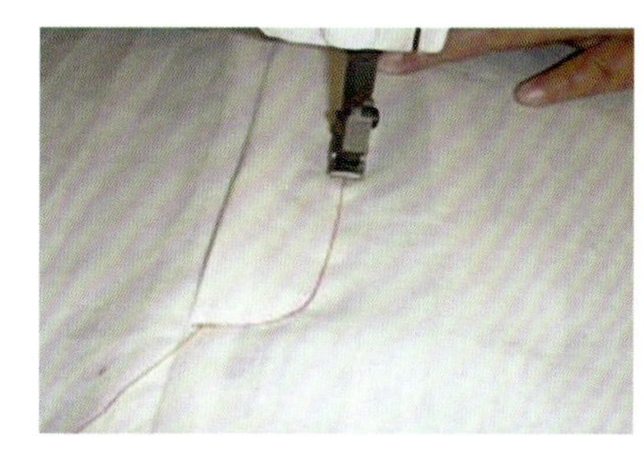

图 3-111　在左边裁片上缉 3.3 cm 宽的明线（一）

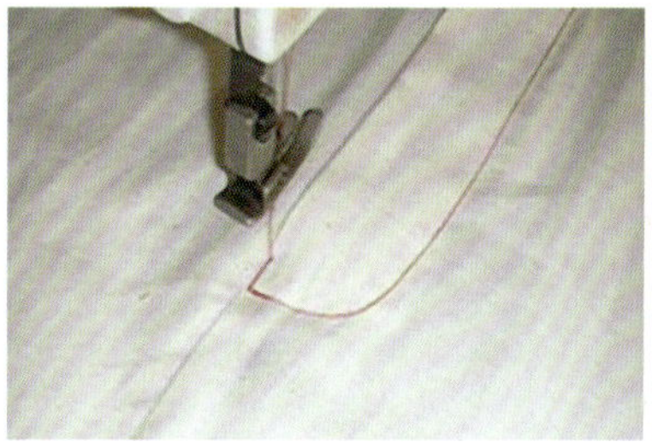

图 3-112　在左边裁片上缉 3.3 cm 宽的明线（二）

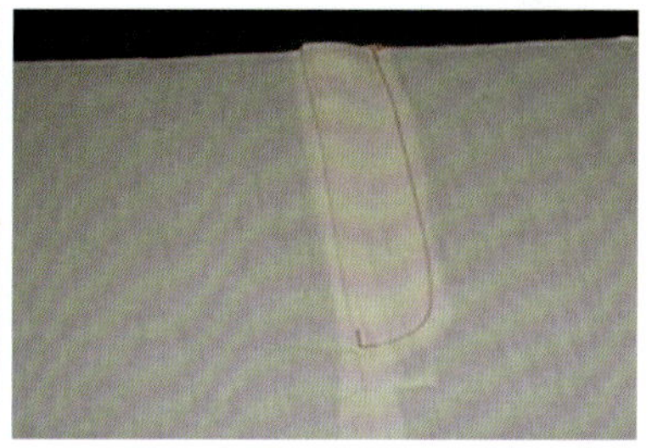

图 3-113　将拉链、里襟与裁片固定

思考与练习

1. 练习口袋缝制工艺，每种口袋制作 5 遍。
2. 练习开衩缝制工艺，每种开衩制作 2 遍。
3. 简述男衬衫领的质量要求并制作 5 遍。
4. 练习拉链缝制工艺并在规定时间内完成。

第四章 衬衫缝制工艺

知识目标 了解衬衫的面辅料选购要点，理解各种衬衫样板的放缝要求、工艺流程及工艺质量要求；掌握衬衫的缝方法与技巧及熨烫方法。

技能目标 通过学习与实践操作，能够解读图纸提供的信息与要求，具备应用服装缝制技术完成各类衬衫缝制的能力。

素养目标 培养学生具有团队协作精神和沟通能力。

第一节　女式衬衫缝制工艺

一、外形概述

图 4-1 所示女式衬衫为关门式小翻领前中单排五粒扣，平底摆，长袖，袖口开衩，收细褶，装袖头。左、右前片衣收腋下省与腰省各一个，后片收腰省两个。整体造型较合体。

图 4-1　女式衬衫

二、成品规格

女式衬衫的成品规格见表 4-1。

表 4-1　女式衬衫的成品规格　cm

号型	衣长	胸围	领围	肩宽	袖长	袖口
160/84A	60	92	38	39	55	22

三、材料准备

视频：女式衬衫缝制工艺（一）

视频：女式衬衫缝制工艺（二）

（1）面料：门幅为 114 cm，用料为（衣长 + 袖长 +20）cm；门幅为 144 cm，用料为（衣长 + 袖长）cm。

（2）辅料：无纺黏合衬（70 cm）、涤纶线（1 个）、纽扣（7 粒）。

四、质量要求

视频：女式衬衫缝制工艺（三）

视频：女式衬衫缝制工艺（四）

（1）符合成品规格。

（2）领头、领角长短一致，装领左右对称，领面有窝势，面里松紧适宜。缉领止口宽窄一致，无涟形。

（3）装领处门襟止口平直、无歪斜。

（4）装袖圆顺，两袖克夫对称、宽窄一致，明止口顺直。左、右袖衩平整，袖口裥量均匀。

（5）门襟长短、宽窄一致。

（6）底边缉线顺直。

五、重点难点

（1）做领、装领。

（2）装袖。

六、缝制工艺流程

女式衬衫缝制工艺流程如图 4-2 所示。

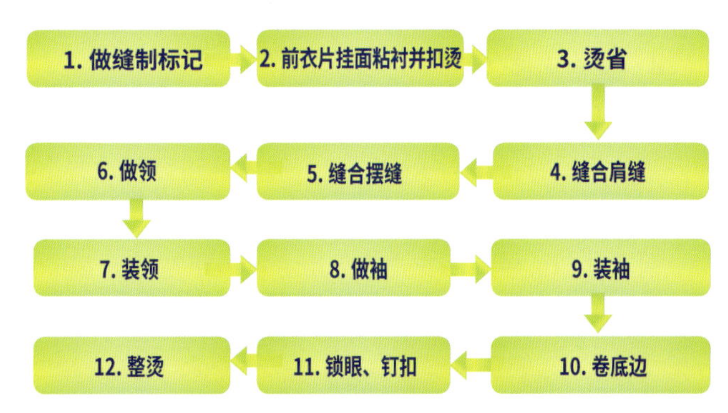

图 4-2 女式衬衫缝制工艺流程

七、缝制图解

1. 做缝制标记

在前、后衣片，袖片的相应部位画上粉印或打好眼刀，作为衣片缝制或组合时的对同标记（图 4-3、图 4-4）。需要做缝制标记的部位如下：

（1）前衣片：腰省位、止口位、装领位、搭门宽。

（2）后衣片：腰省位、后领圈中点。

（3）袖片：袖中点、袖衩位。

2. 前衣片挂面粘衬并扣烫

（1）粘衬。通常女式衬衫前衣片与挂面连领口裁下，挂面宽 6 cm，一侧为光边。离挂面 1 cm、过止口线 2 cm 处烫上薄型黏合衬，顺势按止口线将挂面折转烫好，注意将止口烫直、烫顺（图 4-5、图 4-6）。

（2）缉省。省要缉得尖，缉胸省、腰省要对准上、下层标记正面相叠。左、右衣片对称缝制，省尖、缉尖长短一致，省尖处留线头 4 cm 打结后剪短（图 4-7、图 4-8）。

3. 烫省

前衣片省缝朝摆缝倒，后衣片省缝朝后中倒。从省根向省头烫，腰省缝向门襟方向烫倒；后省

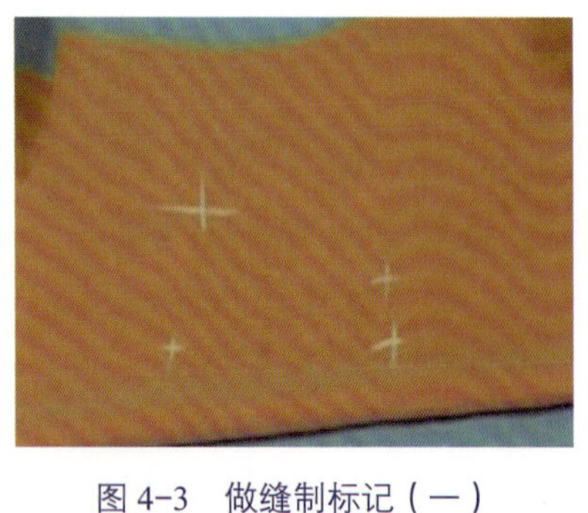
图 4-3　做缝制标记（一）

图 4-4　做缝制标记（二）

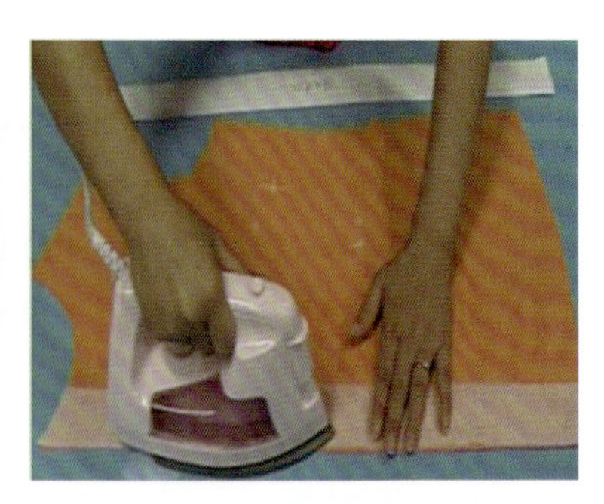
图 4-5　粘衬（一）

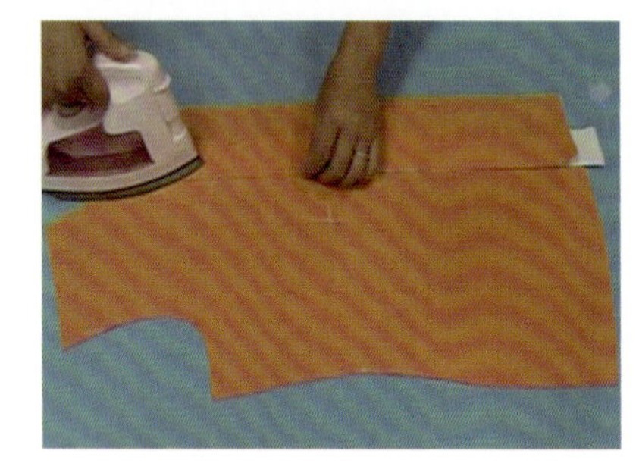
图 4-6　粘衬（二）

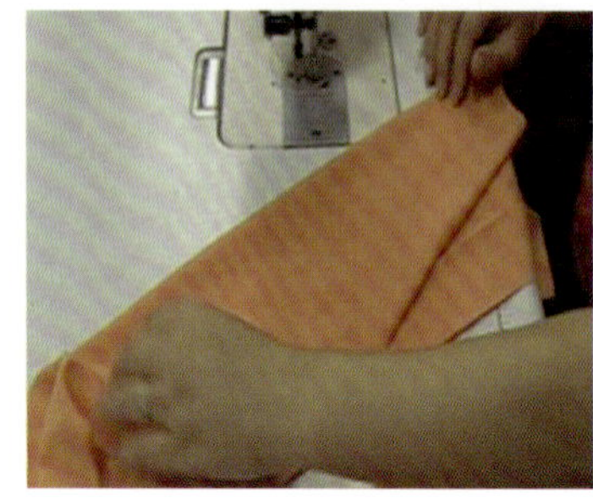
图 4-7　缉省（一）

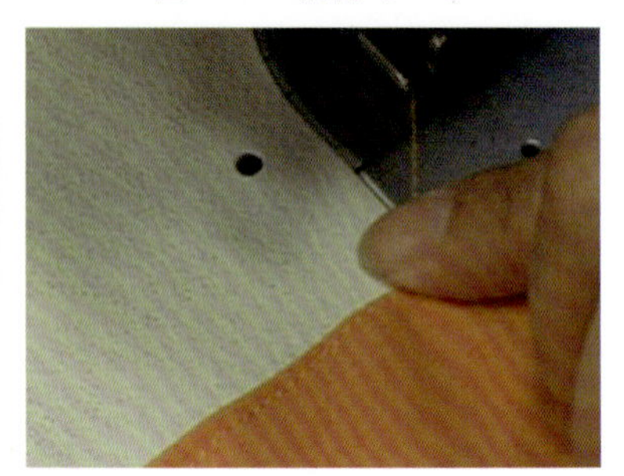
图 4-8　缉省（二）

向背中方向烫倒，胸省向肩部烫倒，省尖部位的胖形要烫散，不可有折裥现象（图 4-9、图 4-10）。

4．缝合肩缝

前、后衣片正面相合，前肩在上，后肩在下，缝头对齐，以 1 cm 缝头合缉，后肩中部略放吃势，起止点回针打牢。缉线 1 cm，然后拷边，在铁凳上将肩缝缝头向后片烫倒（图 4-11、图 4-12）。

5．缝合摆缝

前衣片放上层，后衣片放下层。上、下层松紧量一致，缉线顺直后拷边（图 4-13、图 4-14）。

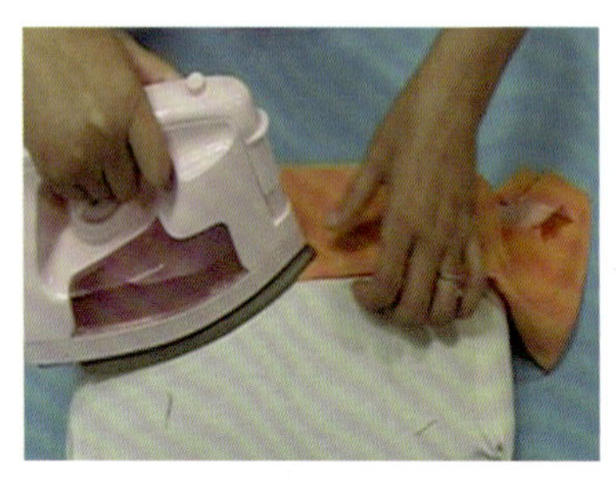
图 4-9　烫省（一）

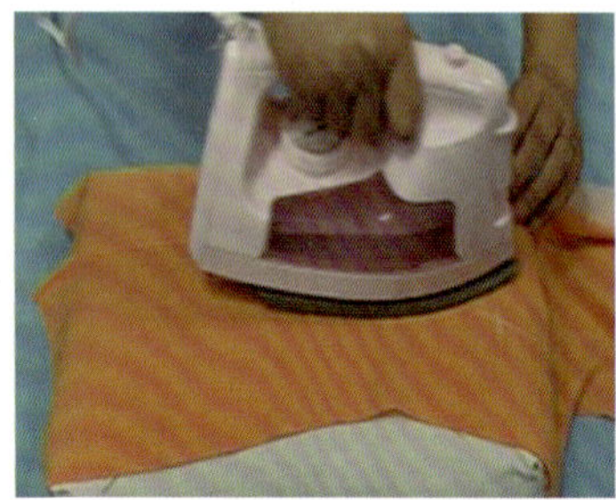
图 4-10　烫省（二）

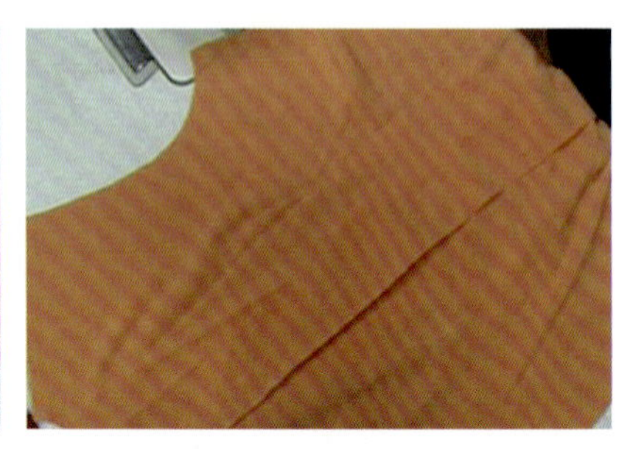
图 4-11　缝合肩缝（一）

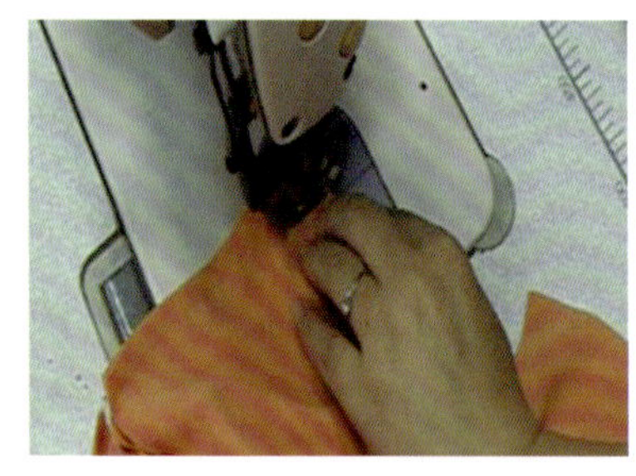
图 4-12　缝合肩缝（二）

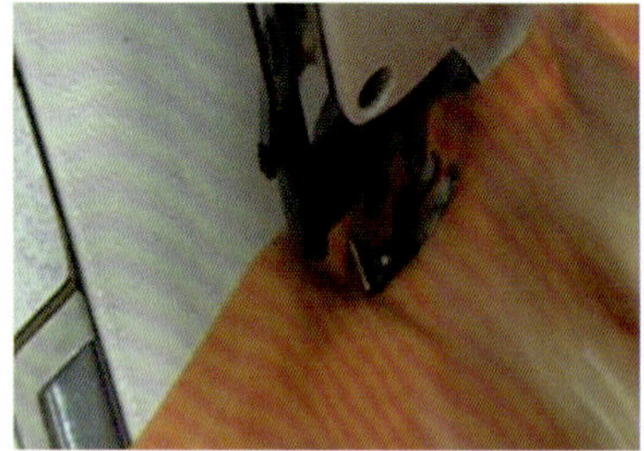
图 4-13　缝合摆缝（一）

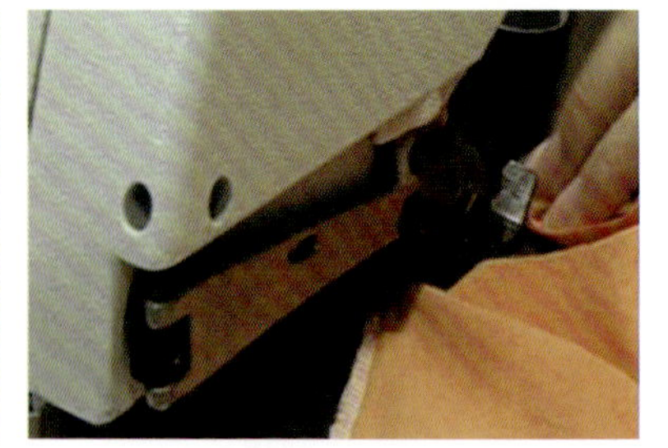
图 4-14　缝合摆缝（二）

6．做领

（1）裁配领子面、里、衬。领面及黏合衬按照领子净样四周放缝 0.8 cm，领里（不粘衬）四周

可比领面略小；面、里、衬丝绺相同（图 4-15、图 4-16）。

（2）兜缉领外口。领子面、里正面相合，边沿对齐，以 0.8 cm 缝头沿领子外口三边兜缉。缝缉时在领角两侧应吊紧领里，吃进领面，以便使做好后的领角有窝势（图 4-17、图 4-18）。

（3）翻烫领子。将外口合缉后的领子缝头修窄，沿缉线把缝头朝黏合衬一侧烫倒。领角要折转捏住翻出，并将领角翻足，按领里坐进 0.1 cm 烫服领止口，并在领下口做好肩缝及后中对刀标记（图 4-19 ～图 4-22）。

7．装领

（1）将挂面翻转后，沿止口折痕与衣片正面相合，领面对挂面，领里对衣片，将领子夹入其间，前端对准装领眼刀，缝头对齐，从止口开始缉至离挂面 1 cm 止，两端回针打牢。用同样的方法将领子另一端装上（图 4-23、图 4-24）。

（2）将领面掀开，顺着挂面内侧装领缉线，将领里和大身领圈缉合。注意后中和肩缝三眼刀对准，两端回针打牢（图 4-25、图 4-26）。

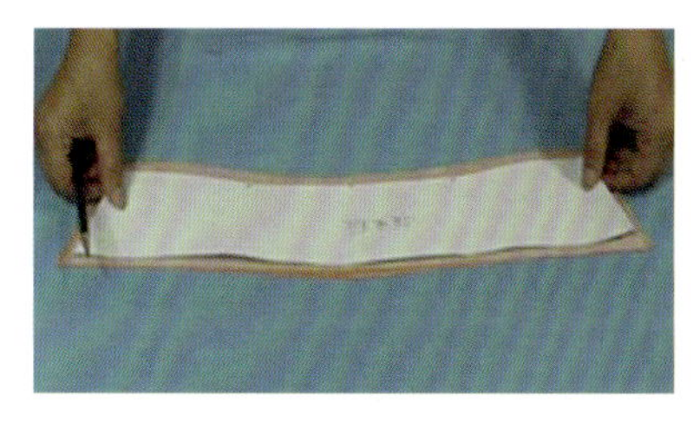

图 4-15　裁配领子面、里、衬（一）

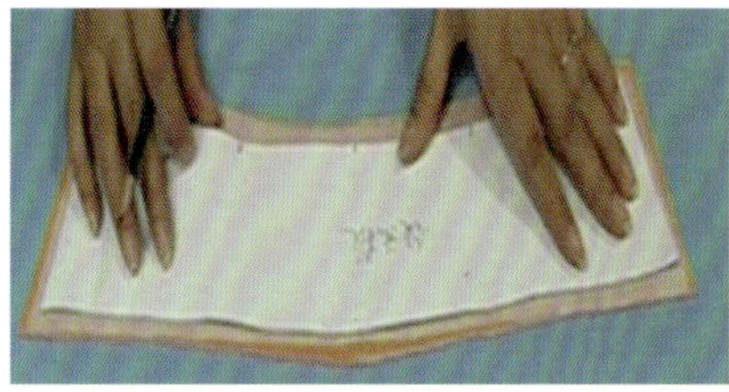

图 4-16　裁配领子面、里、衬（二）

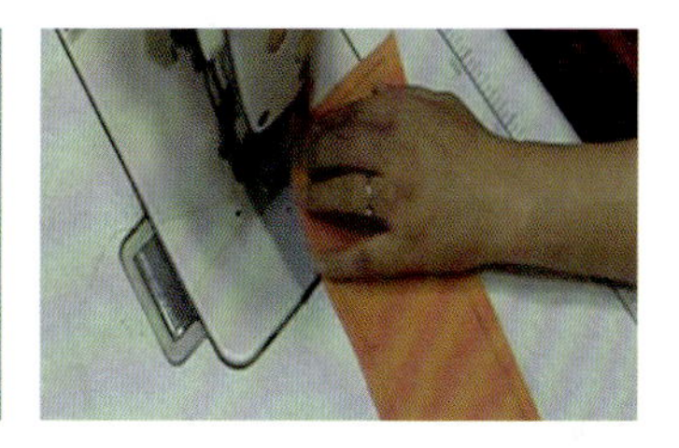

图 4-17　兜缉领外口（一）

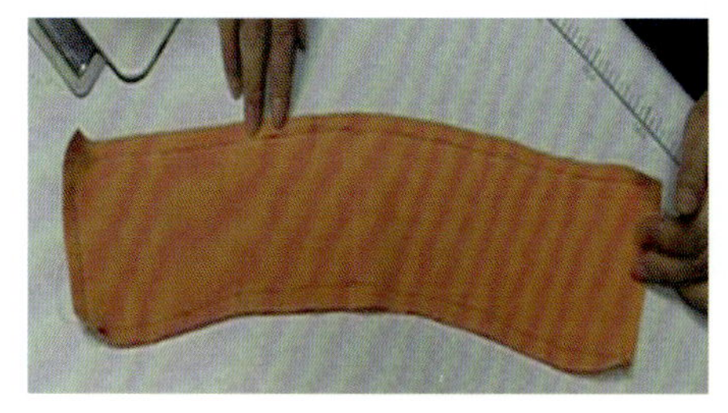

图 4-18　兜缉领外口（二）

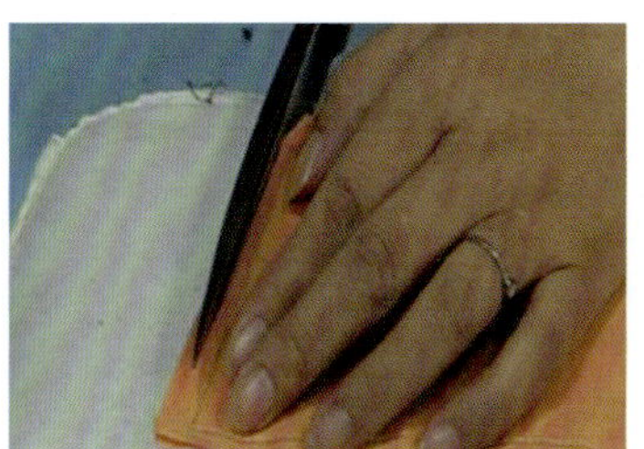

图 4-19　翻烫领子（一）

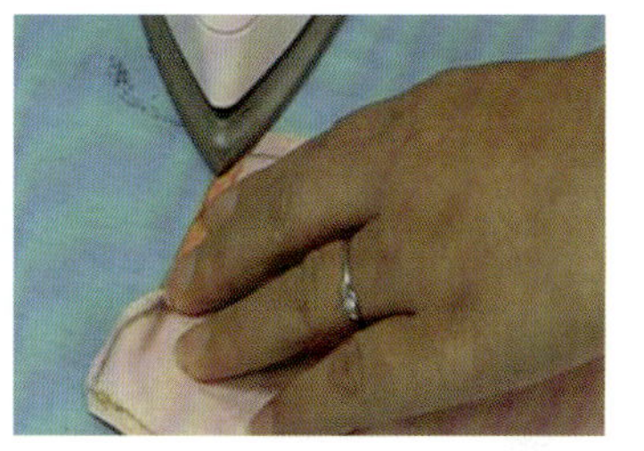

图 4-20　翻烫领子（二）

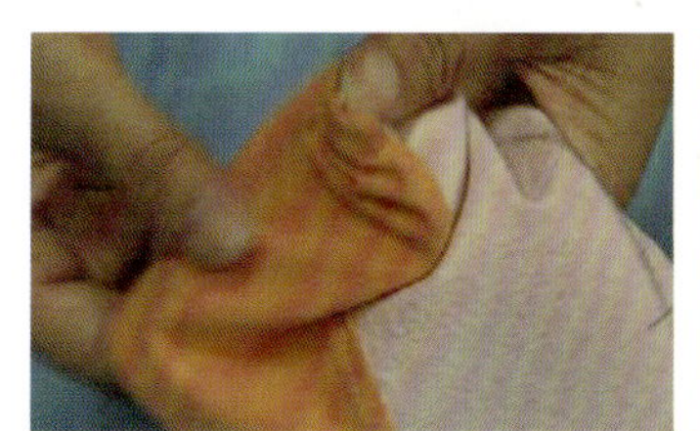

图 4-21　翻烫领子（三）

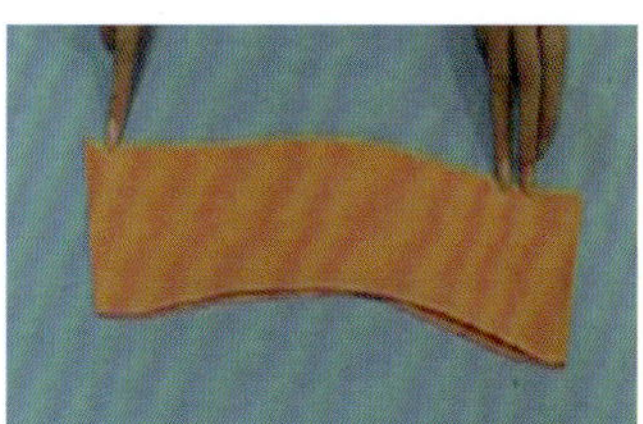

图 4-22　领子翻烫完成

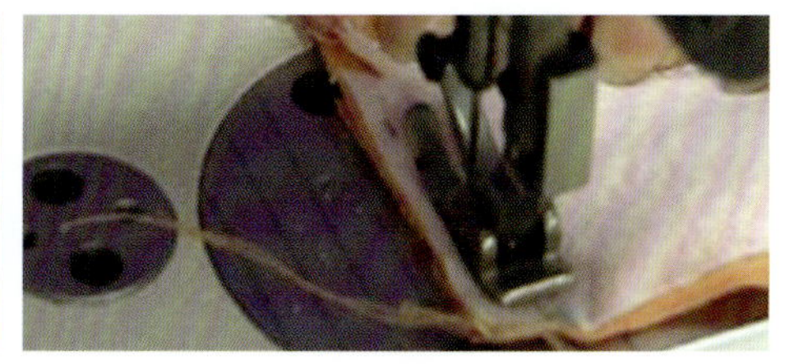

图 4-23　装领（一）

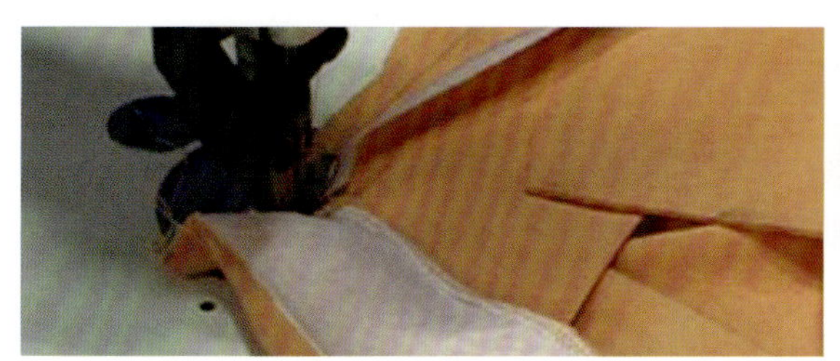

图 4-24　装领（二）

图 4-25　装领（三）

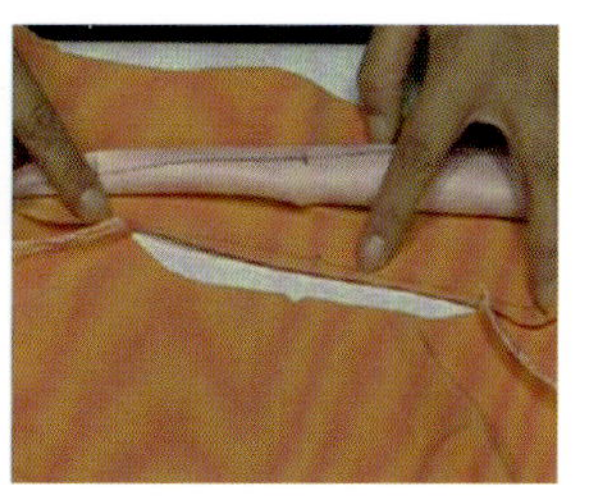

图 4-26　装领（四）

（3）在离挂面里口边 1 cm 处的装领缝头上打眼刀，注意不能剪断线。再将挂面翻正，挂面、领圈及领里毛边均塞入领子内部，领下口折转 0.8 cm，盖过装领线。从眼刀处起针，缉压 0.1 cm 明止口，把领面装上。缉压领面时应注意拉紧领里，用镊子推送领面，并注意各处标记应对同，以保证领面翻折后有适当松势，领面平服，两边对称（图 4–27、图 4–28）。

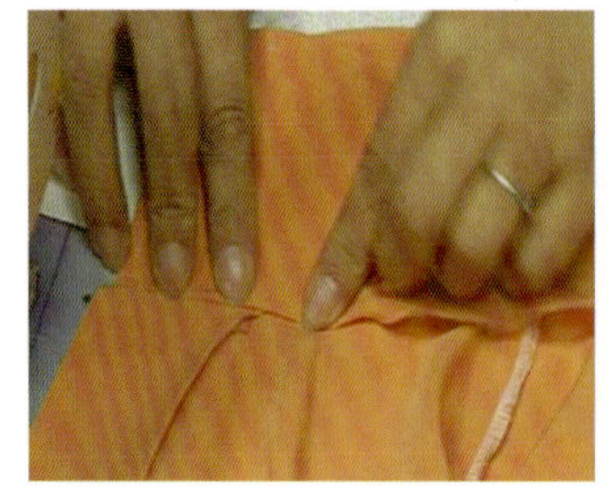

图 4–27　装领（五）

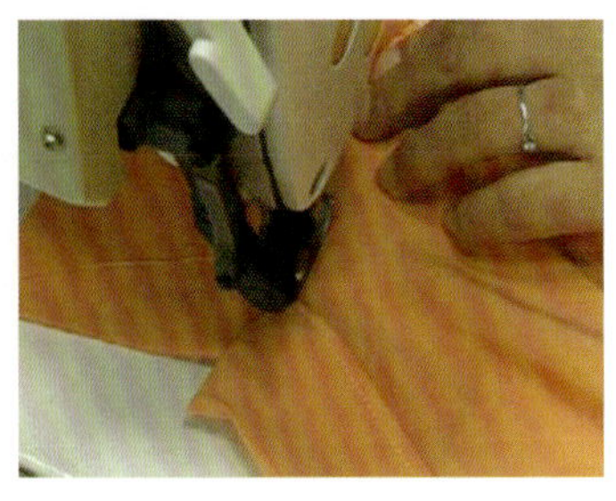

图 4–28　装领（六）

8．做袖

（1）做袖衩。

1）先将袖衩缝头扣转 0.6 cm，然后对折，衩里比衩面略放出 0.1 ～ 0.15 cm（图 4–29、图 4–30）。

2）将袖子衩口夹进袖衩正面压缉 0.1 cm 止口。

3）封袖衩，袖子沿衩口正面对折，袖口平齐，袖衩摆平，袖衩转弯处向袖衩外上斜下 1 cm，缉来回针三道（图 4–31、图 4–32）。

（2）做袖头。

1）烫衬后先扣烫两边缝份，然后袖头正面相叠，注意袖头里放出 0.3 cm，两头分别按规格要求缉线。

2）烫转两边缝翻出后烫平，烫煞袖头里比袖克夫面放出 0.3 cm 缝头（图 4–33、图 4–34）。

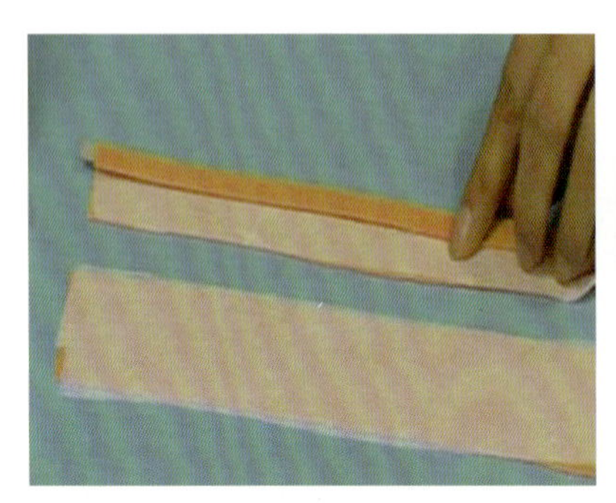

图 4–29　做袖衩（一）

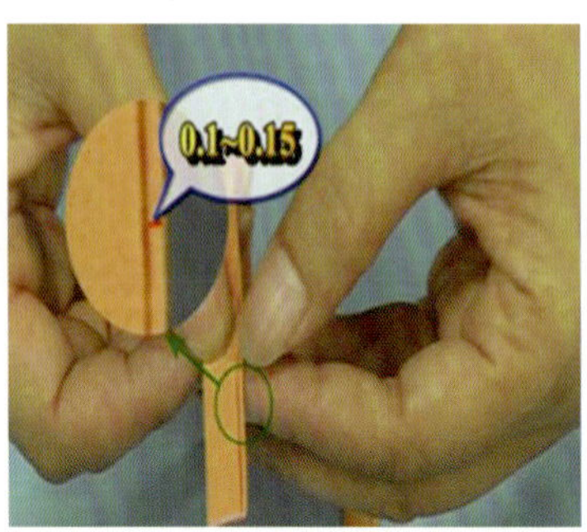

图 4–30　做袖衩（二）

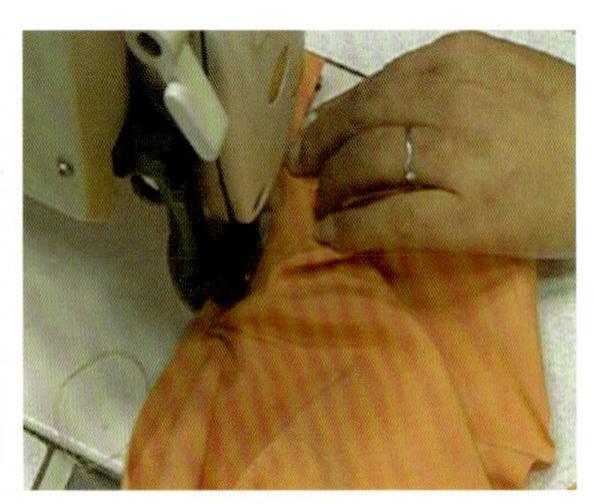

图 4–31　做袖衩（三）

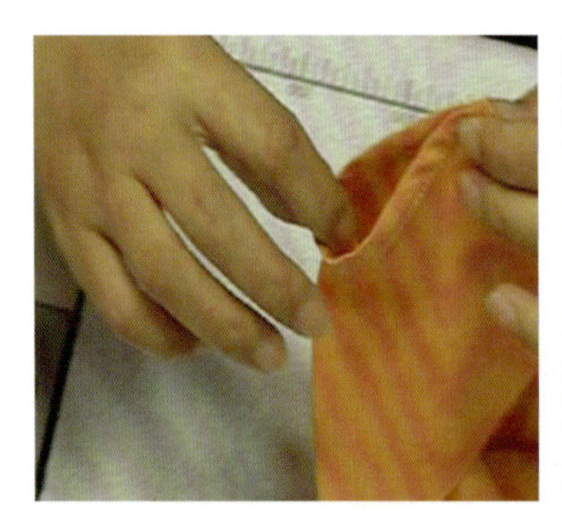

图 4–32　做袖衩（四）

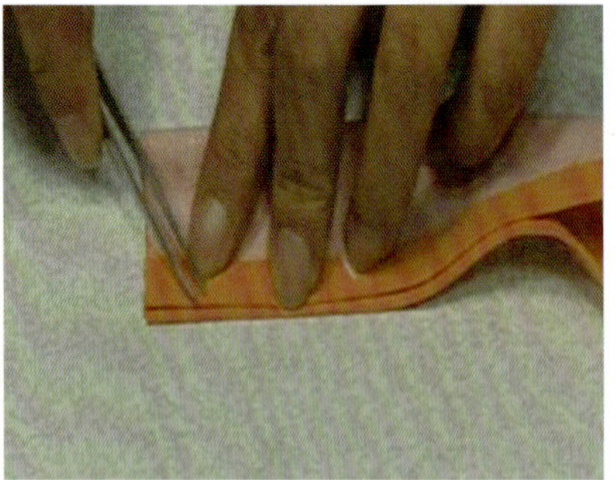

图 4–33　做袖头（一）

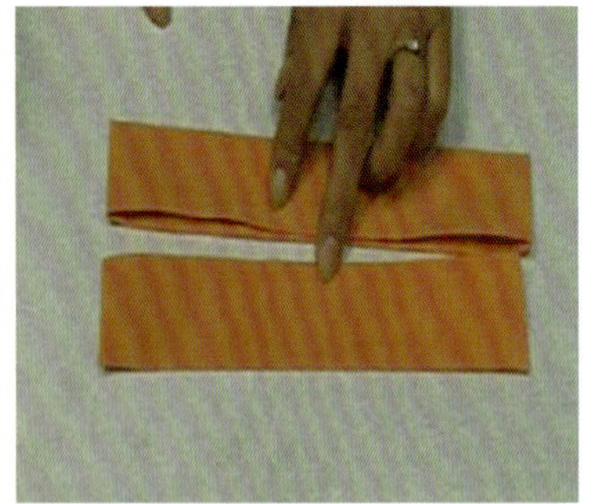

图 4–34　做袖头（二）

（3）袖口收细裥。

1）按 1 cm 缝份将袖底缝缝合，前袖缝在上。上、下层松紧量一致，缉线顺直后拷边。

2）用较稀针距在需要抽线的部位沿边缉线，缉线不要超过缝头，因此缉线一般不拆掉。

3）为便于细裥的固定，袖口抽裥可用双线抽裥（图 4-35、图 4-36）。

（4）装袖头。

1）袖口细裥抽均匀，袖衩门襟要折转，袖片的袖口大小与袖头长短一致。

2）袖头采用闷缝。注意袖头里和面必须夹住袖口缝份，袖衩两端对齐后在正面缉 0.1 cm 止口。缉好的袖头平整不起皱（图 4-37、图 4-38）。

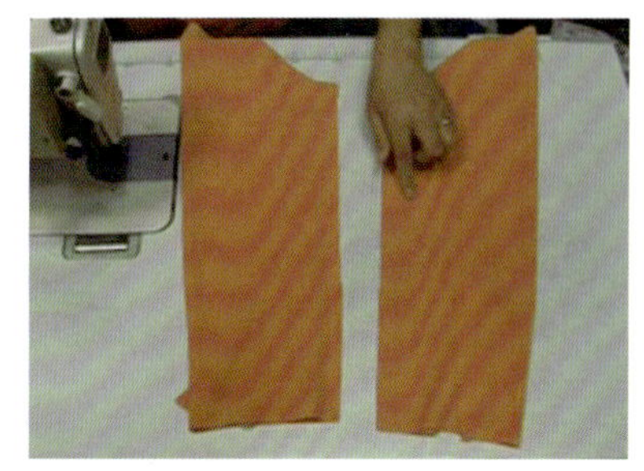

图 4-35 袖口收细裥（一）

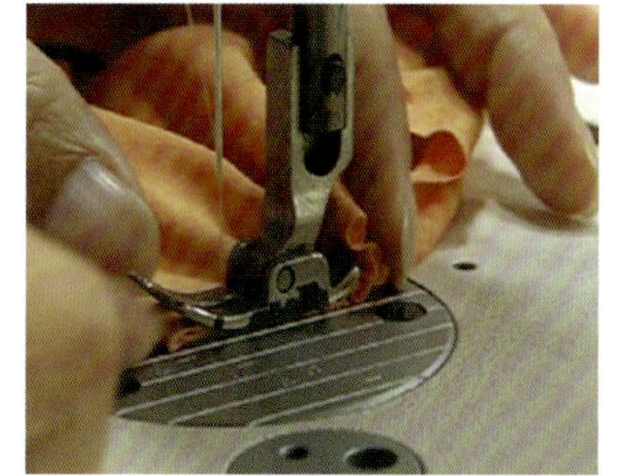

图 4-36 袖口收细裥（二）

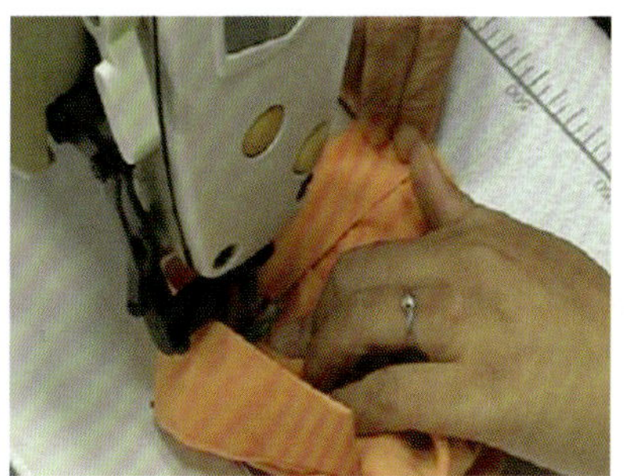

图 4-37 装袖头（一）

图 4-38 装袖头（二）

9．装袖

（1）袖山头吃势。在缉线的同时，可以用右手食指抵住压脚后端的袖片，使之形成袖山头吃势，再根据需要用手调节各部位吃势的分量。可在袖山头眼刀左右一段横丝绺略少抽些，斜丝绺部位抽拢稍多些，山头向下一段少抽，袖底部位可不抽线（图 4-39、图 4-40）。

（2）装袖子。先检查收好吃势的袖山弧线和袖窿大小是否一致再正面相叠，袖窿与袖子放齐，袖山头眼刀对准肩缝，肩缝朝后身倒，缉线 0.8 ～ 1 cm，然后拷边（图 4-41、图 4-42）。

（3）检查袖山。检查袖山是否圆顺，松紧是否适宜（图 4-43、图 4-44）。

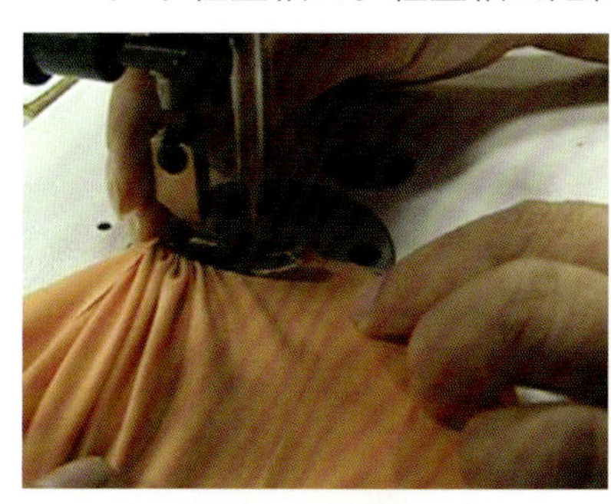

图 4-39 缉线

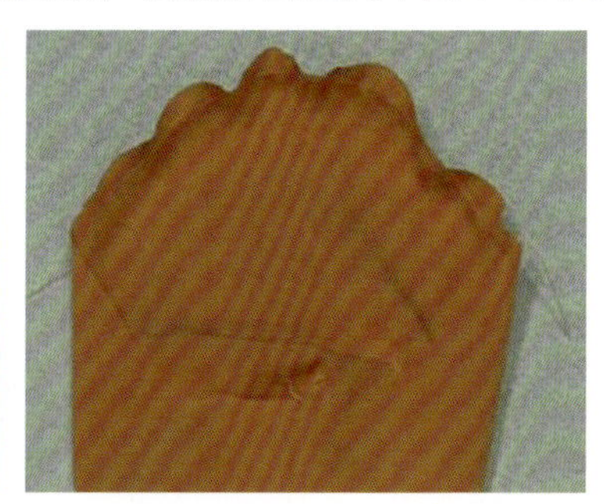

图 4-40 用右手食指抵住 压脚后端的袖片

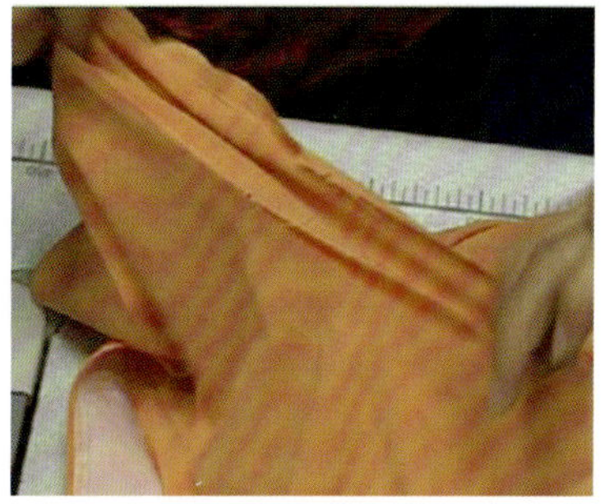

图 4-41 装袖子（一）

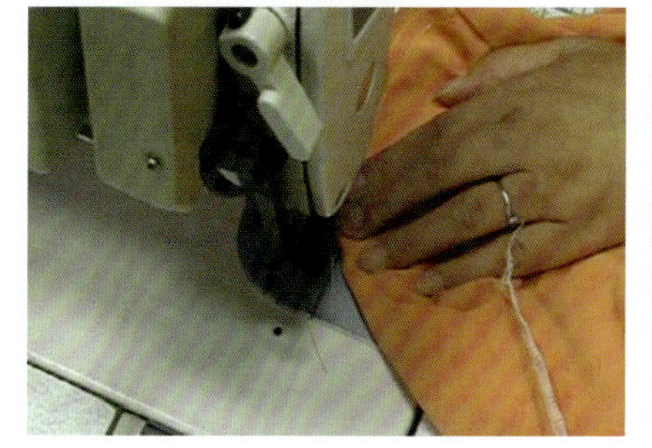

图 4-42 装袖子（二）

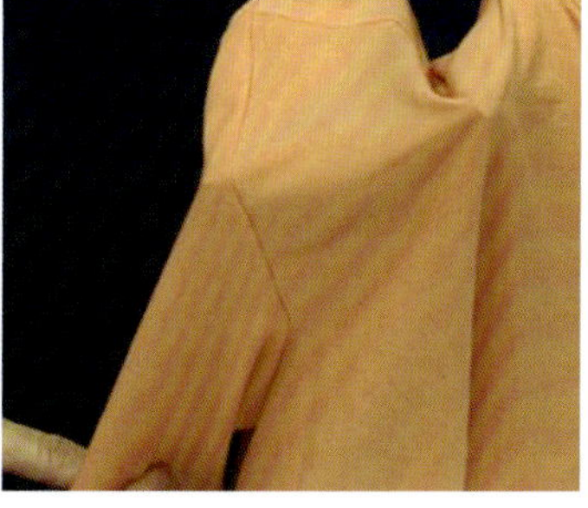

图 4-43 检查袖山（一）

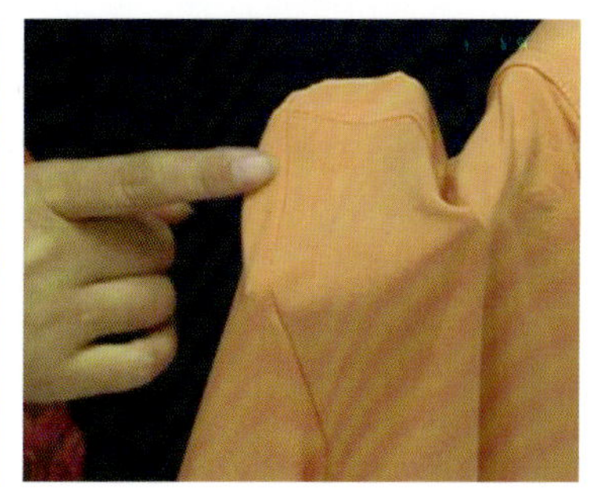

图 4-44 检查袖山（二）

10．卷底边

折转底边贴边，贴边扣转毛缝从挂面底边处开始缉线 0.1 cm 止口，不毛出，不漏落针，不起连（图 4-45、图 4-46）。

11．锁眼、钉扣

（1）锁眼。门襟锁横扣眼五个。扣眼进出位置在搭门线向止口偏 0.1 cm，扣眼大小根据纽扣大小确定，一般为 1 cm。

（2）钉扣。将门里襟止口对齐，高低按钮眼位置，距边 1.5 cm，用铅笔点准位置，钉上纽扣（图 4-47）。

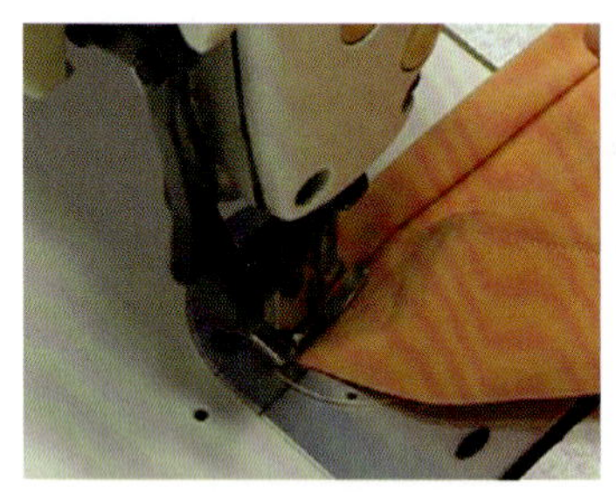

图 4-45　卷底边（一）

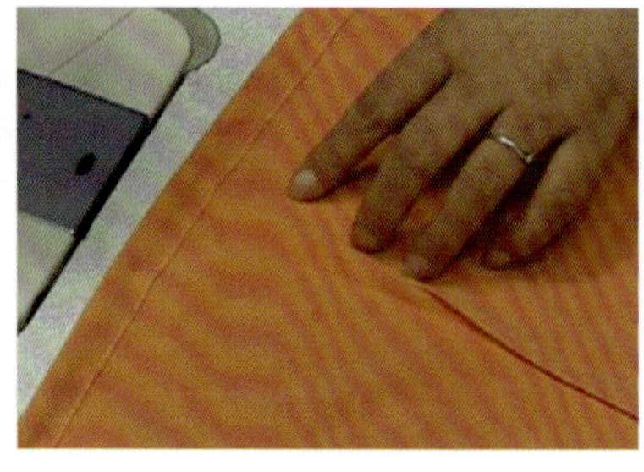

图 4-46　卷底边（二）

图 4-47　钉扣

12．整烫

（1）熨烫前均匀喷水，若有污渍，要先洗干净。

（2）先熨烫门里襟挂面。遇到扣眼只能在扣眼旁边熨烫，不宜把熨斗放在扣眼上熨烫，衣服上的扣子，特别是塑料扣，不能与高温熨斗接触，否则会烫坏纽扣。

（3）熨烫衣袖、袖克夫，袖口有褶裥，要将褶裥理齐。压烫有细裥则要将细裥放均匀，要烫平，再烫袖底缝，用熨斗横推烫袖底缝；烫袖克夫时用手拉住袖克夫边，用熨斗横推熨烫。

（4）熨烫袖子，先烫领里，再烫领面，然后将衣领翻折好，烫成圆弧状。

（5）熨烫摆缝，下摆贴边和后衣片。

（6）衣服扣子扣好，放平，烫平左、右衣片。

第二节　男式衬衫缝制工艺

一、外形概述

图 4-48 所示男式衬衫为尖角领，翻门襟，6 粒扣，左胸做贴袋 1 只，后过肩，直摆缝，平底摆，装袖，袖口开衩收两个裥，接装圆头袖克夫。

图 4-48　男式衬衫

二、男式衬衫成品规格

男式衬衫的成品规格见表 4-2。

表 4-2　男式衬衫的成品规格

cm

号型	衣长	胸围	肩宽	领围	袖长	袖口
170/92A	74	114	48	40	60	25

三、材料准备

（1）面料：门幅为 144 cm，用料为（衣长 ×2）cm；门幅为 114 cm，用料为（衣长 ×2+30）cm。

（2）辅料：有纺树脂塑胶黏合衬（50 cm）、无纺黏合衬（100 cm）、涤纶线（1 个）、纽扣（10 粒）。

视频：男式衬衫缝制工艺（一）

视频：男式衬衫缝制工艺（二）

视频：男式衬衫缝制工艺（三）

视频：男式衬衫缝制工艺（四）

四、质量要求

（1）符合成品规格。

（2）领头、领角长短一致，装领左右对称，领面有窝势，面里松紧适宜。缉领止口宽窄一致，无涟形。

（3）装领处门襟上口平直、无歪斜。

（4）装袖圆顺，两袖克夫对称、宽窄一致，明止口顺直。左、右袖衩平整，袖口裥量均匀。

（5）门襟长短、宽窄一致。

（6）底边缉线顺直。

五、重点难点

（1）做领与装领。

（2）装袖与装袖头。

（3）各种缝形的运用。

六、缝制工艺流程

男式衬衫缝制工艺流程如图 4-49 所示。

男式衬衫缝制工艺流程
1. 辑翻门襟、里襟
2. 装前胸帖袋
3. 拼接过肩
4. 做袖
5. 装袖
6. 缝合袖底及摆缝
7. 装袖克夫
8. 做领
9. 装领、缉领、卷缉底边
10. 锁眼
11. 整烫

图 4-49　男式衬衫缝制工艺流程

七、缝制图解

1．缉翻门襟、里襟

（1）缉翻门襟。先在翻门襟反面处烫无纺黏合衬，再沿净样板将翻门襟毛边折转扣烫平整。将扣烫好的门襟和左衣片缝合，先把门襟正面和衣片反面相对，以 1 cm 缝份缝合，再把门襟翻至衣片正面，前中止口做出 0.1 cm，摆正，离边 0.1 cm 缉明止口，然后在翻门襟另一侧距边 0.1 cm 缉明止口。注意缉线顺直，上、下松紧量一致（图 4-50、图 4-51）。

（2）缉里襟。以领口眼刀为准，将里襟贴边扣转烫直，并按照 2.5 cm 净宽将贴边里口毛边扣转烫好，缉压 0.1 cm 明止口（图 4-52、图 4-53）。

2．装前胸贴袋

（1）烫袋。以袋口净线为准将袋口贴边折转烫平，再按照净宽 2.5 cm 将贴边里口毛边折光烫平，沿里口折光边缉 0.1 cm 清止口。口袋其余 3 边以袋样板为准扣烫准确（图 4-54）。

（2）缉袋。缉袋时应注意口袋的高低和左右必须盖住定位钻眼，袋位要端正，条格要对齐。从袋口右侧起针，闷缉 0.1 cm 清止口。袋口用 0.1 cm、0.6 cm 双止口缉封，长以贴边宽为准，左、右封口要对称，缉线整齐、平直，打好回针（图 4-55）。

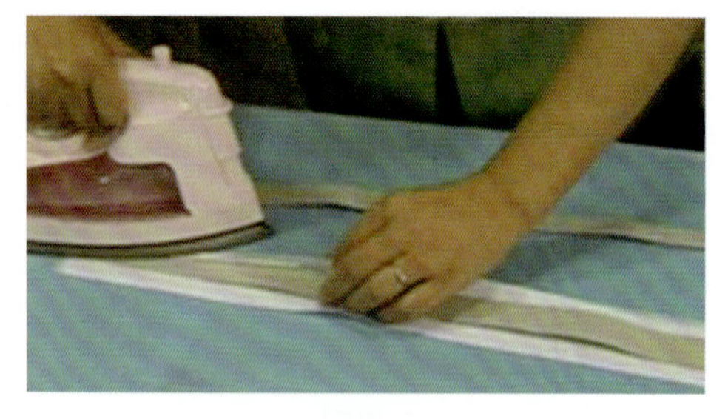

图 4-50　缉翻门襟（一）

图 4-51　缉翻门襟（二）

图 4-52　缉里襟（一）

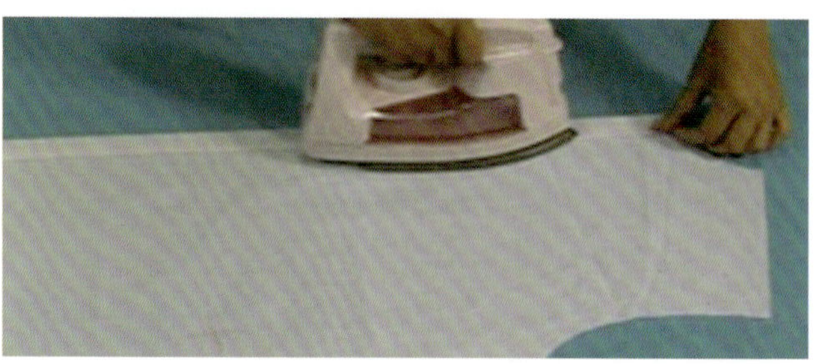

图 4-53　缉里襟（二）

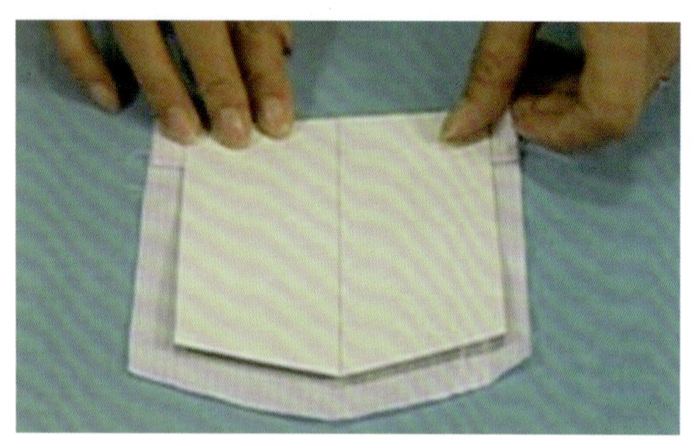

图 4-54　烫袋

图 4-55　缉袋

3．拼接过肩

（1）装后过肩。过肩里正面向上放下层，过肩面正面向下放上层，后衣片正面向上夹在中间，后中眼刀对齐，以缝头 1 cm 缝缉一道（图 4-56），再将过肩面翻正，沿边缉压 0.1 cm 明线（图 4-57）。

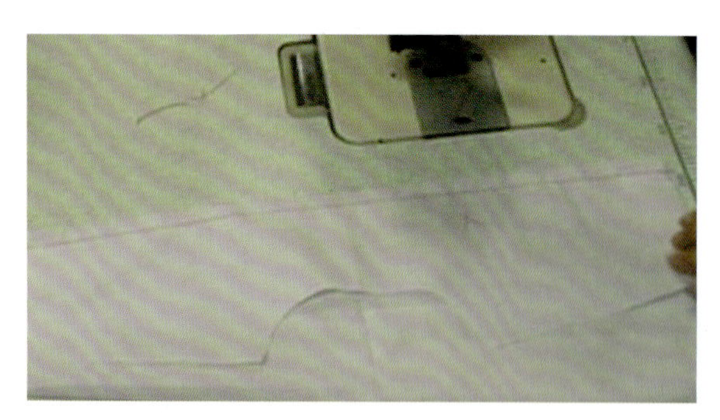

图 4-56　装后过肩（一）

图 4-57　装后过肩（二）

（2）缝合肩缝。采用同样的方法用后肩夹住前肩，两端对齐以缝头 1 cm 缝缉一道，再将肩面翻正，沿边缉压 0.1 cm 明线。要求左、右肩缝平直、对称，过肩面、里平服（图 4-58、图 4-59）。

图 4-58　缝合肩缝（一）

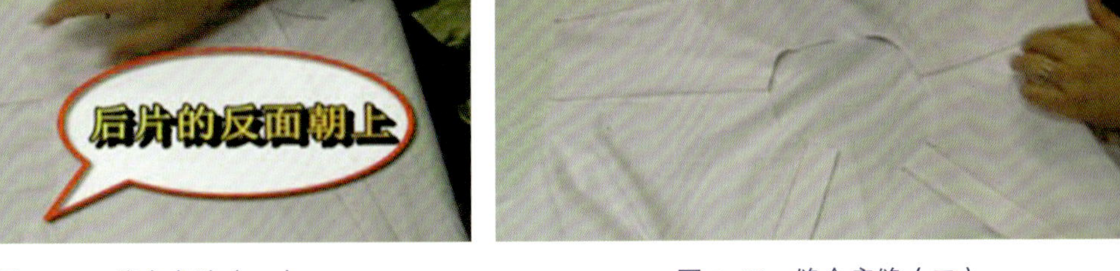

图 4-59　缝合肩缝（二）

4．做袖

（1）扣烫袖衩条。先在袖衩条的反面粘无纺黏合衬，再以袖衩净样板为准扣烫好，注意大袖衩下口，小袖衩上、下口均不扣烫。最后对折，其中衩里超出衩面 0.1 cm（图 4-60、图 4-61）。

（2）缉袖衩。按定位标记将袖片衩口剪开，长约 11 cm。先把小袖衩放在后袖一侧，用闷缝的方法与袖片缝合，距边 0.1 cm 缉线，并把袖衩三角与小袖衩在反面固定（图 4-62、图 4-63）。

接着把大袖衩条用同样的方法与袖衩另一侧缝合，从宝剑头下 3.5 cm 处开始缉线（图 4-64、图 4-65）。

图 4-60　扣烫袖衩条（一）

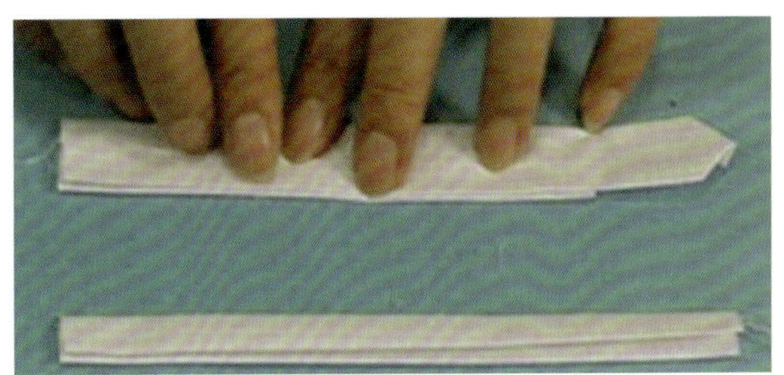

图 4-61　扣烫袖衩条（二）

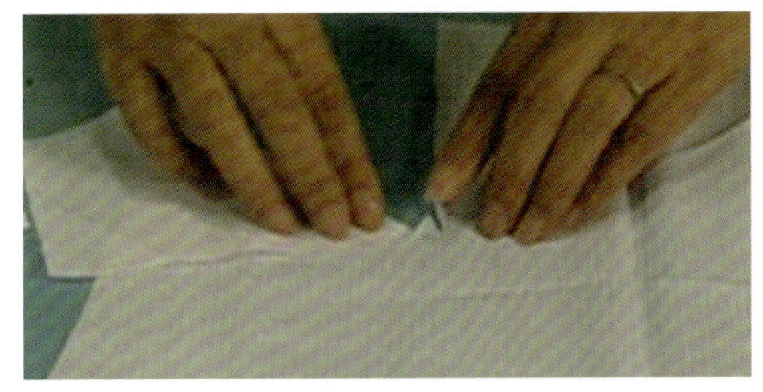

图 4-62　缉袖衩（一）

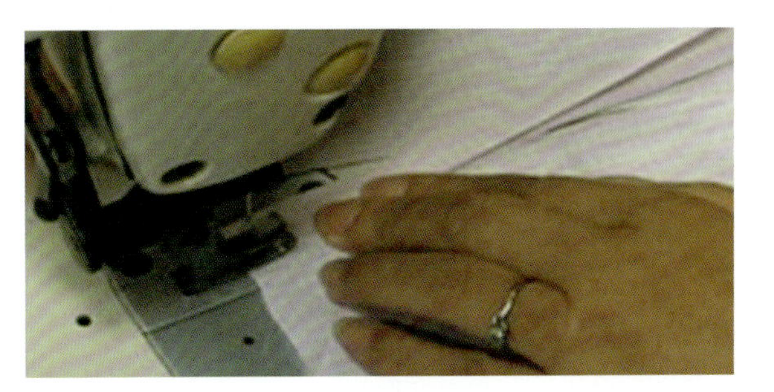

图 4-63　缉袖衩（二）

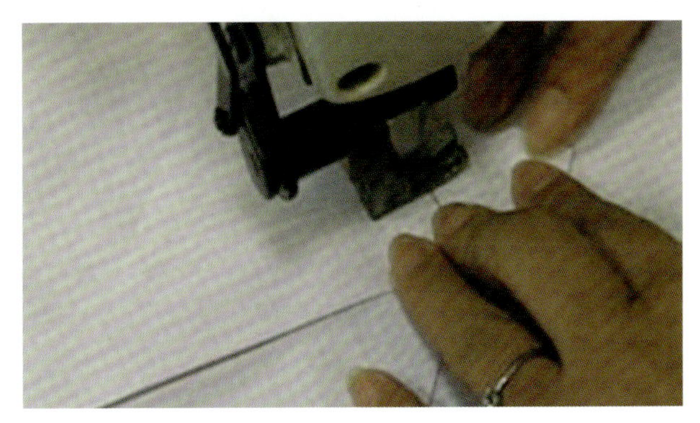

图 4-64　缉袖衩（三）

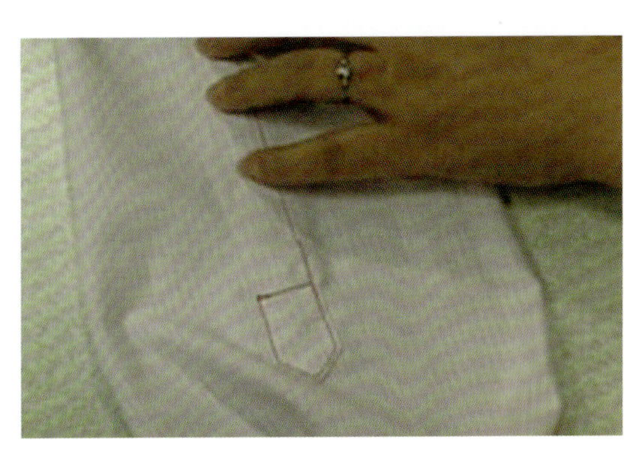

图 4-65　缉袖衩（四）

(3) 做袖克夫。

①兜缉袖克夫。袖克夫面、里按净样四周放缝 1 cm 配置，袖克夫衬采用树脂黏合衬净缝配置。先将袖克夫衬粘烫在袖克夫面的反面并将直边缝份扣烫，缉 0.6 cm 明线；再将袖克夫面、里正面相合，边沿对齐，离袖克夫衬 0.1 cm 兜缉三边，兜缉时应适当吊紧里子，并使两角圆顺（图 4-66、图 4-67）。

②翻烫袖克夫。留缝 0.3 cm，将缝头修剪圆顺。翻出袖克夫止口，将圆头烫圆顺，下口烫直，并保证圆头大小一致，止口坐进 0.1 cm 不外吐。最后包进两端余缝，将袖克夫里直边向内折光烫好，烫时应注意袖克夫里较面虚出 0.1 cm，然后将整只袖克夫烫平（图 4-68、图 4-69）。

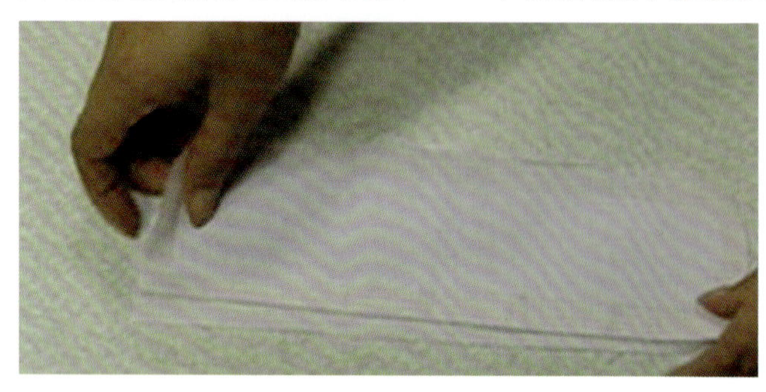

图 4-66　兜缉袖克夫（一）

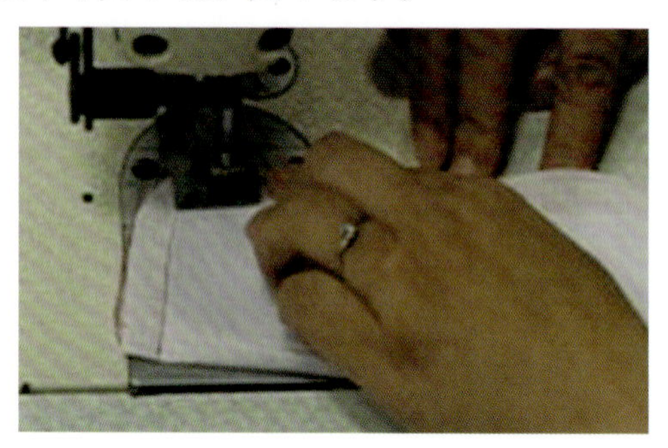

图 4-67　兜缉袖克夫（二）

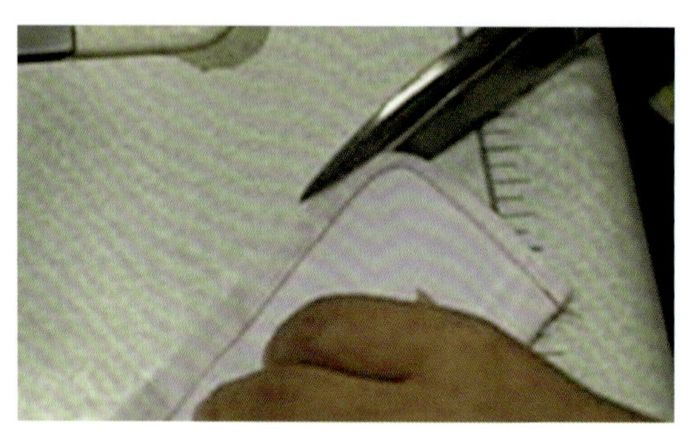

图 4-68　翻烫袖克夫（一）

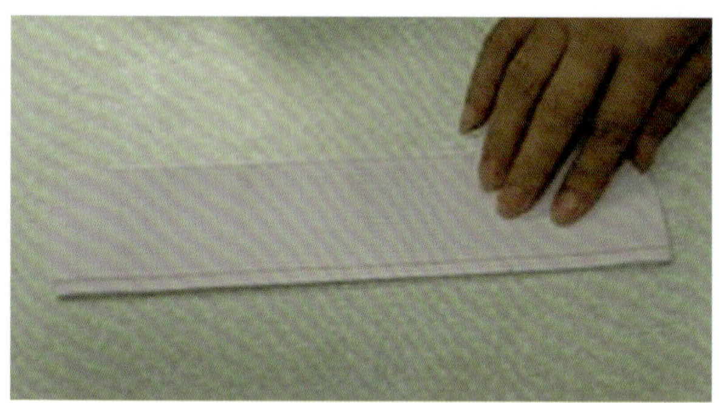

图 4-69　翻烫袖克夫（二）

5. 装袖

先把袖山缝份朝正面扣烫 0.5 cm，再将袖山和袖窿正面对齐，衣片在下，袖片在上。用内包缝方法把袖山包住袖窿缝合，要让袖中眼刀对准过肩装袖眼刀，前、后松紧量一致。在衣片正面缉 0.6 cm 明线（图 4-70 ～ 图 4-72）。

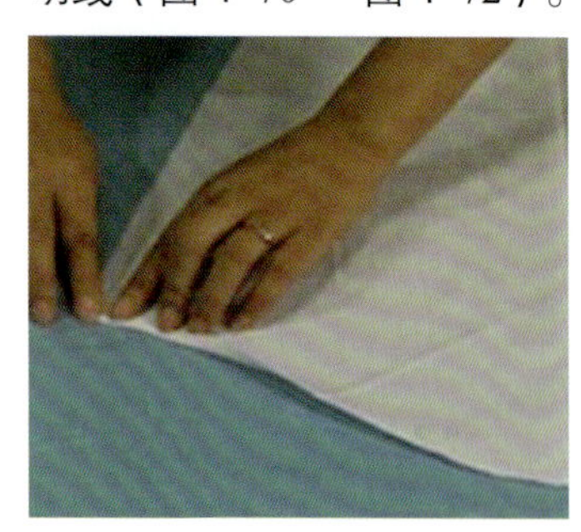

图 4-70　装袖（一）

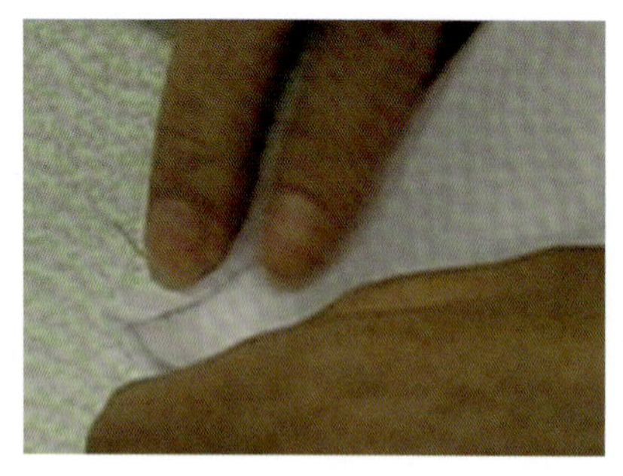

图 4-71　装袖（二）

图 4-72　装袖完成

6. 缝合袖底及摆缝

先把后衣片、后袖片缝份扣折 0.8 cm，衣片反面相对；用外包缝方法把后片包住前片缝合。缉线顺直，两明线间宽窄一致，上、下层平整，袖底处十字缝口对准（图 4-73、图 4-74）。

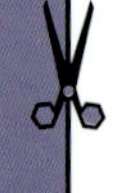

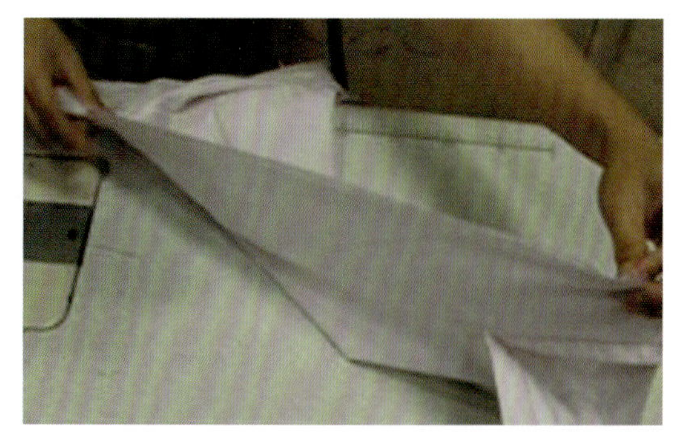

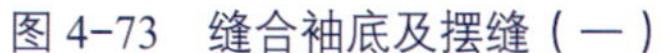

图 4-73 缝合袖底及摆缝（一）

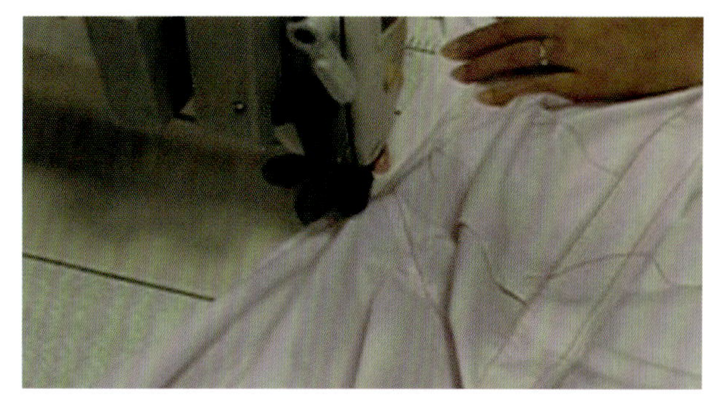

图 4-74 缝合袖底及摆缝（二）

7．装袖克夫

先将袖口褶裥按照剪口折叠，朝大袖衩倒，再将袖克夫咬缝接装到袖子上。将宝剑头袖衩门里襟放平，把袖口夹入做好的袖克夫内，注意袖克夫两端要塞足、塞平。缝头为 0.8 cm，在袖克夫正面缉 0.1 cm 窄止口，反面坐缝不超过 0.3 cm。最后在袖克夫另外三边缉 0.3 cm 明止口（图 4-75、图 4-76）。

8．做领

（1）裁衬及粘衬。领衬通常用涤棉树脂黏合衬斜料。以净样为准用铅笔画出净缝线，周放缝头 0.7 cm，上领面、里与衬相合。将领衬与领面对齐摆正，条格面料应注意与左、右领尖条格对称。为减小领角厚度，将领衬尖角缝头剪去。为保证领角挺括，翻领两角还需加放领角衬，并在领角衬上离领净线 0.2 cm 处粘上领角衬，轻烫固定。注意要保证领子挺括、窝服（图 4-77、图 4-78）。

（2）车缉翻领面、里、衬。将领里和领面正面相合，领里在下、领面在上。以领衬上铅笔净缝线为准兜缉，缉时应在领角两侧略微拉紧领里，使其产生里外匀，以满足领子的窝服要求（图 4-79、图 4-80）。

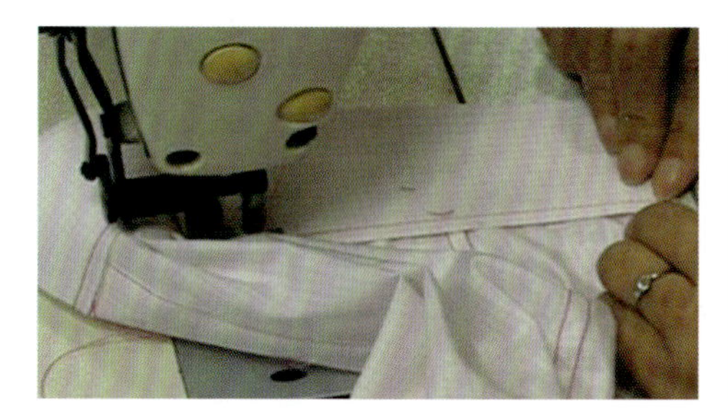

图 4-75 装袖克夫

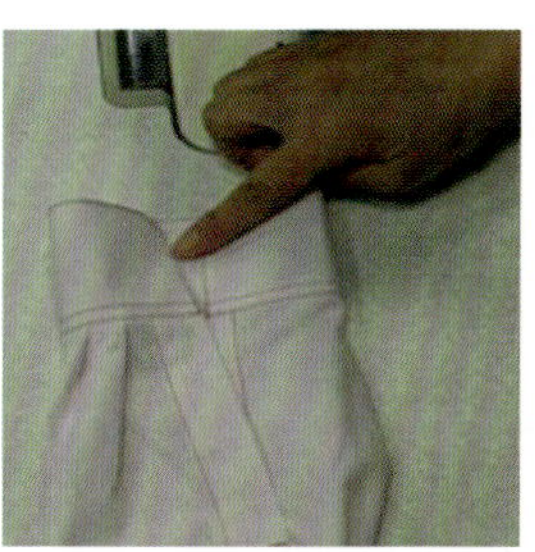

图 4-76 装袖克夫完成

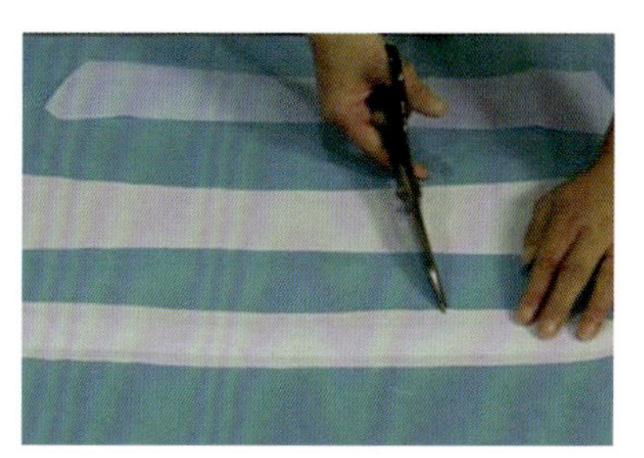

图 4-77 裁衬

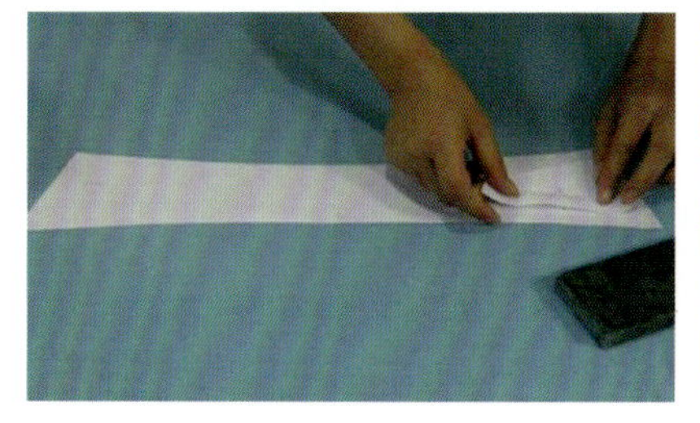

图 4-78 粘衬

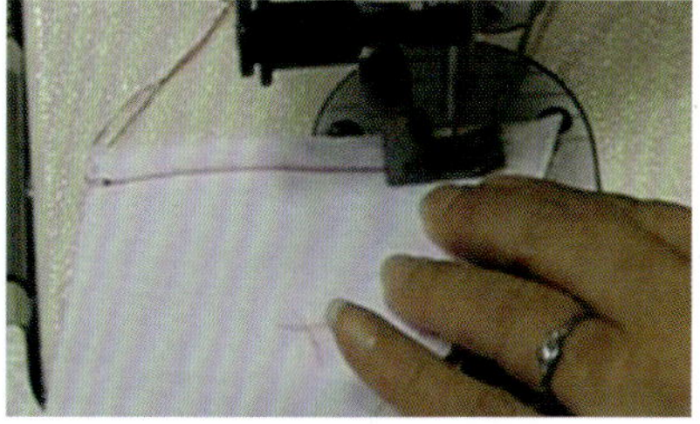

图 4-79 车缉翻领面、里、衬（一）

图 4-80 车缉翻领面、里、衬（二）

（3）翻烫翻领、缉压明止口。将领角缝头修成宝剑头形，留缝头 0.2 cm。将领角翻足翻尖，将止口抻平（可带线翻），领里坐进 0.1 cm 烫实，再在正面缉压 0.1 cm 明止口。要求领面止口线迹整齐，两头不可接线。将领面放一定的松量后固定领下口，并将领下口按领衬修齐，居中做好眼刀（图 4-81、图 4-82）。

（4）裁配底领面、里、衬。底领衬通常用涤棉树脂黏合衬斜料，净缝配置。先将底领衬粘烫在底领领面上，再按 0.8 cm 缝头放缝。领面下口沿领衬下口包转、烫平，并在正面缉 0.6 cm 明止口固定，做好眼刀（后中及夹装领面位）（图 4-83、图 4-84）。

（5）底领夹缉翻领。底领面、里正面相合，面在上，里在下，中间夹进翻领，边沿对齐，三眼刀对准。离底领衬 0.1 cm 缉线，并将底领两端圆头缝头修到 0.3 cm（图 4-85、图 4-86）。

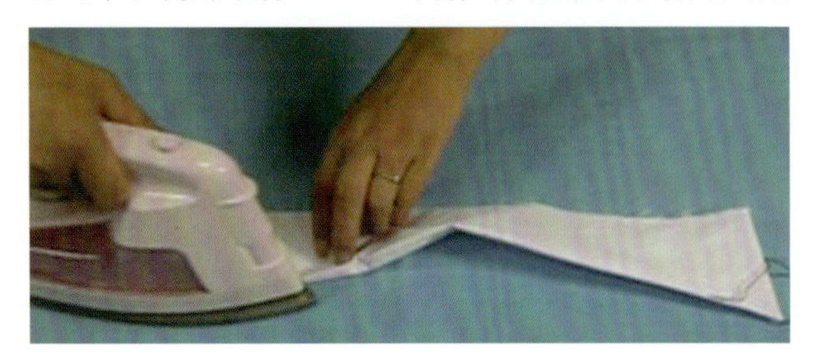

图 4-81　翻烫翻领

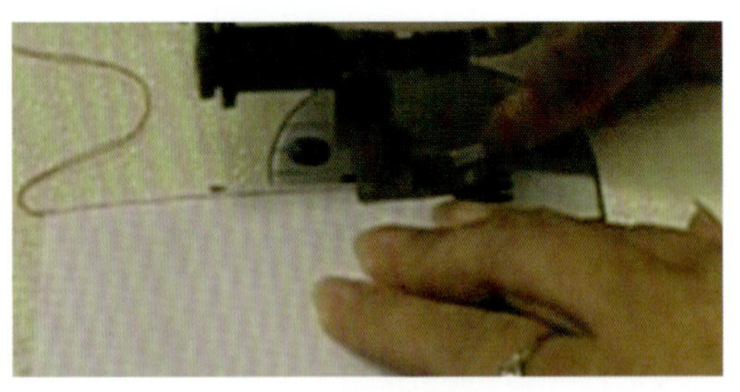

图 4-82　缉压明止口

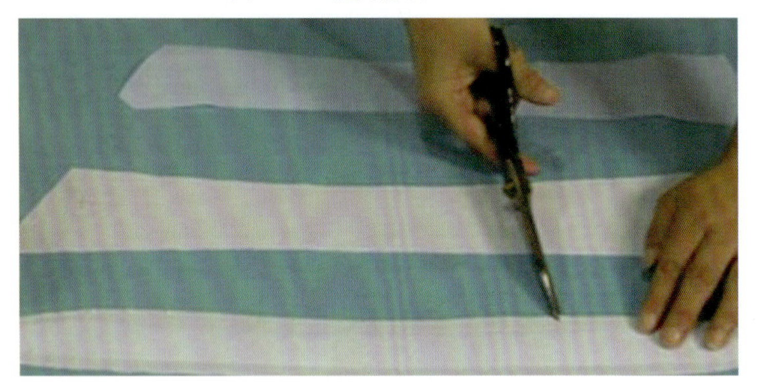

图 4-83　裁配底领面、里、衬（一）

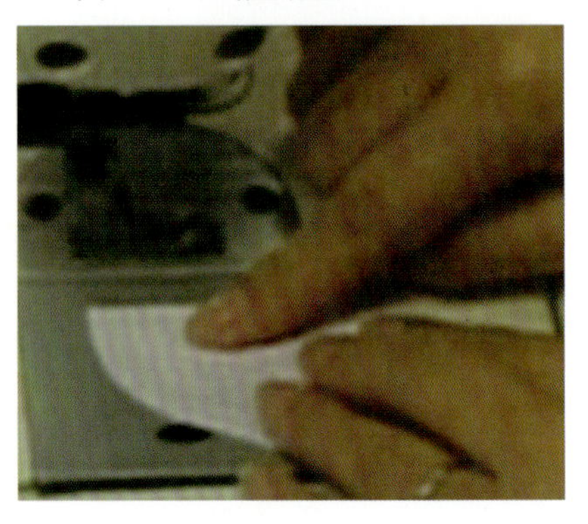

图 4-84　裁配底领面、里、衬（二）

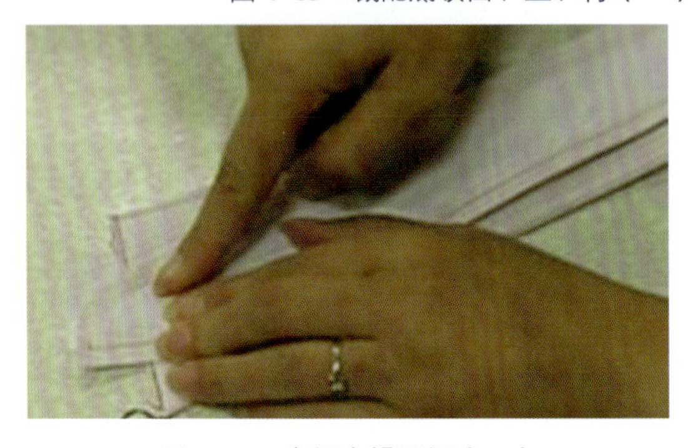

图 4-85　底领夹缉翻领（一）

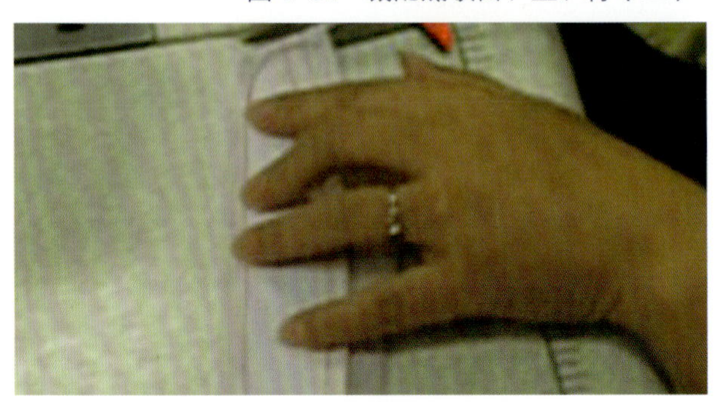

图 4-86　底领夹缉翻领（二）

（6）缉底领明止口。用大拇指顶住缉线，翻出圆头，将圆头止口烫平，坐进里子，熨烫圆顺，并将下领烫平整，再沿底领上口缉压 0.1 cm 明止口，注意起落针均在翻领的两侧。底领里下口放缝，做好装领三眼刀（肩缝及后中）（图 4-87、图 4-88）。

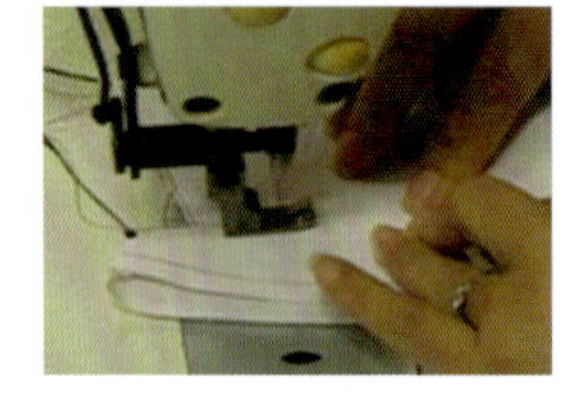

图 4-87　缉底领明止口（一）

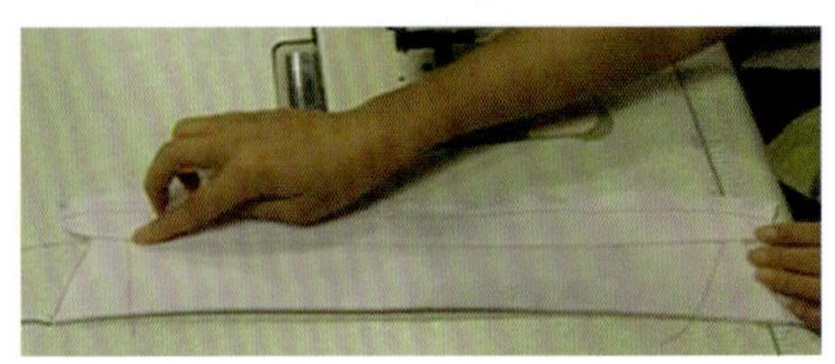

图 4-88　缉底领明止口（二）

9．装领、缉领、卷缉底边

（1）装领。下领领里和衣片正面相合，衣片在下，领里在上，以 0.6 cm 缝头缝缉。注

意领里两端缝头略宽些，端点缩进门里襟 0.1 cm，肩缝、后中眼刀对准，防止领圈中途变形，起止点打好回针（图 4–89、图 4–90）。

（2）缉领。将领面翻正，让衣片领圈夹于底领面、里之间，缉线起止点在翻领两端进 2 cm 处，接线要重叠。底领上口、圆头处、底领下口均缉 0.1 cm 明止口，反面坐缝不超过 0.2 cm，两端衣片要塞足、塞平（图 4–91、图 4–92）。

（3）卷缉底边。将衣服底边修齐修顺，卷边从门襟下脚开始，卷边净宽为 1.2 cm。在反面扣烫 0.5 cm 毛边，再扣烫 1.3 cm，沿边缉线 0.1 cm 起止点打好回针。要求门、里襟长短一致，卷边宽窄均匀，中途平整不起皱（图 4–93、图 4–94）。

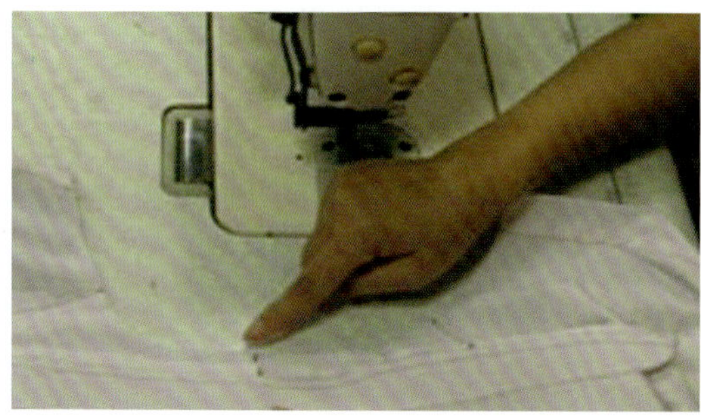

图 4–89 装领（一）

图 4–90 装领（二）

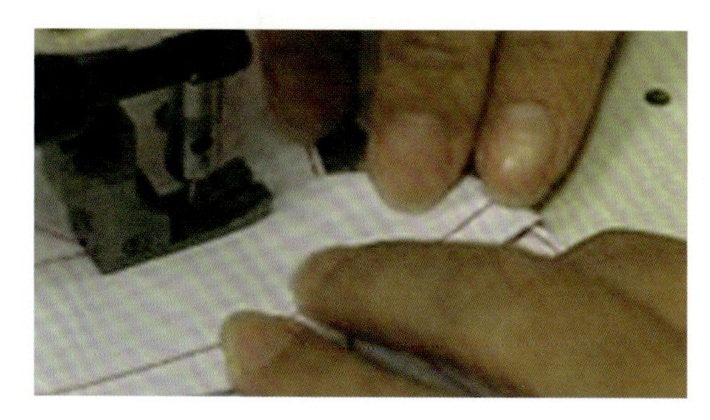

图 4–91 缉领（一）

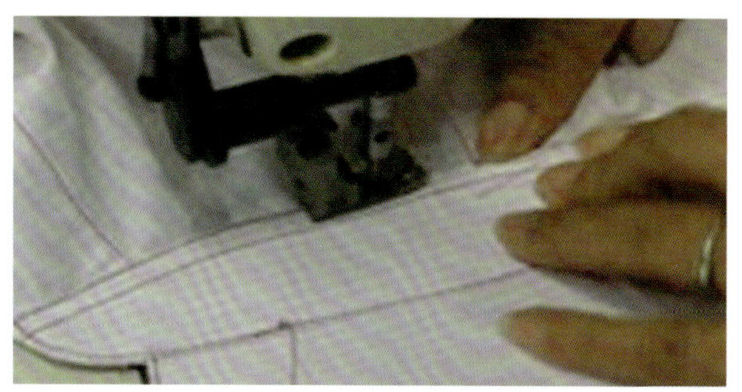

图 4–92 缉领（二）

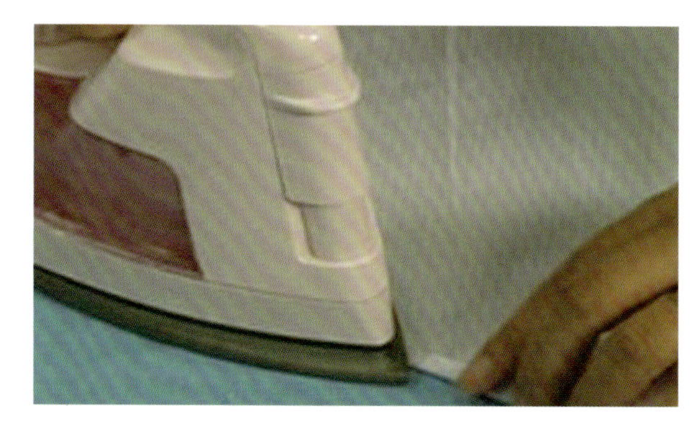

图 4–93 卷缉底边（一）

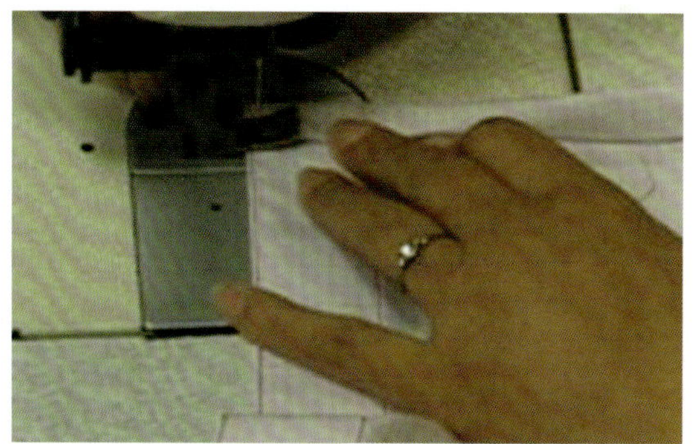

图 4–94 卷缉底边（二）

10．锁眼

底领上锁横眼 1 只，其余 5 只为竖眼，进出以门襟搭门 1.7 cm 为基准，眼位间距按工艺要求（通常上面 1 只离领脚眼 7 cm，最下面 1 只离底边 1/4 衣长，其间 4 等分）。左、右袖克夫各锁眼 1 只，袖克夫钉纽扣高低位于袖克夫宽的中央，左、右以纽扣边距袖克夫边 1 cm 为准。

11．整烫

（1）烫领子。在翻领正面，沿缉线拉紧抻平，使领面与缉线平整，反面领里不起涌。

（2）烫袖子。先将袖底缝熨烫平整，烫平缝口，没有坐缝，再将袖子两面烫平，袖衩长短要一致，折裥要熨烫顺直，袖克夫应先烫里，再烫面。

（3）烫大身。先将前身左、右甩开，把商标和过肩里烫平，再将后身反面烫平，前身胸袋反面线迹烫平，然后将门襟搭拢由上往下将纽扣扣好，将前、后身摆平，摆缝拉直，使前过肩左、右高低一致，熨烫平整。注意装袖缝头一律向袖子一边坐倒，使领子折转自然，坐势恰当，领面平整，领尖贴身，领子左右对称、窝服不反翘。

思考与练习

1. 简述男式、女式衬衫的缝制工艺流程及质量要求。
2. 女式衬衫装领时应注意什么？
3. 男式衬衫在制作时应用了哪些基础缝制工艺？
4. 自己设计一款女式衬衫并写出缝制工艺流程。
5. 制作一件男式衬衫。

第五章 裙子缝制工艺

知识目标 了解裙装的面辅料选购要点，理解各种裙装样板的放缝要求、工艺流程及工艺质量要求；掌握裙装的缝制方法与技巧及熨烫方法。

技能目标 通过学习与实践操作，能够核算服装单耗，制作工时，具备应用服装缝制技术完成各类裙装缝制的能力。

素养目标 培养学生具有正确的世界观、人生观和价值观。

第一节　基础裙缝制工艺

一、外形概述

图 5-1 所示为装腰式筒裙，裙摆略小，较贴体，前、后片各设省道四个，后中线上端装隐形拉链，下端开衩。

图 5-1　装腰式筒裙

二、成品规格

基础裙的成品规格见表 5-1。

表 5-1　基础裙的成品规格　　cm

号型	裙长	腰围	臀围
160/84A	64	68	94

三、材料准备

（1）面料：门幅为 144 cm，用料为（裙长 ×1+5）cm；门幅为 144 cm，用料为（裙长 ×1）cm。

（2）辅料：无纺黏合衬（50 cm）、涤纶线（1 个）、隐形拉链（1 根）、裙钩（1 副）。

四、质量要求

（1）腰头宽窄一致，无涟形，腰口不松开。

（2）门里襟长短一致，拉链不能外露，下封口平整，门里襟不可拉松。

（3）开衩平整，不能豁开或搅拢。

（4）夹里平整，无吊起，坐势正确。

（5）整烫平整，不可烫黄、烫焦。

视频：基础裙缝制工艺（一）

视频：基础裙缝制工艺（二）

视频：基础裙缝制工艺（三）

视频：基础裙缝制工艺（四）

视频：基础裙缝制工艺（五）

五、重点难点

（1）绱拉链。

（2）做后衩。

（3）装腰头。

六、缝制工艺流程

基础裙缝制工艺流程如图 5-2 所示。

基础裙缝制工艺流程

1. 做前片 → 2. 做后片 → 3. 绱拉链 → 4. 组合前、后片 → 5. 做腰、装腰、压腰 → 6. 整烫

图 5-2　基础裙缝制工艺流程

七、缝制图解

1．做前片

（1）画省道、底边贴边。

（2）缉省：由省根缉至省尖，省尖处留线头 4 cm，打结后剪短，省要缉直、缉尖。

（3）烫省：省缝向后中方向烫倒，从腰口的省根向省尖烫，省尖部位的胖形要烫散，不可有褶裥现象（图 5-3、图 5-4）。

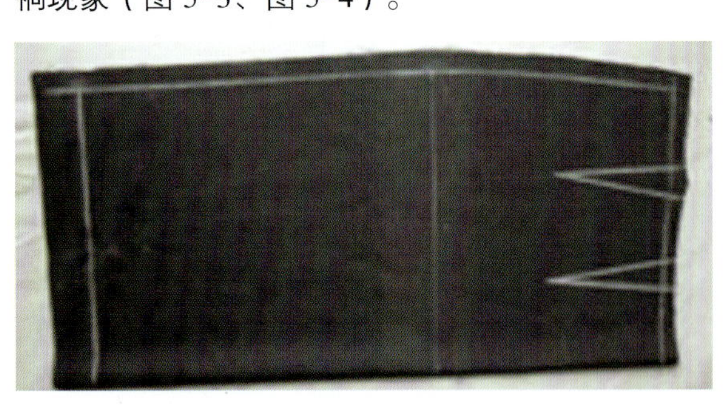

图 5-3　做前片（一）

图 5-4　做前片（二）

2．做后片

（1）画省道，底边贴边粘牵条，装拉链位，开衩位。

（2）缉缝后中缝（预留上口拉链位）至衩口，并分缝烫平。先折烫底边再折烫右边开衩，将左片开衩折向右片，剪开左边缝边至开衩线根处并剪开缝边，折烫左片底边及开衩贴边（图 5-5、图 5-6）。

（3）画出勾缝的对应点，将贴边与开衩边正面相对，对准对应点后进行缝合（图 5-7、图 5-8）。

（4）劈缝，翻正开衩，借助镊子将衩角翻正，熨烫平服（图 5-9、图 5-10）。

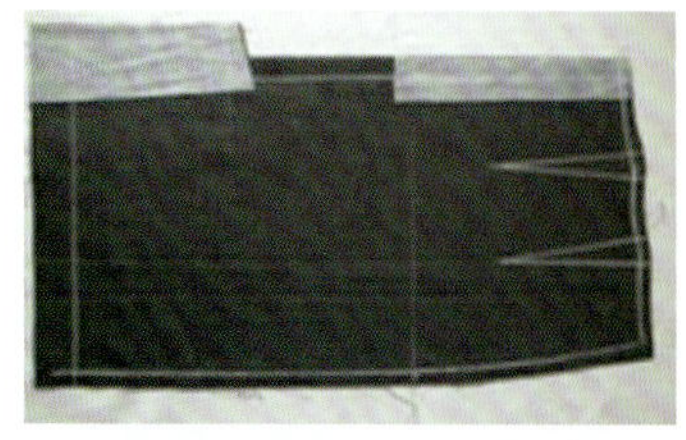

图 5-5　做后片（一）

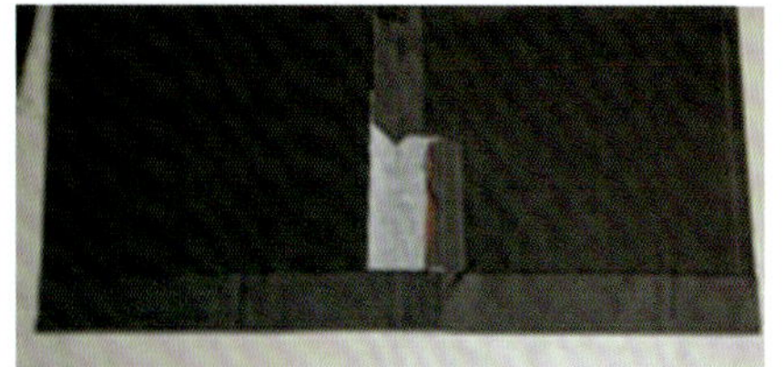

图 5-6　做后片（二）

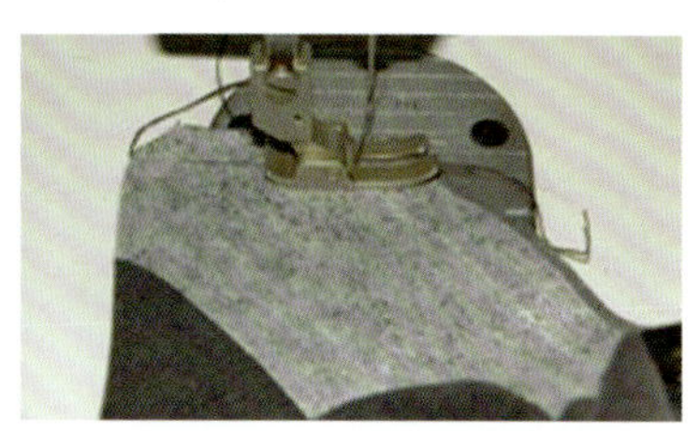

图 5-7　做后片（三）

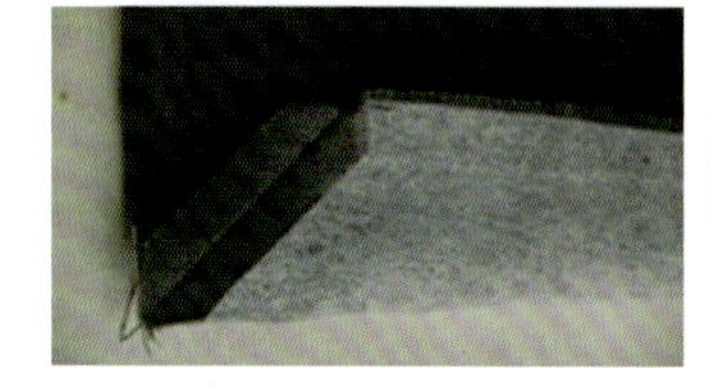

图 5-8　做后片（四）

图 5-9　做后片（五）

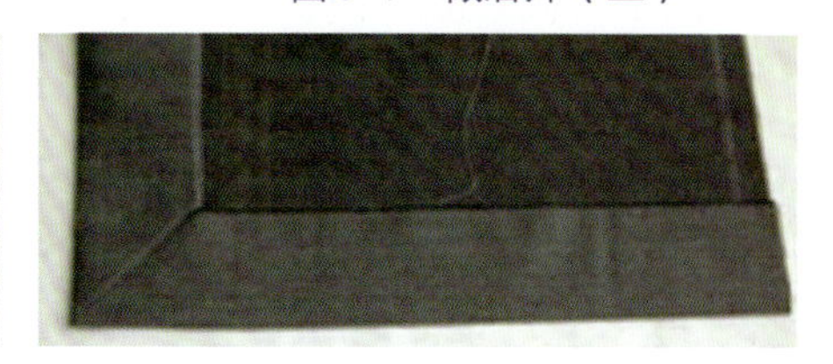

图 5-10　做后片（六）

（5）做后开衩里衩。

1）缝合里料后中缝（方法同面料）。

2）将右片里布留出缝合量（勾缝量 20 cm），剪掉多余部分，并在上角处成 45° 剪出 1 cm 的剪口。

3）缝合左片里子与左片开衩的缝边并烫平整（图 5-11、图 5-12）。

4）将右片里子与右片开衩的缝边缝合并烫平整。

5）缝合开衩上口缝边并烫平，使缝制的裙开衩平整，夹里坐势正确（图 5-13、图 5-14）。

图 5-11　做后开衩里衩（一）

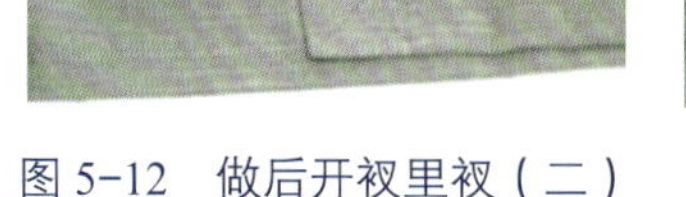

图 5-12　做后开衩里衩（二）

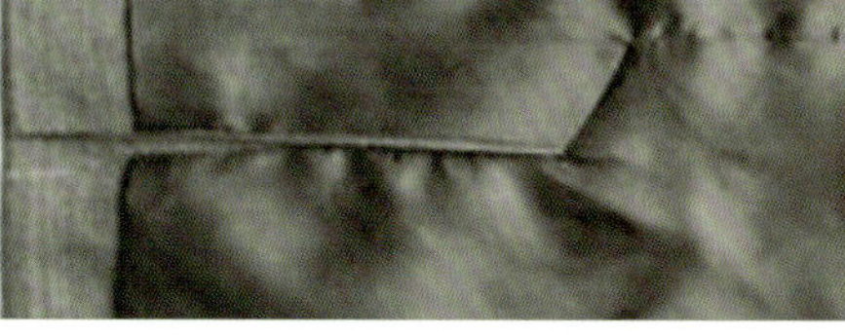

图 5-13　做后开衩里衩（三）

图 5-14　做后开衩里衩（四）

3．缉拉链

（1）将拉链的正面与裙后片的正面相对，借助单边压脚缉线，靠足拉链齿边。

（2）缉线要顺直，宽窄和两端长短要一致（图 5-15、图 5-16）。

（3）缉缝好的隐形拉链在裙子正面不能看到拉链齿，要平整（图 5-17、图 5-18）。

（4）先将后片里子正面相对，从拉链底端开始沿中缝缝合左、右片至开衩上端，然后剪掉拉链部位的缝边。由拉链底端向褶里片下斜 45° 剪 0.7 ～ 0.8 cm 剪口。

（5）缉拉链处里布。拉链正面朝上与里子面相对，从左边开始缉缝至剪口的 45° 角根部，抬起压脚并转动裙里布，缉缝右片拉链至腰部。

（6）封缉三角，来回针 2 ～ 3 道，封好的三角要求方正、平整、无毛出、无褶皱，再把裙里布正面朝上，沿缝边熨烫平整，使坐势正确（图 5-19、图 5-20）。

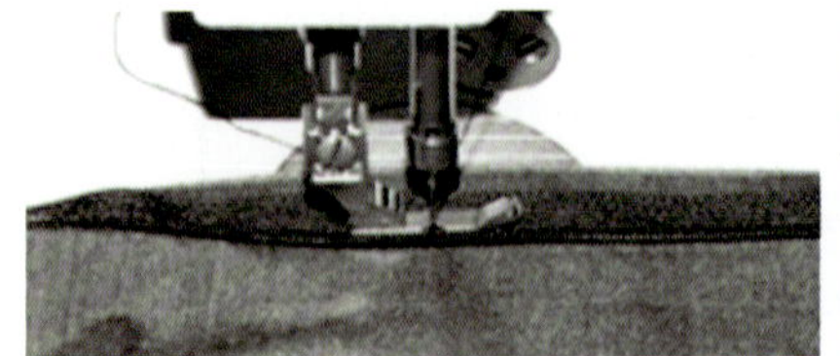

图 5-15　缉拉链（一）

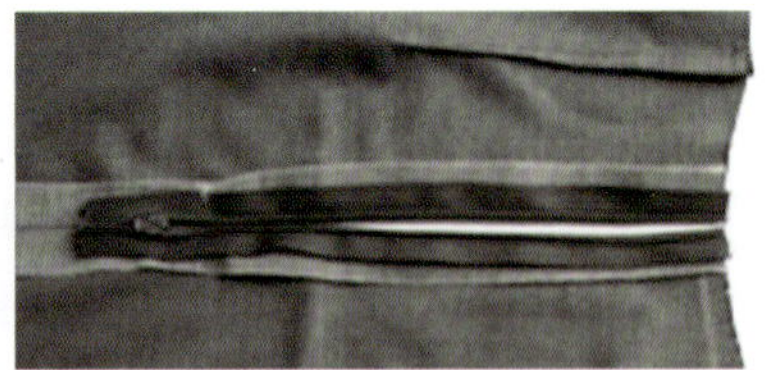

图 5-16　缉拉链（二）

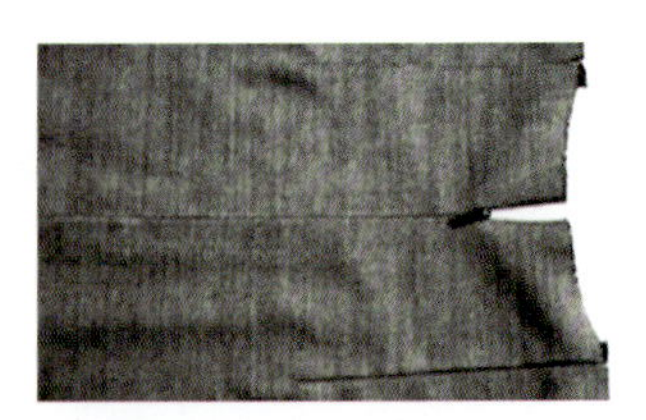

图 5-17　缉拉链（三）

图 5-18　缉拉链（四）

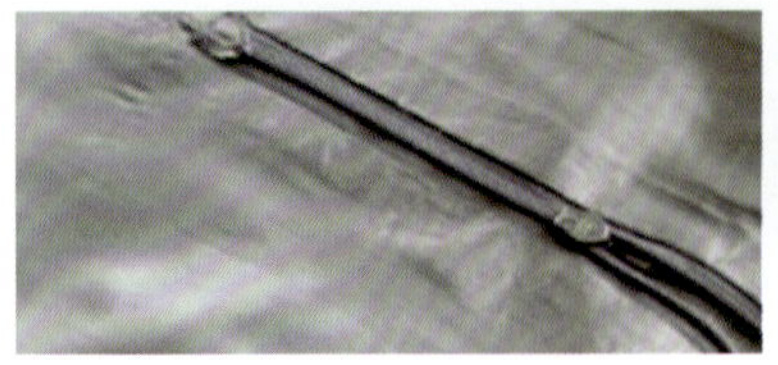

图 5-19　缉拉链（五）

图 5-20　缉拉链完成

4．组合前、后片

（1）缝合侧缝。将前、后面料正面相对缉缝侧缝。注意不要拉伸，分烫侧缝（图 5-21、图 5-22）。

（2）缝合夹里侧缝。将前、后里料正面相对缉缝侧缝。注意不要拉伸，缝份朝后片倒。

（3）折烫底边。将缝合的裙面底边向上折烫 3 cm，宽褶里底边向上折烫 3 cm。

图 5-21　缝合侧缝（一）

（4）固定缝合褶面与里，然后绷三角针（图 5-23、图 5-24）。

（5）在腰口线上固定里子与面。里子省道位与面料省道位皆为活裥。

图 5-22　缝合侧缝（二）

图 5-23　固定缝合褶面与里（一）

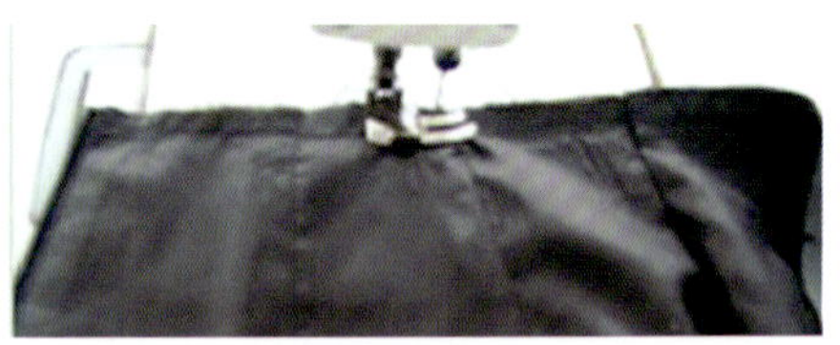

图 5-24　固定缝合褶面与里（二）

5．做腰、装腰、压腰

（1）将腰里面反面烫好黏合衬。

（2）将腰夹里一边用夹里布 45° 斜丝包边，宽 0.4 cm。

（3）对折扣烫并做好缝制标记（图 5-25）。

（4）将腰里面与裙子正面相对，由后中缝开始沿缝线处缉腰（图 5-26）。要求腰头中点与裙子前中点相对，左右对称。

图 5-25　对折扣烫并做好缝制标记

（5）装腰时，要求前平、中（侧缝左右 1 cm）稍松、后（臀部上口）稍紧，使腰头上口顺直，前、后平服，臀部饱满（图 5-27、图 5-28）。

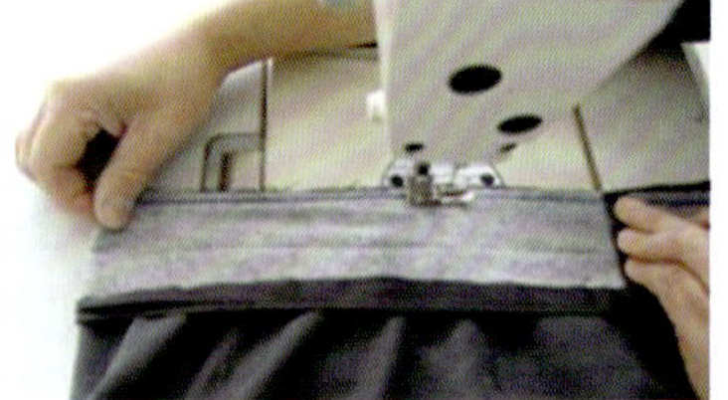

图 5-26　沿缝线处缉腰

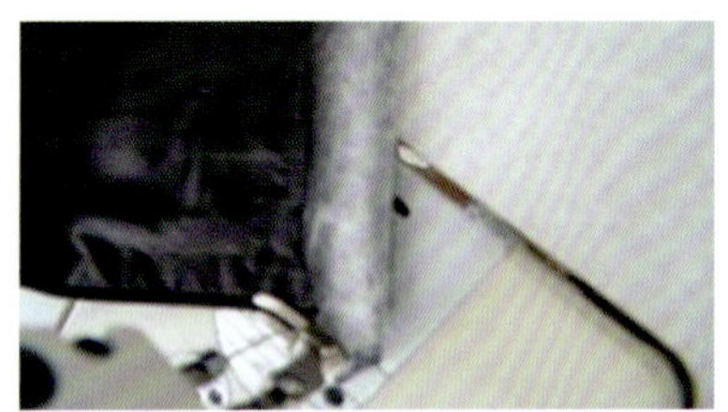

图 5-27　装腰（一）

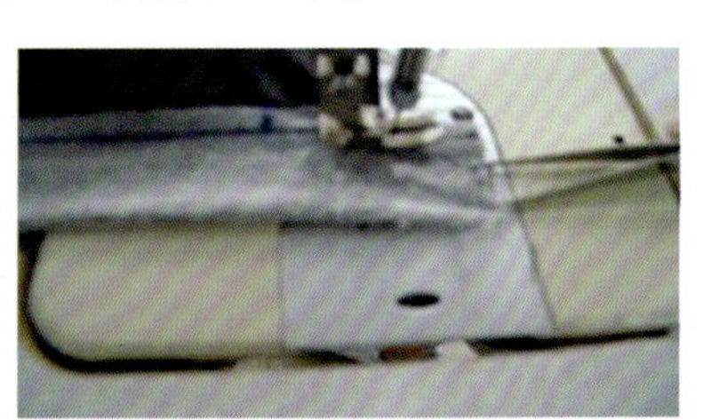

图 5-28　装腰（二）

（6）使右腰头面、里正面相对，右腰头上口缉缝右片端口，采用宝剑头形式。将左腰头面里正面相对，左腰头上口缉缝左片端口，呈长方形（图 5-29、图 5-30）。

（7）翻正宝剑头，借助镊子翻足、翻尖，扣烫平服。翻正里襟，要求方正、顺直、平服（图 5-31）。

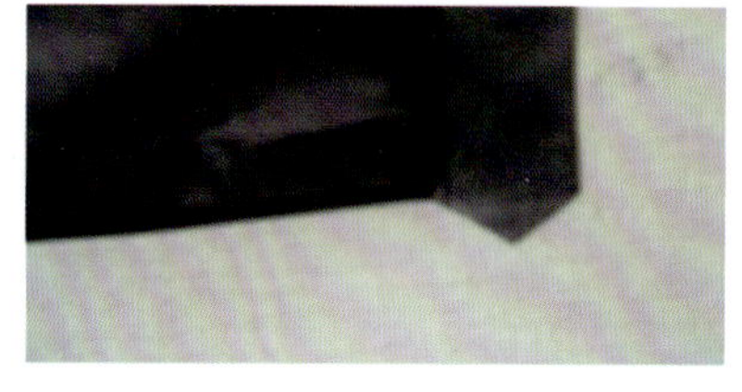

图 5-29　装腰（三）

（8）压腰头。从门襟开始向门里襟方向用沿边针法，沿腰头缉线，宽度为 0.1 cm，压腰头时，下层夹里要稍拉紧，面子要用镊子推一把，防止起涟形。不可将腰面缉牢，也不能离开腰面太远（图 5-32）。

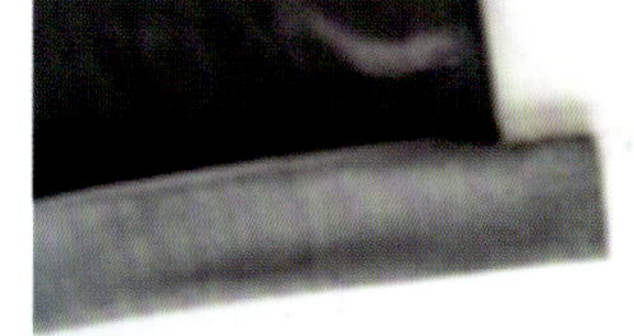

图 5-30　装腰（四）

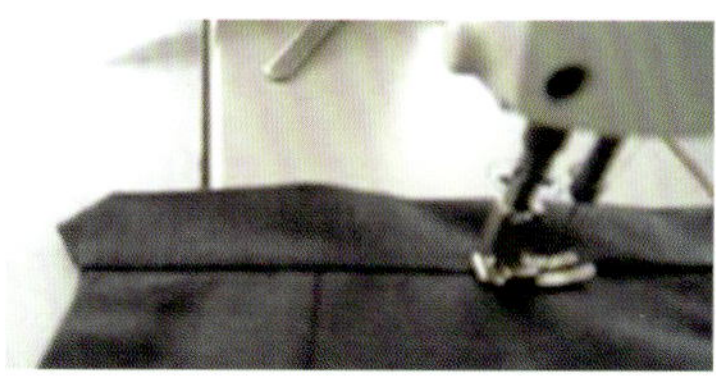

图 5-31　翻正里襟

图 5-32　压腰头

（9）待腰头压缉好后，正面盖上湿布，喷水整烫。检查各部位尺寸无误后，剪掉缝纫线头并熨烫各部位。

6．整烫

（1）烫腰头。喷水盖布，将腰头面、里熨烫平服。

（2）烫裙身。借助袖凳、布馒头等将裙身前后片、省道、侧缝熨烫平服。

（3）烫后开衩。先将后开衩里子熨烫平服，再在正面喷水盖布将后开衩熨烫顺直，并趁热用手将衩角向内窝一下，不使衩角外翻。

（4）烫底边。在裙子反面将裙贴边熨烫平服。外侧折转处应重烫，内侧锁边处应轻烫，以免正面出现贴边痕迹。

第二节　双向褶裙缝制工艺

一、外形概述

如图 5-33 所示，双向褶裙整体呈 A 字形，无腰，育克分割与双裥结合，造型活泼，下摆开得较大，是功能性与艺术性完美结合的代表款式。

图 5-33　双向褶裙

二、成品规格

双向褶裙的成品规格见表 5-2。

表 5-2　双向褶裙的成品规格　　cm

号型	裙长	腰围	臀围
160/84A	50	70	94

三、材料准备

（1）面料：门幅为 144 cm，用料为 90 cm。

（2）辅料：无纺黏衬（50 cm）、涤纶线（1 个）、隐形拉链（1 根）、包边条（500 cm）。

四、质量要求

（1）育克宽窄一致，腰口不松开。

（2）阴裥封口要平整，活裥部分不能豁开或搅拢。

（3）装隐形拉链，不能外露，下封口平整。

（4）整烫平整。

五、重点难点

（1）缉烫阴裥。

（2）装隐形拉链。

（3）包边。

六、缝制工艺流程

双向褶裙缝制工艺流程如图 5-34 所示。

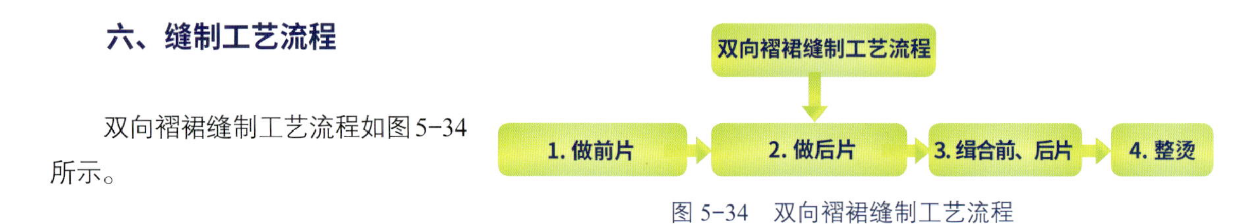

图 5-34　双向褶裙缝制工艺流程

七、缝制图解

1．做前片

（1）做缝制标记，如育克、阴裥位、底边贴边等（图 5-35、图 5-36）。

（2）缉缝、熨烫阴裥。将裙子正面向里，从腰口开始缉至阴裥开衩处。将缉好阴裥的前裙分开缝向两边倒，盖湿布烫平（图 5-37）。

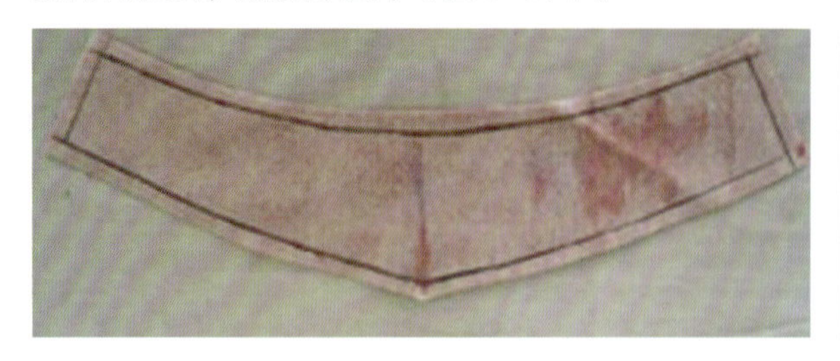

图 5-35　做缝制标记（一）

图 5-36　做缝制标记（二）

图 5-37　缉缝、熨烫阴裥

（3）缉缝、熨烫育克。将粘过黏合衬的育克正面与裙片的正面相对，缉缝 1 cm。育克向裙片坐倒，喷水烫平（图 5-38、图 5-39）。

（4）装腰里贴边。将贴好黏合衬的育克里与育克裙腰叠合缉缝，在弧线大的位置打剪口。在裙腰加入防伸牵带与腰里、腰面缝合，腰里贴边向里坐进 0.1 cm，喷水烫平（图 5-40、图 5-41）。

（5）包缝。先将包缝条两边缝头扣转 0.5 cm，然后对折，上层比下层略放出 0.05 ～ 0.1 cm，将裙片缝边夹进，正面压缉 0.1 cm 止口。包缝条为 45° 斜丝，宽 2 cm（图 5-42）。

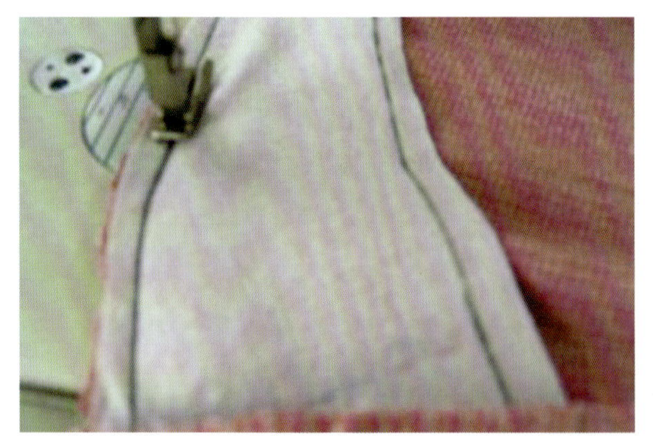

图 5-38　缉缝

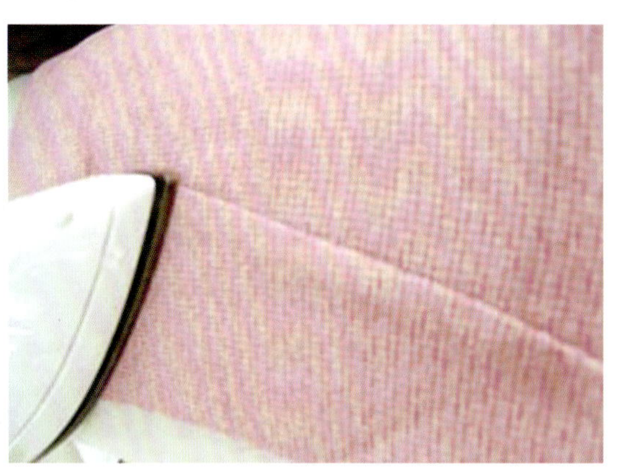

图 5-39　熨烫育克

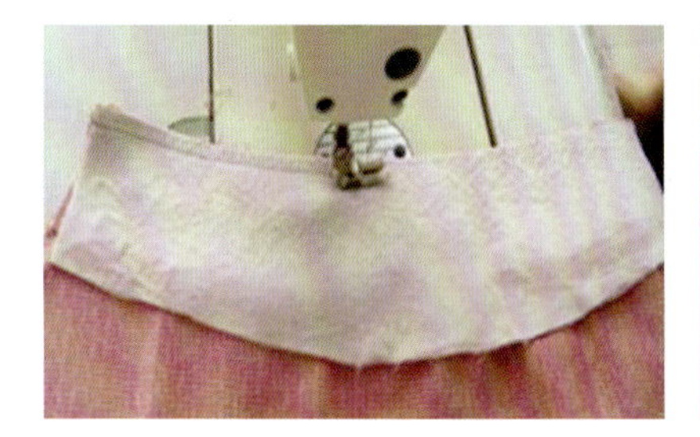

图 5-40　装腰里贴边（一）

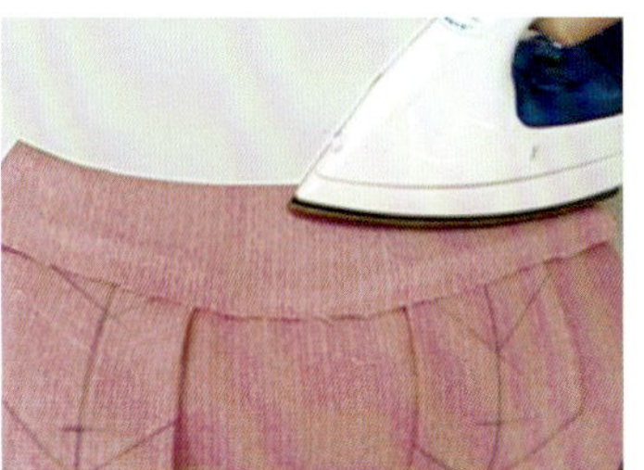

图 5-41　装腰里贴边（二）

图 5-42　包缝

2．做后片

（1）做缝制标记，如拉链封口的高低位置、省位、底边贴边（图 5-43、图 5-44）。

（2）缉省。由省根缉向省尖，省尖处留线头 4 cm，打结后剪短。省长要符合规格，省要缉直、缉尖。省缝向后中缝坐倒烫平，省尖的胖势要烫散，不能出现折裥现象（图 5-45、图 5-46）。

（3）缉后中缝。先将上、下层正面相对（预留拉链位），使缝头宽窄一致，然后烫分开缝（图 5-47、图 5-48）。

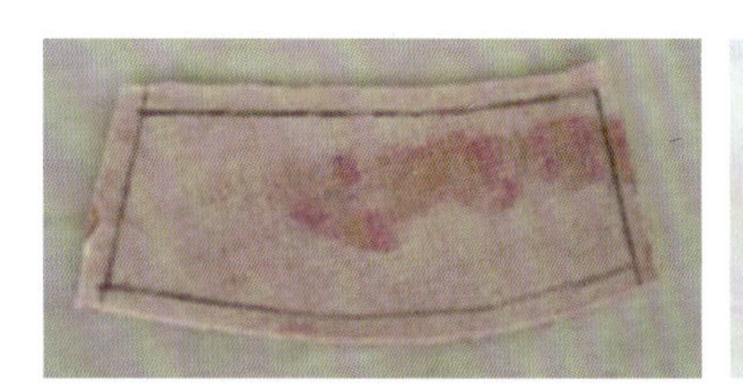

图 5-43　做缝制标记（一）

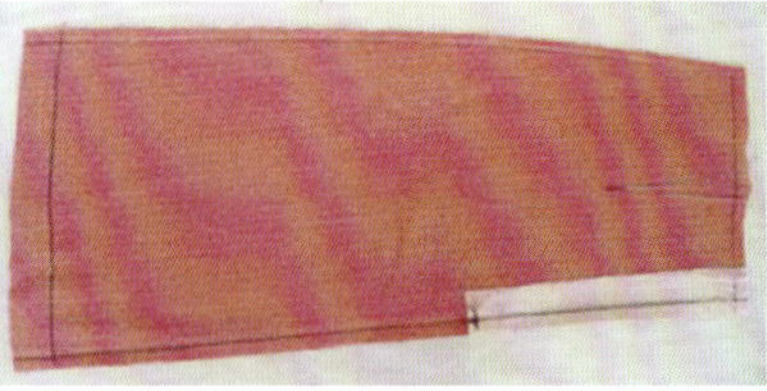

图 5-44　做缝制标记（二）

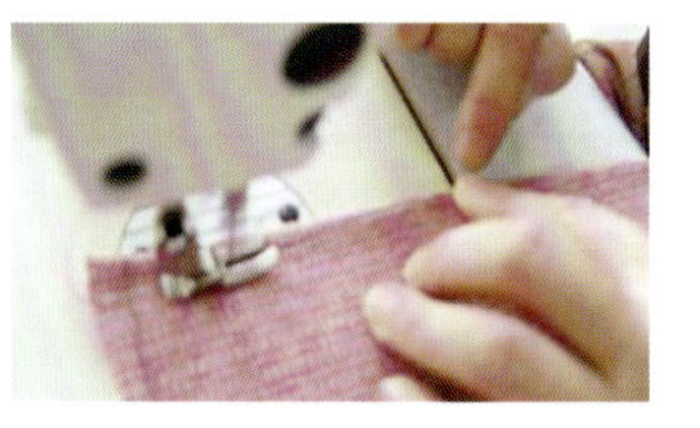

图 5-45　缉省（一）

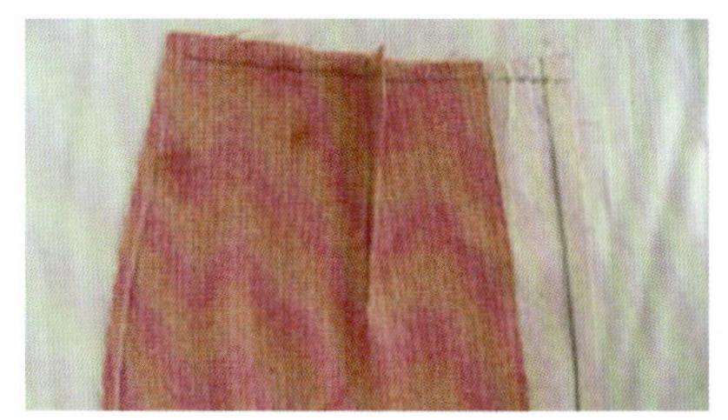

图 5-46　缉省（二）

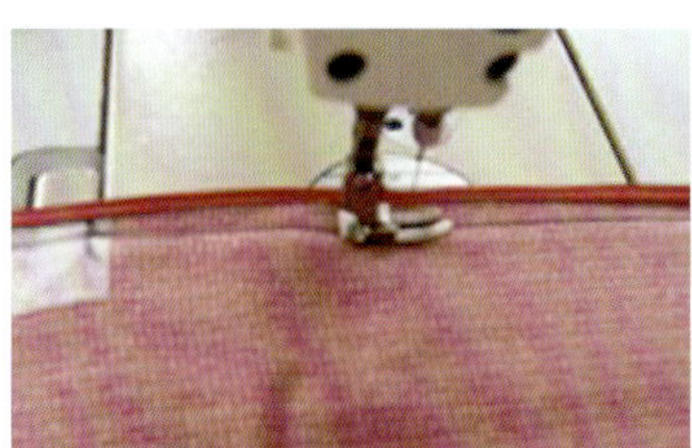

图 5-47　缉后中缝（一）

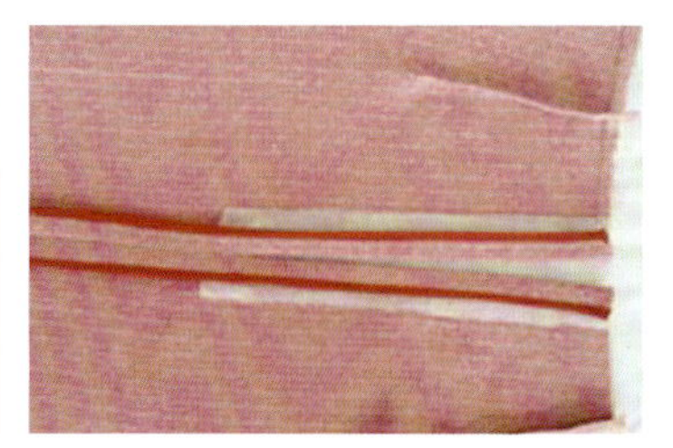

图 5-48　缉后中缝（二）

（4）装隐形拉链。先将拉链拉开，右边拉链的正面与后裙片的右边正面相对，借助单边压脚，靠足拉链齿缉线，将右边拉链固定在裙片上，然后将左边拉链的正面与裙片的正面相叠，借助单边压脚，靠足拉链齿缉线，将左边拉链固定在裙片上。缉好的拉链需齿牙平整。将拉链拉好，不能出现齿牙布外露现象，下封口要平整（图 5-49、图 5-50）。

（5）缉后腰贴边。将左腰贴边的正面与拉链布的反面相对从腰口开始缉缝，下端留出 2 cm 不缉。将右腰贴边的正面与拉链布的反面相对，留出 2 cm 后缉缝至腰口（图 5-51、图 5-52）。

（6）将贴边的正面与裙后片的正面相对沿腰口缉缝 1 cm。翻转贴边，借助镊子将贴边翻正，向里坐进 0.1 cm 烫平，再将毛边包缝（图 5-53、图 5-54）。

图 5-49　装隐形拉链（一）

图 5-50　装隐形拉链（二）

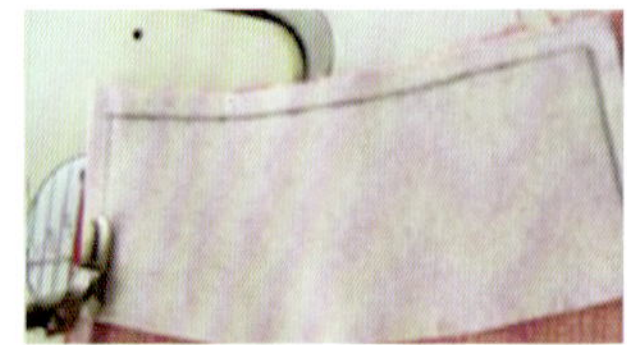
图 5-51　缉后腰贴边（一）

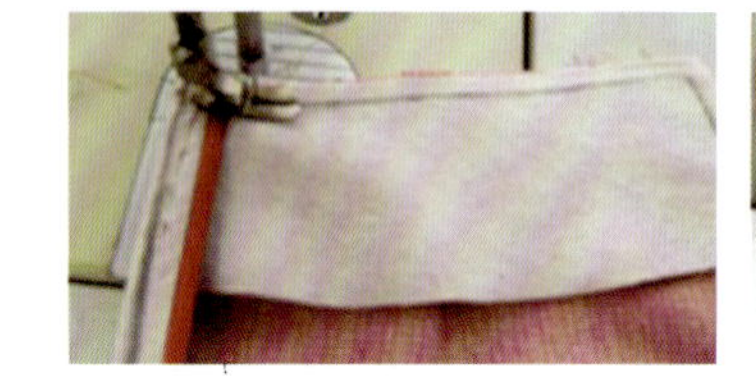
图 5-52　缉后腰贴边（二）

图 5-53　腰口坐烫

图 5-54　毛边包缝

3．缉合前、后片

（1）把前、后裙片侧缝的底边腰口与臀围对齐后缉缝 1 cm 缝头，侧缝分开烫平。要求缉线顺直，臀围以上归拢部位要防止伸开或皱拢。底边贴边向反面翻进，盖水布烫平，用暗缲针固定（图 5-55、图 5-56）。

（2）烫平，压薄腰口贴边。腰口贴边包边，缉缝 0.1 cm 并烫平（图 5-57、图 5-58）。

图 5-55　缉合前后片

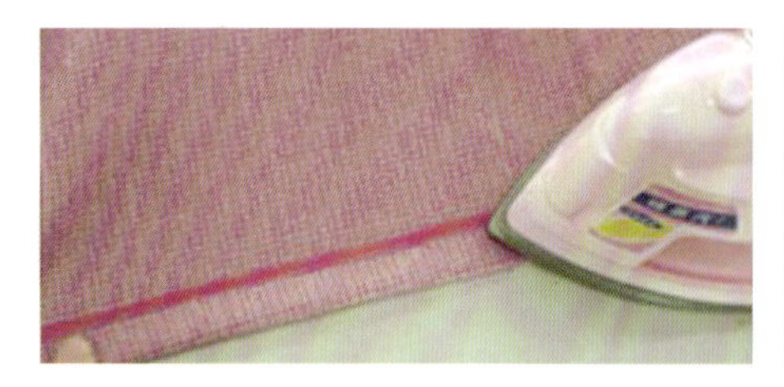
图 5-56　熨烫底边

图 5-57　熨烫腰口

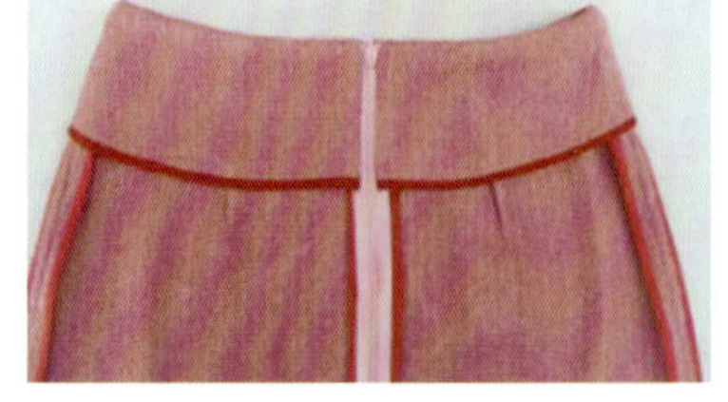
图 5-58　腰口贴边包边

4．整烫

（1）烫平，压薄裙贴边。

（2）烫平侧缝、阴裥、腰面、腰里。

（3）把裙子阴裥折好摆平，前、后裙片都要烫一遍。正面熨烫均要盖上水布，喷水烫干。熨烫时，应用熨斗直上直下地烫，不能用熨斗横推；熨斗的走向应与衣料的丝绺一致，以免裙子变形走样。

第三节　旗袍缝制工艺

一、外形概述

图 5-59 所示旗袍为立领、装袖、偏襟，前身收侧胸省和胸腰省，后身收腰省，领口、偏襟钉盘扣 3 副，领口、偏襟、袖口、摆衩、底边均绲边，平底摆。

图 5-59　偏襟旗袍

二、成品规格

旗袍的成品规格见表 5-3。

表 5-3　旗袍的成品规格　　cm

号型	裙长	领围	胸围	腰围	臀围	肩宽	袖长	袖口
160/84A	128	38	90	68	94	40	18	15

三、材料准备

面料：门幅为 144 cm，用料为（裙长 + 袖长）cm。

辅料：无纺黏合衬（50 cm）、涤纶线（1 个）、绲边条（500 cm）、隐形拉链（1 根）、树脂黏合衬（50 cm）。

视频：基础裙缝制工艺（一）

视频：基础裙缝制工艺（二）

四、质量要求

（1）外形美观，符合成品规格。

（2）粘衬平整，不起泡。

（3）滚条宽窄一致，上、下松紧量一致，不起涟形，不掉线。

（4）拉链平整不露齿，衣片不起皱。

（5）偏襟大襟止口贴体，不起皱、不起翘。

（6）领与衣身圆顺不扭曲，对位点对齐。

（7）省道大小、长短一致，倒向左右对称。

（8）袖子袖山圆顺，吃势均匀。

（9）盘扣位置正确，门襟、里襟平整。

视频：基础裙缝制工艺（三）

视频：基础裙缝制工艺（四）

视频：基础裙缝制工艺（五）

五、重点难点

（1）做领、装领。

（2）绲边。

六、缝制工艺流程

旗袍缝制工艺流程如图 5-60 所示。

图 5-60　旗袍缝制工艺流程

七、缝制图解

1．做标记

可根据面料状况及部位选用做标记的方法，如线丁、粉印、眼刀、针眼等。

前片：省位、腰节位、开衩位、装领缺口、纽扣位、装拉链位。

后片：省位、腰节位、开衩位、装拉链位。

袖片：袖山对位点。

2．裁片拷边

需拷边部位：前、后肩缝，侧缝，袖缝，大襟贴边，小襟下口及其中缝。

需绲边的部位不拷边，袖山与袖窿缝合后再拷边。

3．缉、烫省

将前、后衣片，里襟的省道收好，缝头烫倒。省尖要收得尖，省尖处留 5 cm 线头打结。腰省缝头向中间烫倒，胸省缝头向上烫倒（图 5-61、图 5-62）。

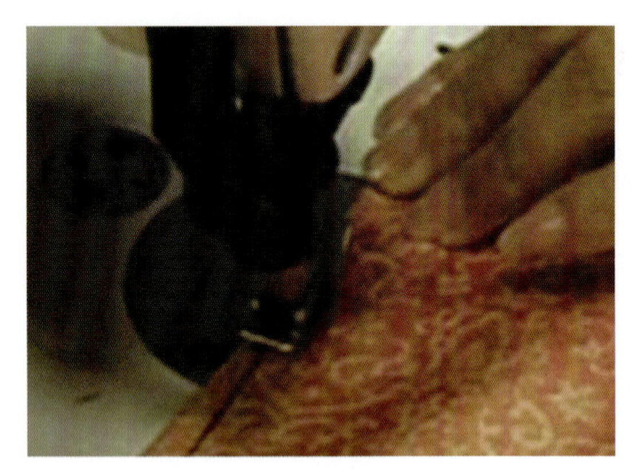

图 5-61　缉合省道

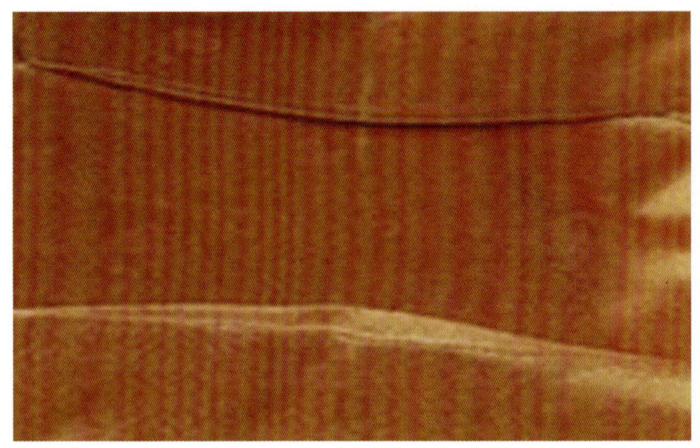

图 5-62　熨烫省道

4．归拔衣片

将前衣片按照前中线正面相合对折，用熨斗在前中线里侧腰节上、下处拔伸熨烫，将腰省拔伸烫平整，再在侧缝一侧腰节上、下处拔伸熨烫，并将腰节拔出，臀围至开衩止点一段可略归，胸部应垫布馒头熨烫，以烫出胸部胖势。

（1）归拔胸部及腹部。在乳峰点位置斜向拉拔，拔开胸部，使胸部隆起。如果腹部略有隆起，也可斜向拉拔。在以上部位拉拔的同时归拢前腰部，使前片中线呈曲线形。

（2）归拔摆缝。摆缝腰节拔开，归到腰节处，摆缝臀部归拢，使前身腰部均匀地吸进，臀部均匀隆起。

（3）归拔肩缝部位。拔开前肩缝，使肩缝自然朝前弯曲，符合人体特征。

（4）后衣片归拔方法可参照前衣片（图 5-63、图 5-64）。

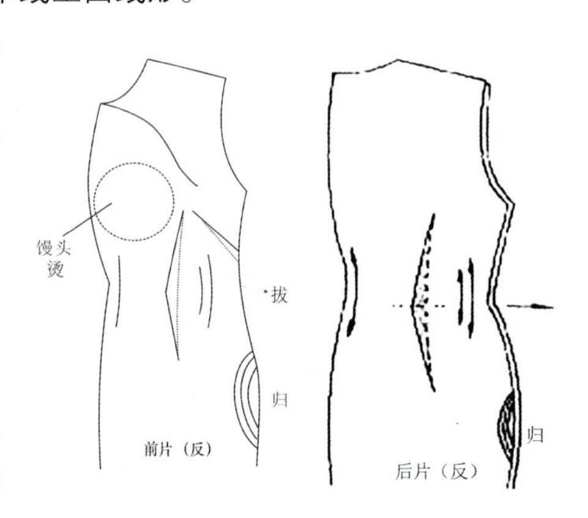

图 5-63　前片归拔　图 5-64　后片归拔

5．烫牵条

牵条起固定毛边、不变形的作用。需烫牵条的部位有：前衣片大襟弧线、领口、肩线、袖窿、侧缝、袖口、衩位及底摆。牵条宽一般为 1.2 ～ 1.5 cm（用无纺黏合衬裁剪成纬纱条），大襟处可裁 2 cm 宽。牵条沿毛边外侧向内侧粘烫，

弧线凸处要略松，凹处要略带紧，粘好后清剪毛边（图 5-65、图 5-66）。

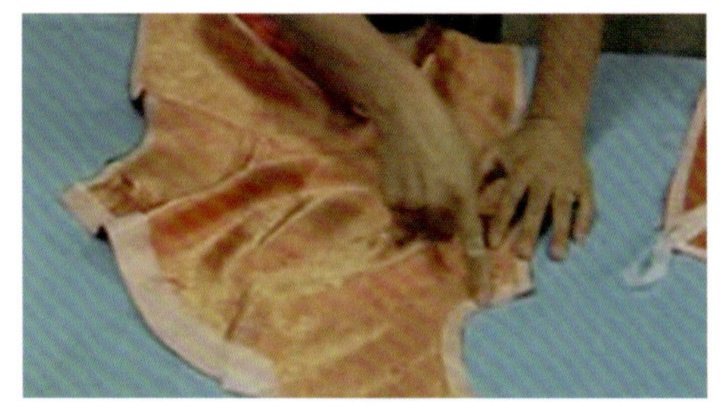

图 5-65　烫牵条（一）

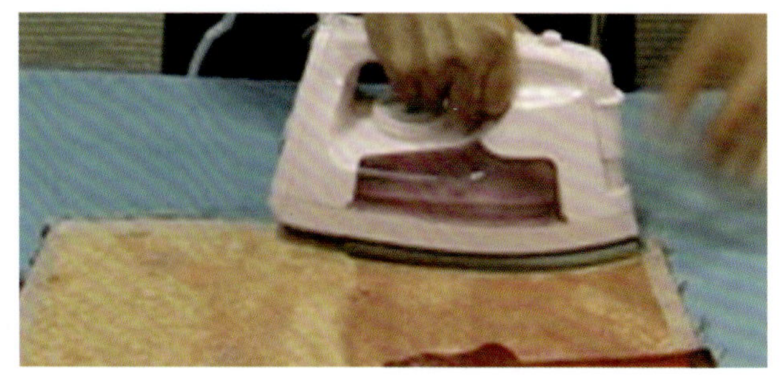

图 5-66　烫牵条（二）

6．做里襟

里襟前中止口及下口先扣烫缝份后缉线，熨烫平整（图 5-67、图 5-68）。

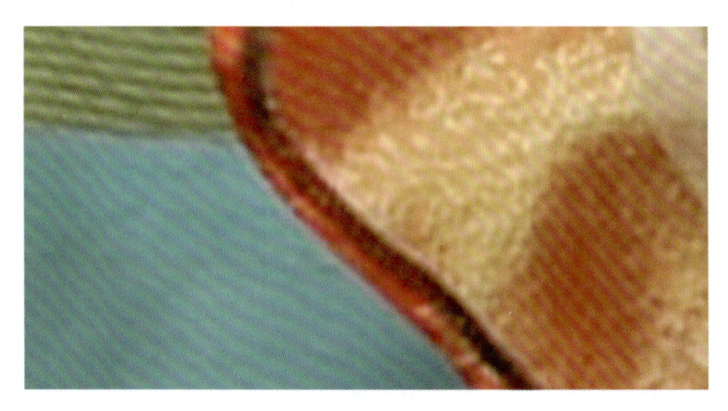

图 5-67　做里襟（一）

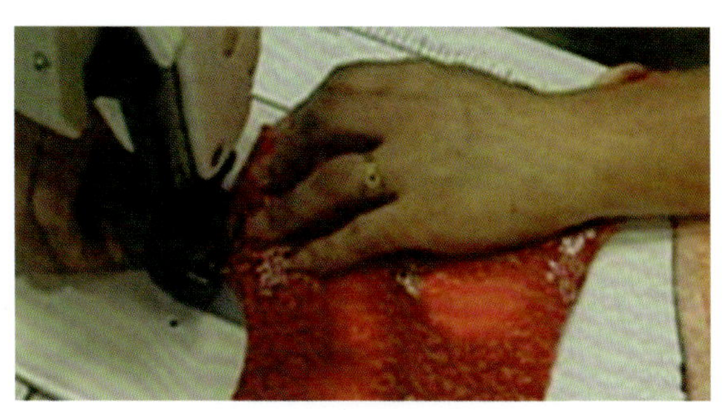

图 5-68　做里襟（二）

7．绲边（具体方法可参考缝形工艺，本款采用暗线净缝绲边）

（1）滚开衩。先在衩位上 3 cm 处的正面定好标记，再把已扣烫 0.5 cm 的滚条正面和衣片正面相对，使其超出衩位 2 ～ 3 cm；滚条平齐衩位缝份，以 0.4 ～ 0.5 cm 缝份缉线（图 5-69、图 5-70）。

（2）滚底摆。先将滚条缉至距底边 0.5 cm 处并打上回针，然后折叠滚条，平齐侧缝及下摆缝份成 90° 后缉线。缉线宽窄应一致，滚条略带紧（图 5-71、图 5-72）。

（3）滚大襟。从侧缝处开始，将滚条与衣片正面相对，以 0.5 cm 缝份缉线。缉至超过前中点 0.5 cm 处向上缉出后剪开拐角。滚大襟圆弧时凸处应略松，凹处应略拉紧（图 5-73、图 5-74）。

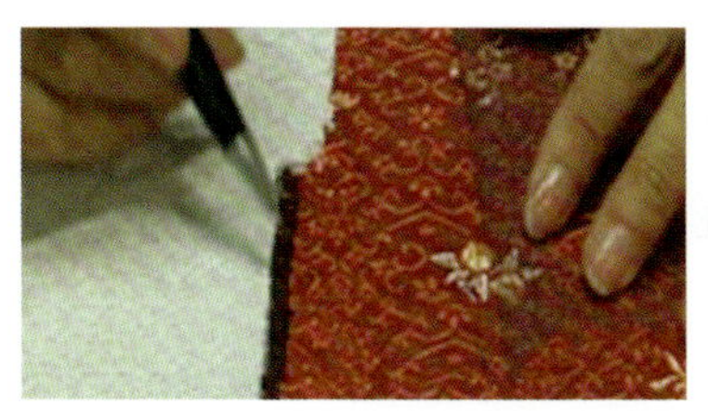

图 5-69　滚开衩（一）

图 5-70　滚开衩（二）

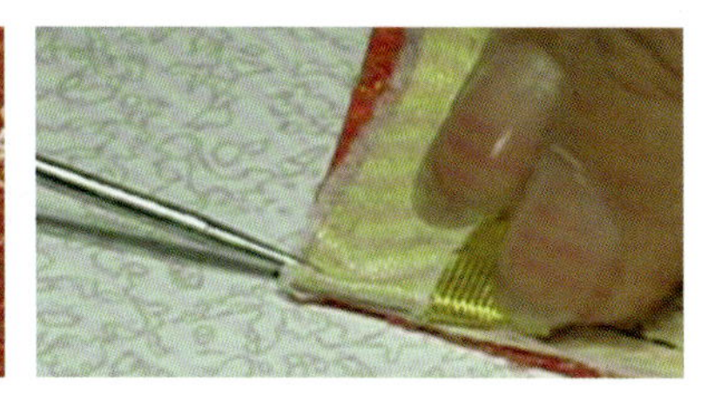

图 5-71　滚底摆（一）

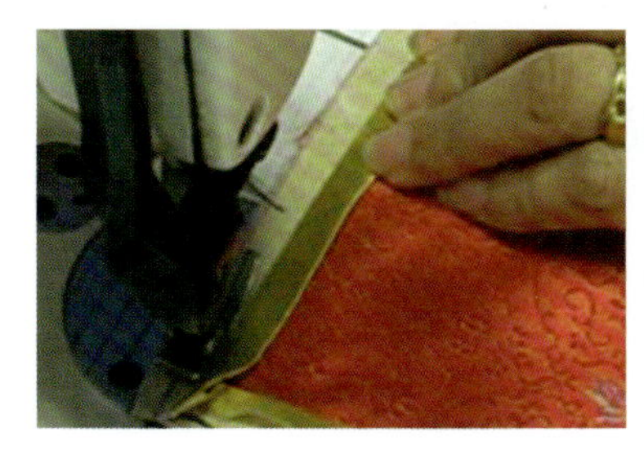

图 5-72　滚底摆（二）

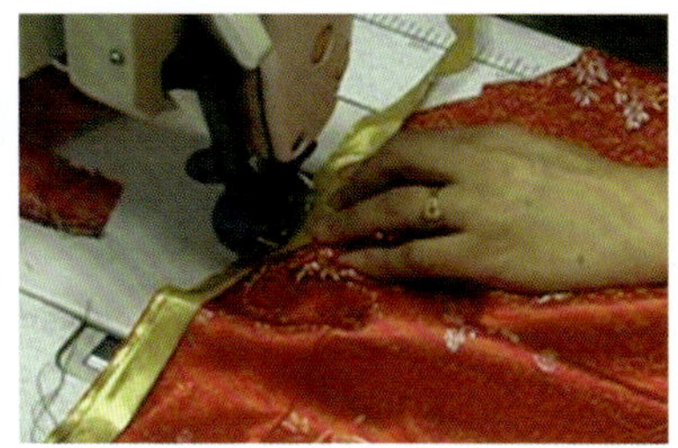

图 5-73　滚大襟（一）

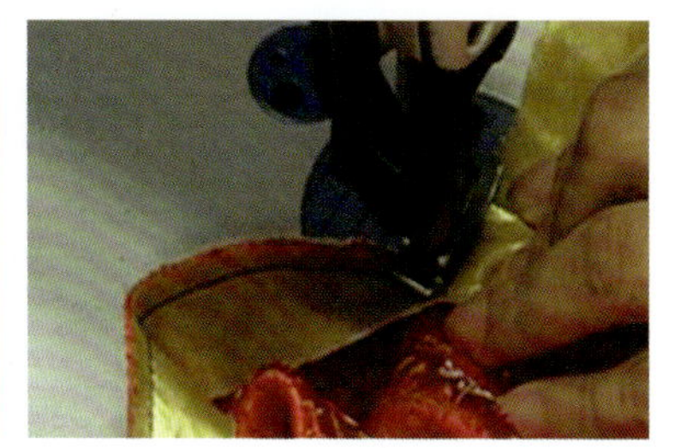

图 5-74　滚大襟（二）

（4）缉大襟贴边。将大襟贴边与滚条正面相对，以 0.5 cm 缝份缉缝。缉好后翻至正面烫平，采用沿边缝的方法固定贴边。注意滚条宽度及保证大襟不变形（图 5-75、图 5-76）。

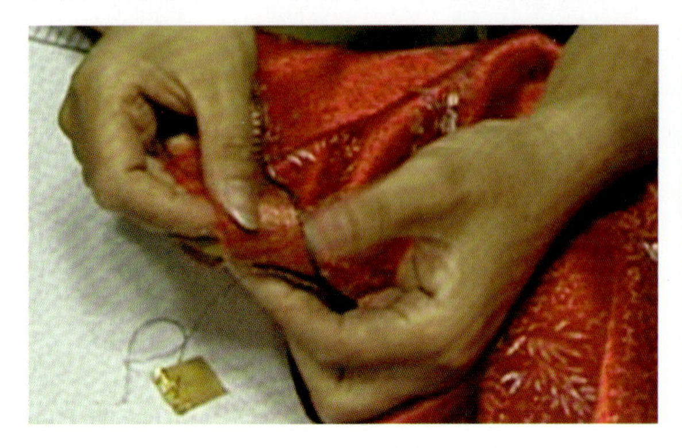

图 5-75　缉大襟贴边（一）

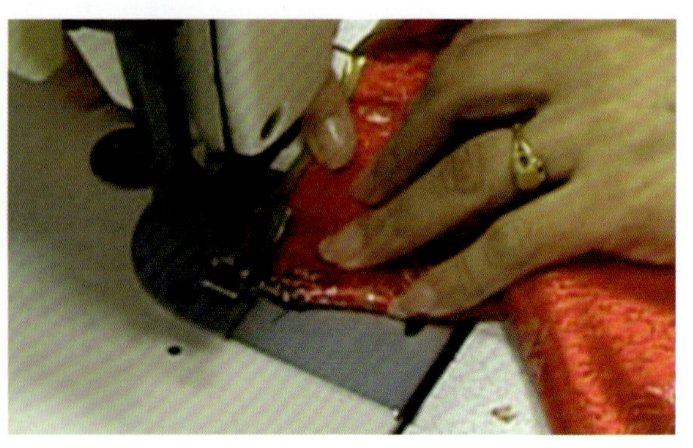

图 5-76　缉大襟贴边（二）

8．合肩缝

将前、后衣片正面相对，前片放上层，肩缝对齐，缉线 1 cm，使后肩缝靠近颈肩点 1/3 处略有吃势。缉好后根据面料的厚薄烫分缝或倒缝，将缝头在铁凳上分开，烫平整（图 5-77、图 5-78）。

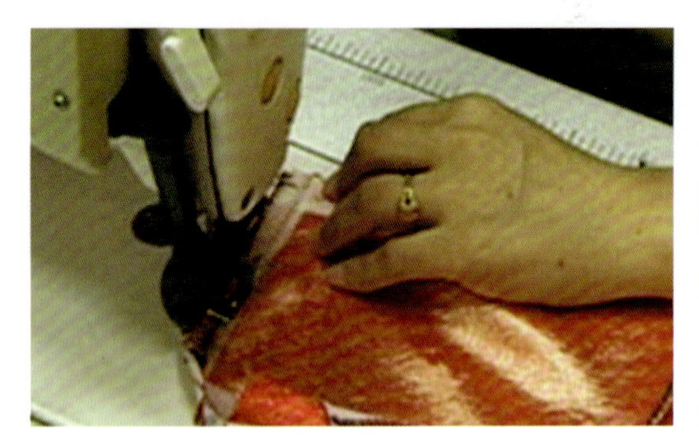

图 5-77　合肩缝

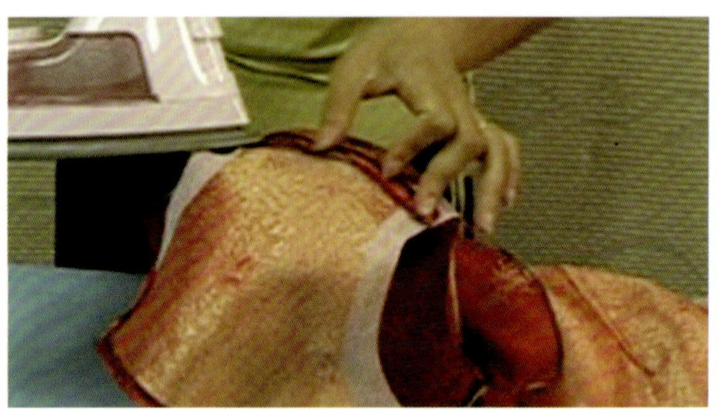

图 5-78　分烫肩缝

9．做领、装领

（1）做领。

1）将净缝领衬（树脂黏合衬）粘烫到领面反面，应从中间向两端熨烫，要烫出领子的里外匀，并将领面下口缝头包转、熨烫平整（图 5-79、图 5-80）。

2）将滚条与领面正面相合，滚条在下，边沿对齐，以 0.5 cm 缝头缉好。在拐角处应拽紧领子放松滚条，将滚条翻转烫平。

3）缝合领里和领面。领面在上，领里在下，以翻烫好的滚条做缝头与领里缝合，领里略拉紧。缉好后翻至正面烫平。烫平后再将领里缝份向里扣烫，并检查领两端是否对称（图 5-81）。

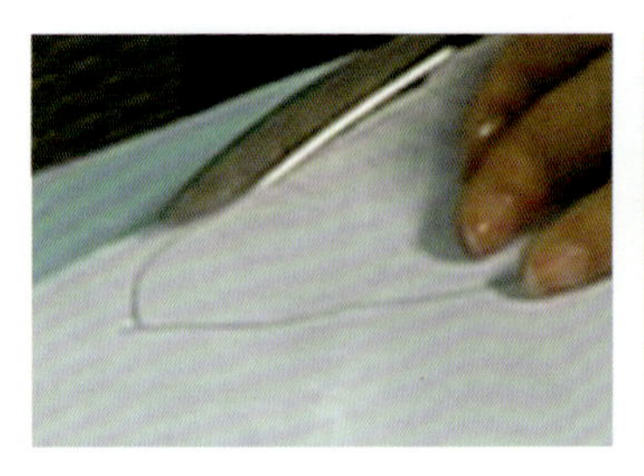

图 5-79　熨烫领衬

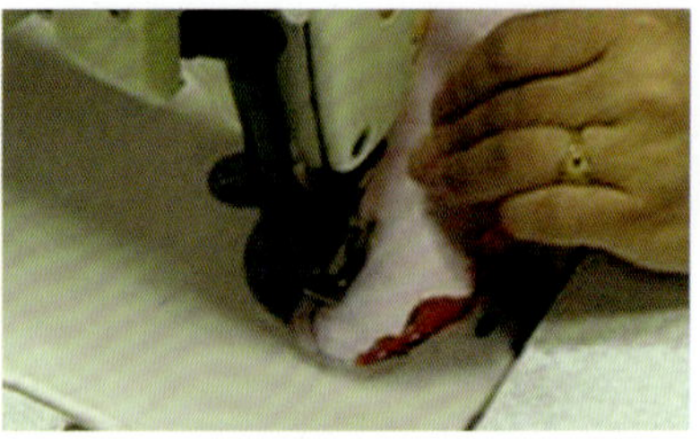

图 5-80　做领（一）

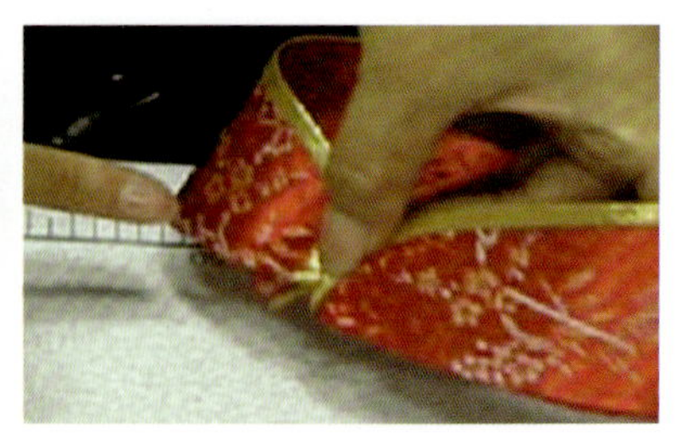

图 5-81　做领（二）

（2）装领。

1）将领面与大身正面相合，使领面、底领和大身领圈对齐，后中、肩缝眼刀对准；把领面缝份打开从前中缝以 1 cm 缝头缉合，注意领圈圆顺并在缝头上略打眼刀。缉好后将领子翻正后压住领圈里子，缝份夹在领子中间抚平，用暗缲针的方法把领里固定在领圈上（可先做假缝），注意领子的里外匀势（图 5-82、图 5-83）。

2）将衣身摆放好后检查领子是否圆顺、服帖，领头两端是否对称（图 5-84）。

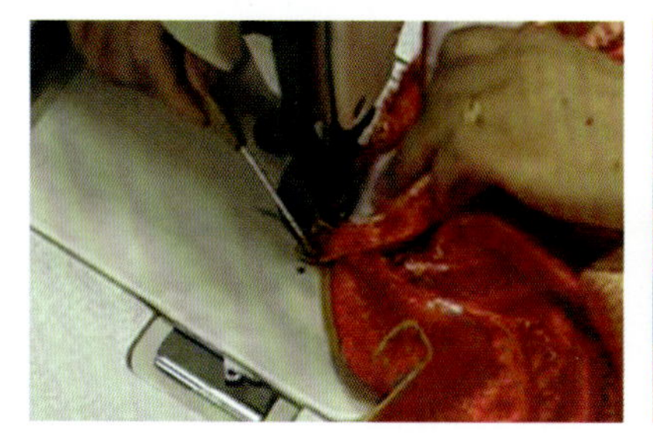

图 5-82　装领（一）

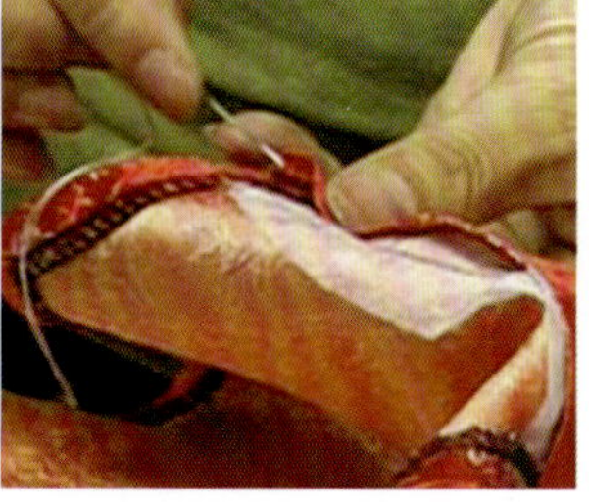

图 5-83　装领（二）

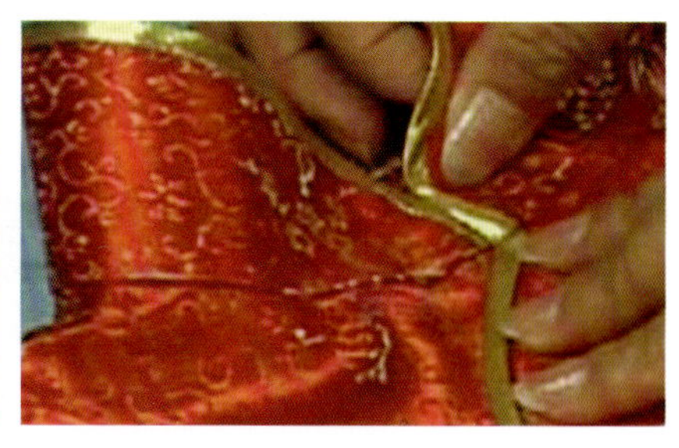

图 5-84　装领（三）

10．做袖、装袖

（1）做袖。

1）滚袖口。将已扣烫好的滚条与袖口正面相合，边沿对齐，以 0.5 cm 缝头缉合（图 5-85、图 5-86）。

2）收袖山。袖山用 2.5 cm 宽的斜纱条在反面固定吃势。从袖底缝开始以 0.6 cm 缝头缉缝袖山弧线，从袖山顶点左、右各 8 cm 处开始稍拉紧斜纱条，使袖山头有一定的窝势，产生饱满状态。须保证缉缝后吃势圆顺，不皱、不起包（图 5-87～图 5-90）。

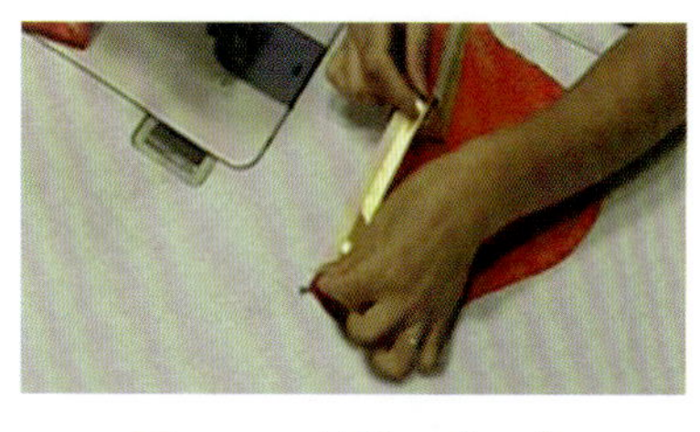

图 5-85　滚袖口（一）

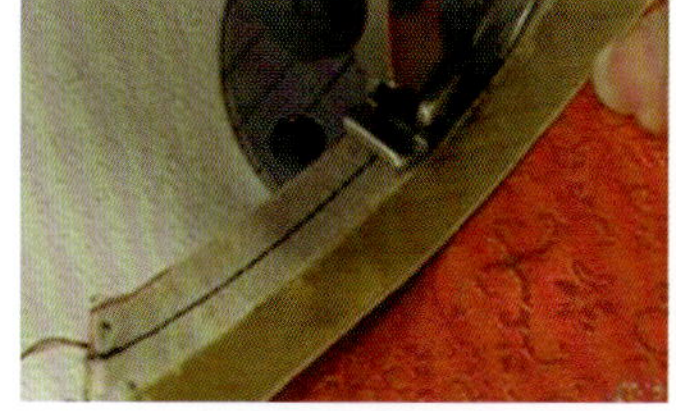

图 5-86　滚袖口（二）

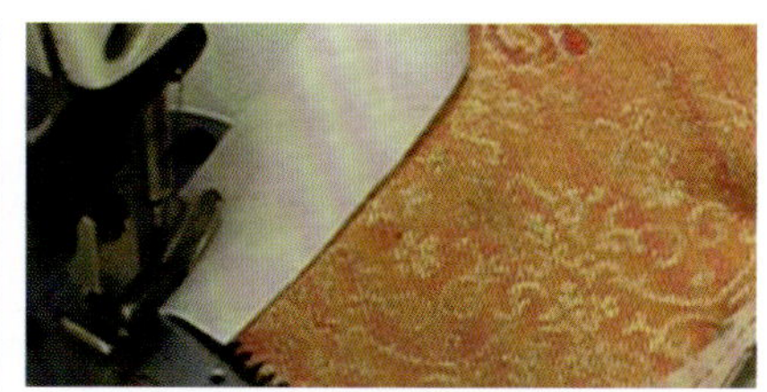

图 5-87　收袖山（一）

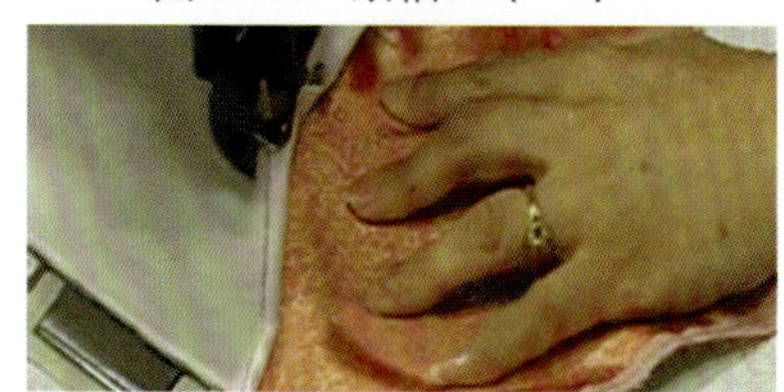

图 5-88　收袖山（二）

图 5-89　收袖山（三）

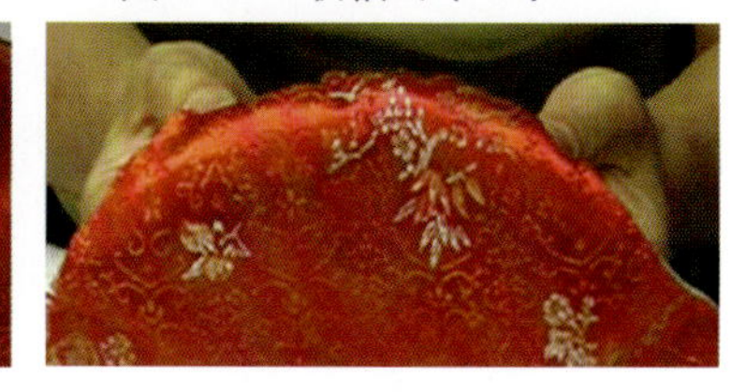

图 5-90　收袖山（四）

（2）装袖。分好左、右袖后将袖子与大身正面相对（袖片在上），袖山弧线与袖窿弧线边沿对齐，袖中眼刀对准肩缝，袖底缝与摆缝对齐，以 0.8～1 cm 缝头缉缝好，使两袖左右对称、松势均匀，袖子圆顺后，将装袖条朝缝头方向拉平（或清剪平齐），袖片在上拷边（图 5-91、图 5-92）。

11．合侧缝

（1）预留拉链位。先将拉链放置在右衣片，使上止口对齐大襟顶边，从拉链尾端上抬 3 cm 后做好标记（图 5-93、图 5-94）。

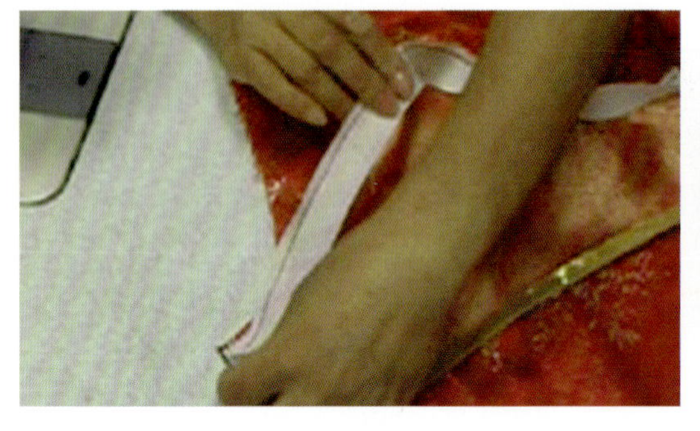
图 5-91　装袖（一）

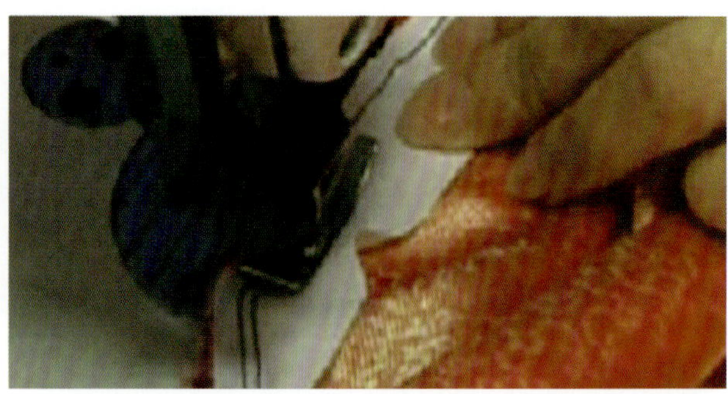
图 5-92　装袖（二）

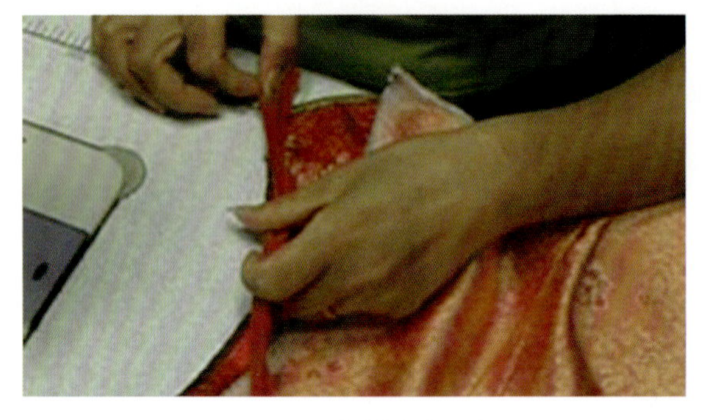
图 5-93　合侧缝（一）

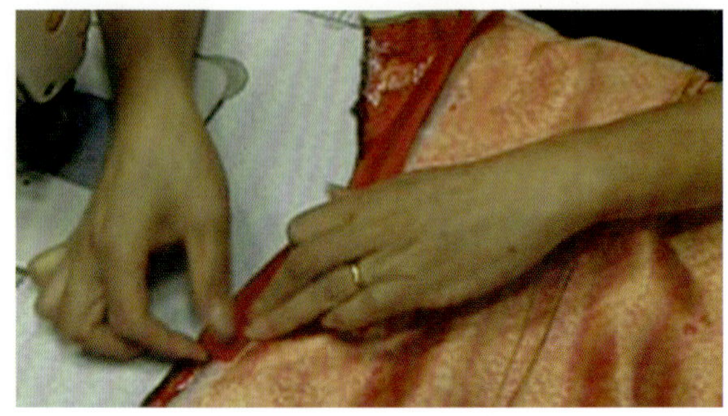
图 5-94　合侧缝（二）

（2）先缝右侧即装拉链的一侧，从衩位开始缝合至标记处（拉链下止口）。将前、后衣片正面相对，侧缝对齐，腰节、臀围、开衩止点对准（观察滚条边是否对齐），以 1 cm 缝头合缉。缉完后再将缝头分开烫平整。左侧从袖口滚条处缝至衩位，翻至衣片正面，滚条在衩高点处呈宝剑头状。采用暗缉边方法将滚条反面固定（图 5-95 ～图 5-98）。

图 5-95　暗缉边（一）

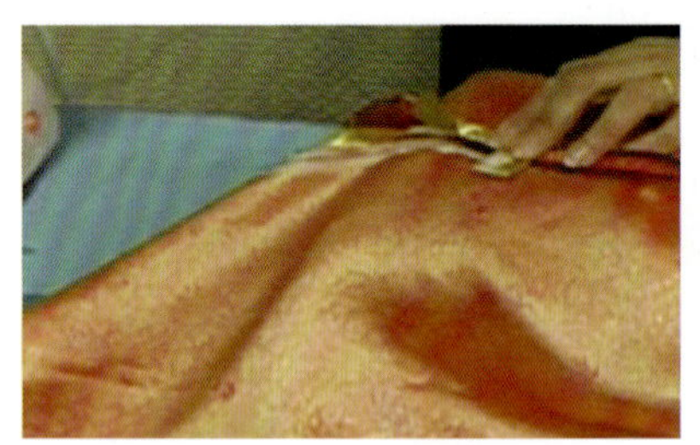
图 5-96　暗缉边（二）

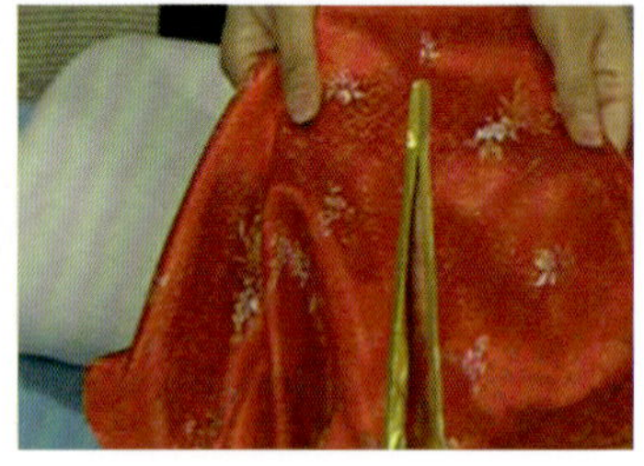
图 5-97　暗缉边（三）

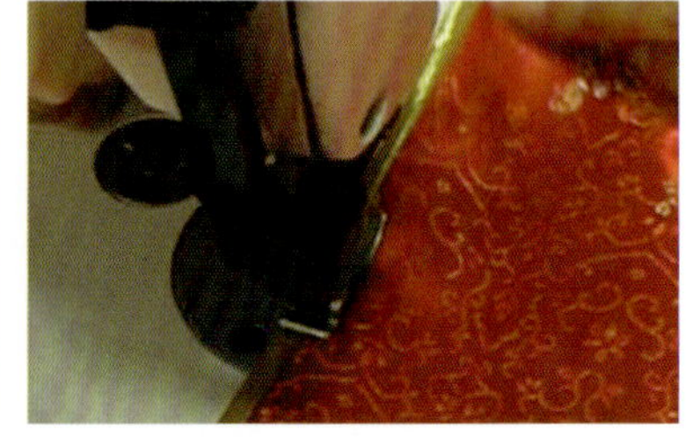
图 5-98　暗缉边（四）

12．装拉链

（1）拉挺拉链，置于前、后衣片右侧缝处，在开口、腰节、臀围处做好对位粉印。将拉链外侧与衣片缝份对齐，把拉链头退至拉链止点处（可先做假缝固定在一起）（图 5-99、图 5-100）。

（2）换上单边压脚，用手拨开拉链齿，使机针紧挨拉链齿缉线。切忌扎入拉链齿，否则拉链就不能拉合（图 5-101、图 5-102）。

（3）缉好后将大襟处拉链头折转并固定好，检查拉链是否安装平整、衣片是否起皱、拉链是否露齿（图 5-103、图 5-104）。

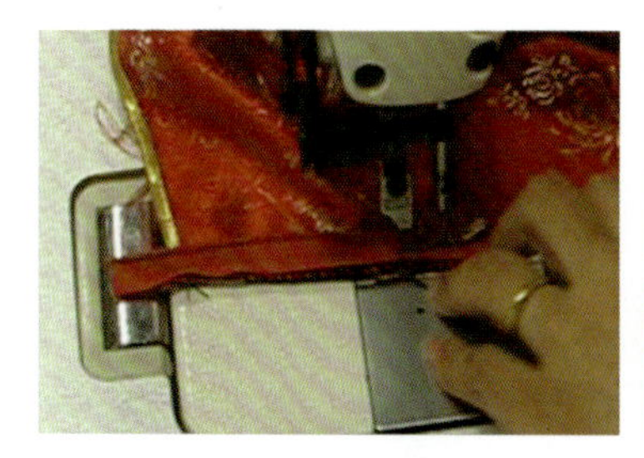
图 5-99　装拉链（一）

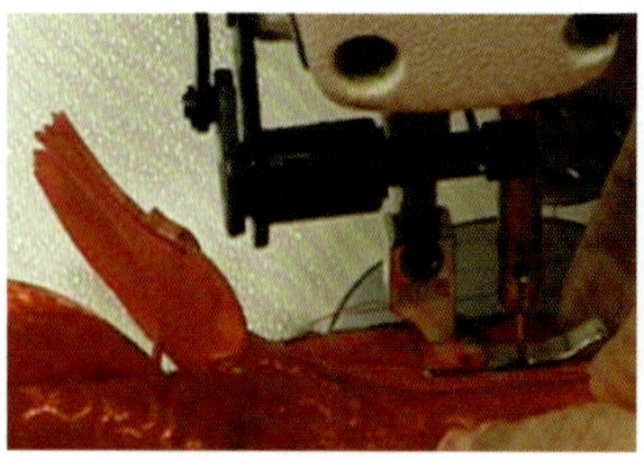
图 5-100　装拉链（二）

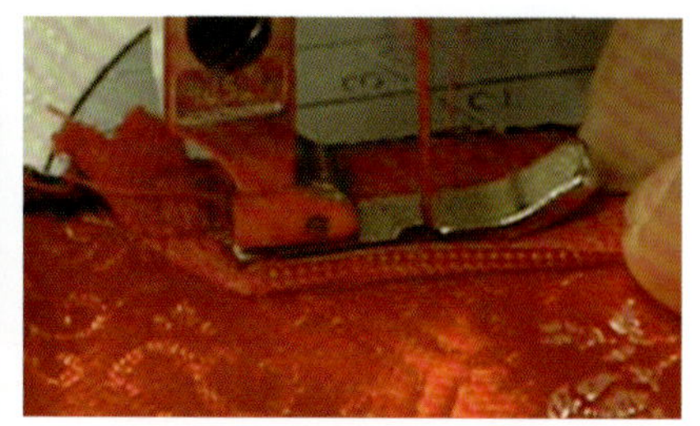
图 5-101　装拉链（三）

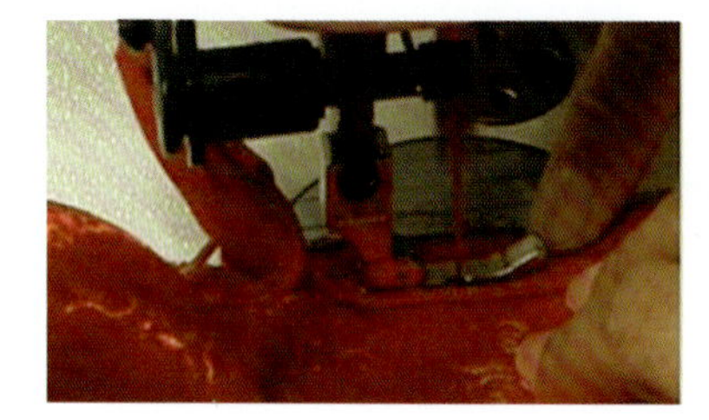
图 5-102　装拉链（四）

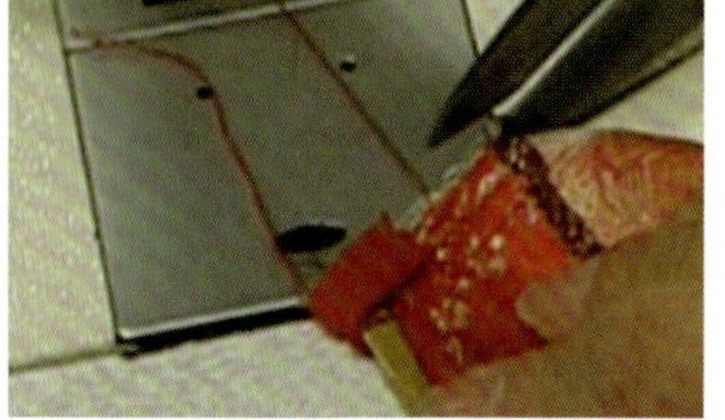
图 5-103　装拉链（五）

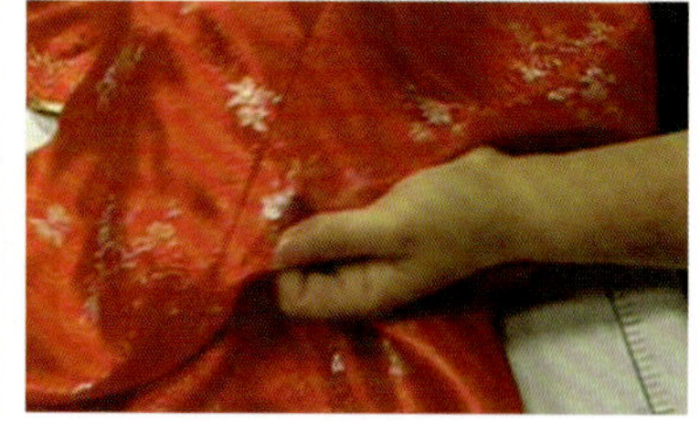
图 5-104　装拉链（六）

（4）缝合小襟。拉开拉链，将小襟与后衣片从袖口处向下对齐（小襟在上），以 1 cm 缝份缉线至小襟下止口。袖窿缝份倒向袖子，袖子缝份倒向后衣片（图 5-105、图 5-106）。

13．固定滚条

将底摆摆放平整，从衩位宝剑头处开始用沿边缝方法固定滚条。勿将线迹缉至滚条上，同时滚条需包紧包实，缉缝一圈即可。袖口滚条应采用相同的方法固定（图 5-107、图 5-108）。

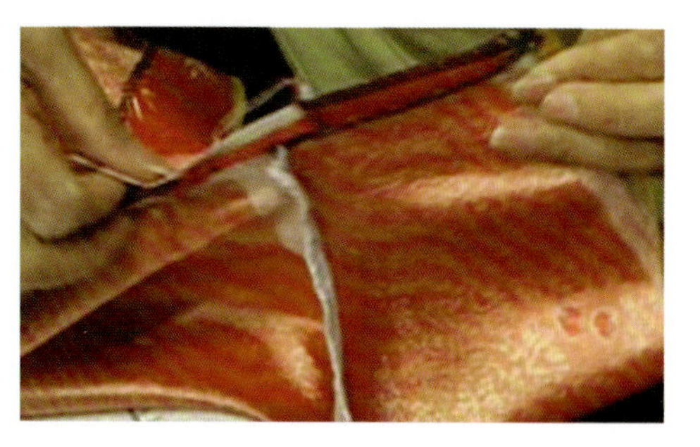
图 5-105　缝合小襟（一）

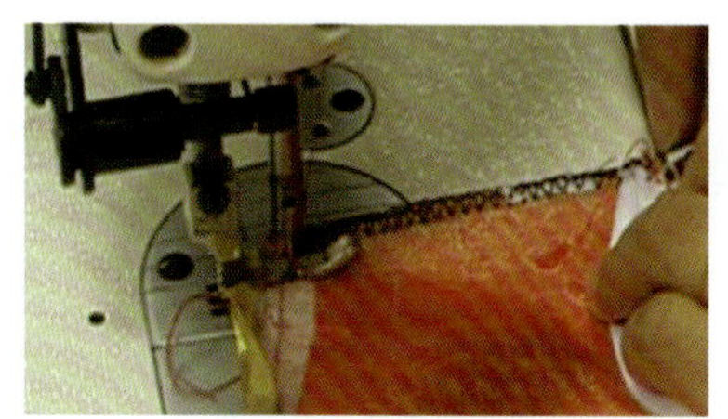
图 5-106　缝合小襟（二）

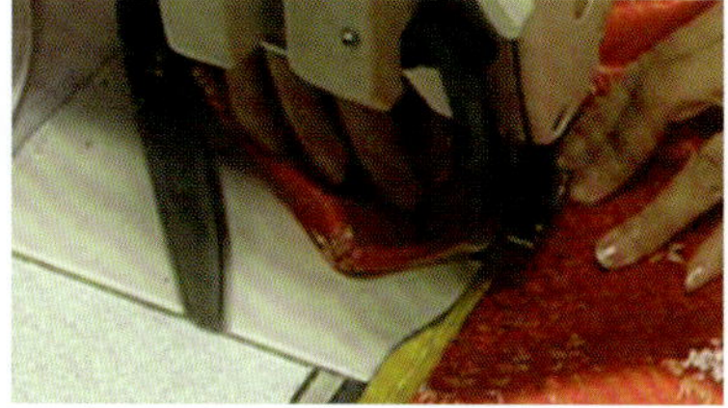
图 5-107　袖口滚条固定（一）

图 5-108　袖口滚条固定（二）

14．整烫

熨烫时应根据面料性能合理选择熨烫方式、温度、时间、压力。熨烫时要盖布，尽量避免直烫。丝绒面料不能直接压烫，只能用蒸汽喷烫，避免倒毛而产生极光。

首先在衣片反面熨烫衣身，臀部和胸部需垫上烫包熨烫，以保持衣身造型；然后熨烫袖子，借助烫凳进行熨烫，需轻轻压烫保持袖子的立体造型；最后翻至正面检查熨烫效果是否平整、是否符合人体体形特征（图 5-109 ～图 5-112）。

15．装订盘扣

熨烫好后将旗袍捋平，摆放平整，大、小襟对合好后定出扣位，共装订盘扣三对（图 5-113、图 5-114）。

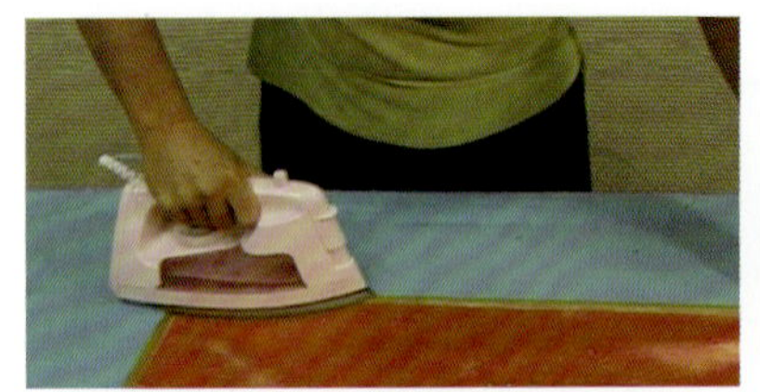

图 5-109　整烫（一）

图 5-110　整烫（二）

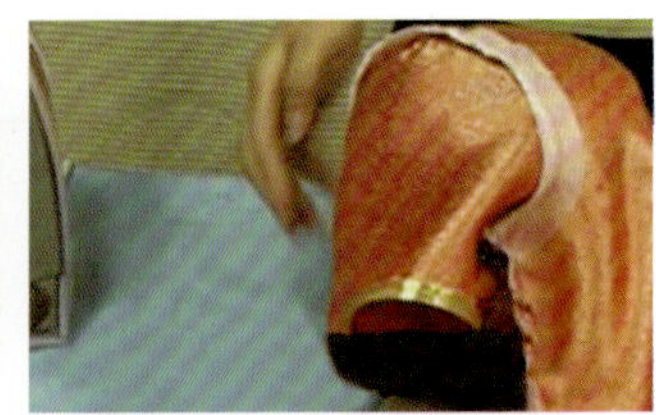

图 5-111　整烫（三）

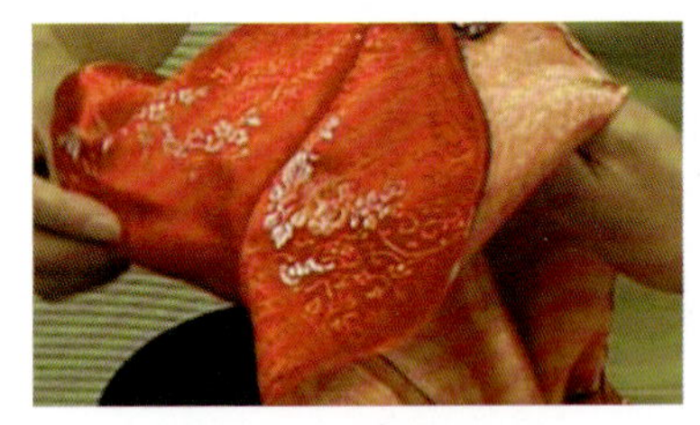

图 5-112　整烫（四）

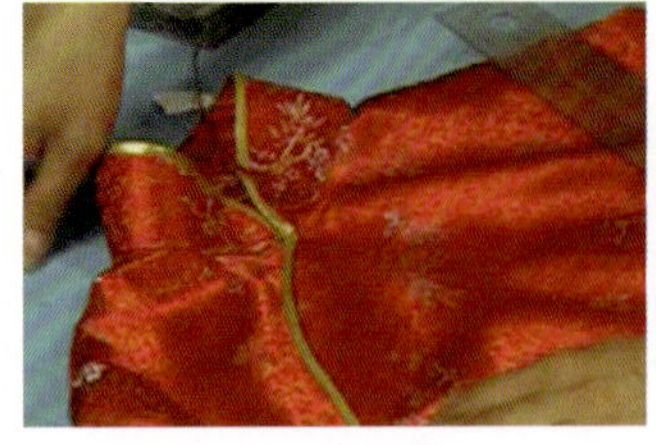

图 5-113　装订盘扣（一）

图 5-114　装订盘扣（二）

第一对盘扣的中心对准前中，以盘扣的花中心对齐领底弧线；第二对盘扣的尾端位于右侧横领宽的垂直辅助线上；第三对盘扣位于第二对盘扣距侧缝拉链头的1/2 处（图 5-115、图 5-116）。

通常盘扣钉在门襟上，纽襻钉在里襟上。一般扣头需露于绲边外，以方便扣纽。从扣头处开始钉盘扣，先固定盘扣、纽襻，再依次用暗针沿扣绕缝一圈。钉线要松紧适中，衣片不能起皱，盘扣要平整服帖（图 5-117、图 5-118）。

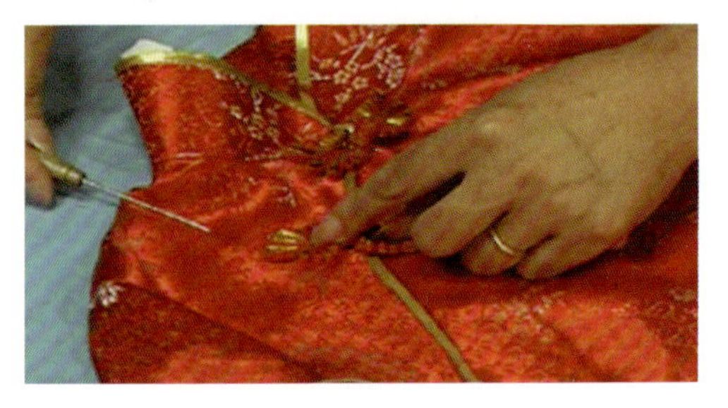

图 5-115　装订盘扣（三）

图 5-116　装订盘扣（四）

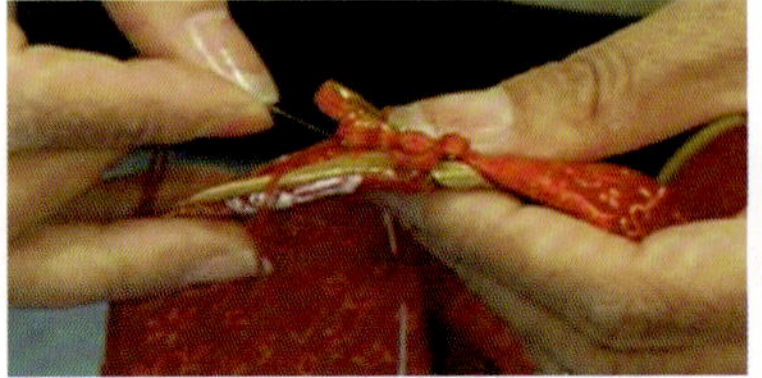

图 5-117　装订盘扣（五）

图 5-118　装订盘扣（六）

思考与练习

1. 简述装腰式筒裙的质量要求。
2. 如何做好装腰式筒裙的后开衩？
3. 有夹里的裙子在安装拉链时需注意什么？怎样才能使拉链处面和里不扯不吊？
4. 练习熨烫裙子。
5. 在缝制旗袍前要注意什么？粘烫牵条的作用是什么？
6. 旗袍的工艺难点有哪些？

第六章 裤子缝制工艺

知识目标 了解裤装的面辅料选购要点，理解各种裤装样板的放缝要求、工艺流程及工艺质量要求；掌握裤装的缝制方法与技巧及熨烫方法。

技能目标 通过学习与实践操作，具备裤装审板、样品修正能力，具备应用服装缝制技术完成各类裤装缝制的能力。

素养目标 培养学生履行职业规范，具备责任意识、创新思维和工匠精神。

第一节 女式牛仔裤缝制工艺

一、外形概述

图 6-1 所示女式牛仔裤腰位低，紧身，小喇叭裤腿。前裤片左、右两侧各有一个月亮形口袋，并在右面月亮形口袋内装有一方形小贴袋。前中装金属拉链，后裤片有育克分割，并各有一个明贴袋。腰头呈弧形，并装有 5 个袢带。

图 6-1 女式牛仔裤

二、成品规格

女式牛仔裤的成品规格见表 6-1。

表 6-1 女式牛仔裤的成品规格　　cm

号型	裤长	腰围	臀围	中裆	前浪	脚口
160/84A	99	72	89	18.6	21	23

三、材料准备

（1）面料：门幅为 144 cm，用料为（裤长 +10）cm。
（2）辅料：涤纶线（1 个）、纽扣（7 粒）。

四、质量要求

（1）符合成品规格，外形美观。
（2）腰头左、右宽窄一致，无涟形，串带位置准确，无歪斜，左右对称。
（3）门里襟缉线顺直，拉链平整不露齿。
（4）侧袋、后袋平服。袋角无裥，无毛口。
（5）脚口平直、缉线整齐。

五、重点难点

（1）门襟拉链的制作工艺。
（2）腰头的制作工艺。

六、缝制工艺流程

女式牛仔裤缝制工艺流程如图 6-2 所示。

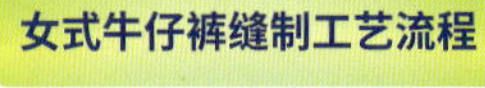

图 6-2　女式牛仔裤缝制工艺流程

七、缝制图解

1. 做后袋

后袋扫粉印纹样，按纹样缉装饰明线并用模板扣烫（图 6-3、图 6-4）。

2. 装后袋

在后片做好袋位记号后，车缝后口袋，用双明线固定（图 6-5、图 6-6）。

3. 拼接育克

先将育克和裤片正面相对（育克在上），平缝后拷边再翻至正面，缉上双明线（图 6-7、图 6-8）。

4. 缝合后裆缝

后片正面相对，先平缝，将育克处对齐。拷边后再翻至正面，缉上双明线（图 6-9、图 6-10）。

5. 做前袋

（1）车缝袋垫和硬币袋。扣烫袋垫弧形口，用明线固定在袋布上。扣烫硬币袋后与右袋布车缝（图 6-11、图 6-12）。

（2）缝合袋口与袋布。把另一片袋布与裤片正面相对，以 1 cm 缝份缝合，注意避免弧形发生变形。车缝后在弧形处略打剪口，翻至正面后缉双明线（图 6-13、图 6-14）。

图 6-3 缉装饰明线

图 6-4 扣烫贴袋

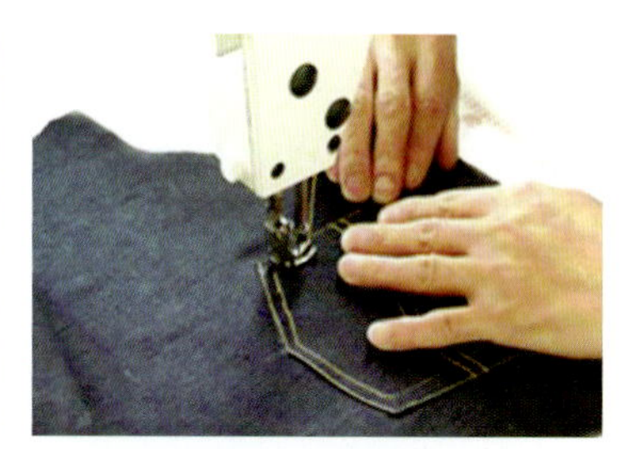
图 6-5 车缝后袋

图 6-6 固定双明线

图 6-7 缉合育克

图 6-8 育克缉双明线

图 6-9 合后裆

图 6-10 合裆缉明线

图 6-11 缉合硬币袋

图 6-12 固定袋垫布

图 6-13 缉缝袋口

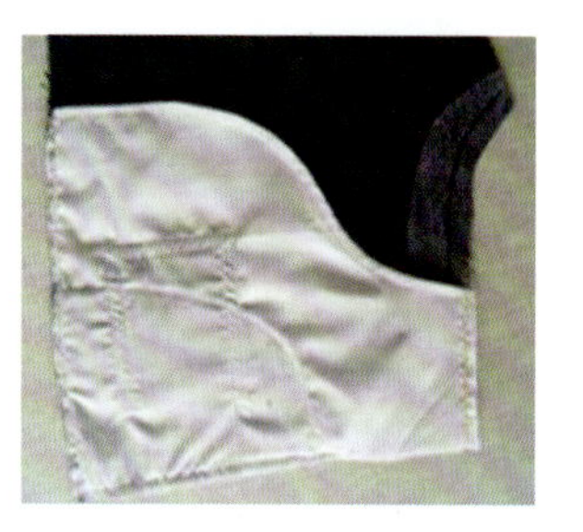
图 6-14 缉合袋布

（3）缝合袋布。将两片袋布对齐后进行缝合，在袋布边缘绲边。

（4）固定袋口。按照前袋位剪口固定袋布与裤片，注意避免袋口变形（图 6-15）。

6．装门襟拉链

（1）做门襟，里襟绲边，并把拉链和门襟正面相对固定在一起（图 6-16）。

（2）安装门襟及左、右片拉链。先把门襟和左裤片缝合，与腰口对齐。缝合后将门襟翻至裤片反面（止口部外露），缉上 0.2 cm 明线固定。最后用样板缉门襟双明线。缉明线时注意缝拉链右边止点处不缝住（图 6-17、图 6-18）。

（3）将里襟装于拉链右边。把里襟摆放在拉链下方，与拉链右边止口对齐并缉缝（图 6-19）。

（4）将左裤片略掀开，扣折右裤片缝份后直接扣压在里襟上，缝至拉链止点处（图 6-20）。

图 6-15　固定袋口

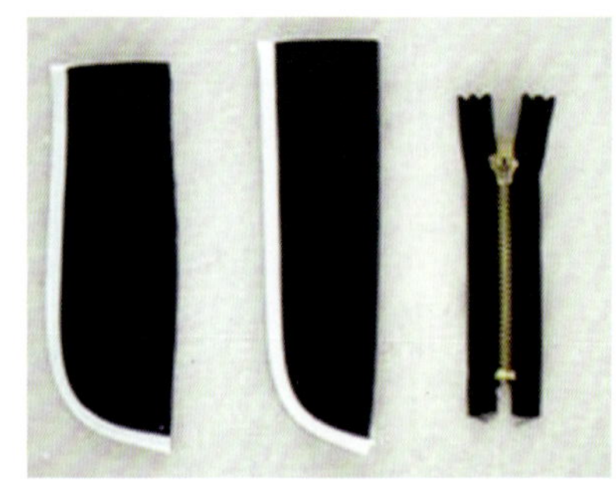

图 6-16　订里襟绲边

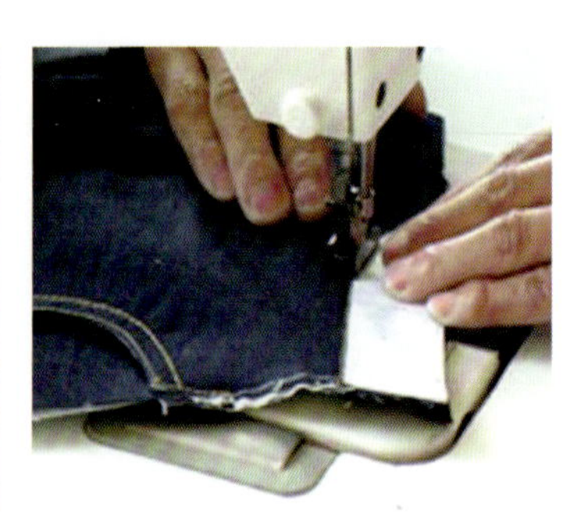

图 6-17　装门襟

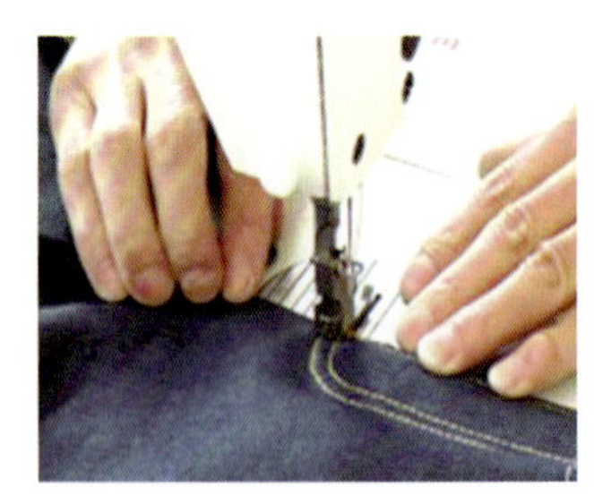

图 6-18　缉门襟明线

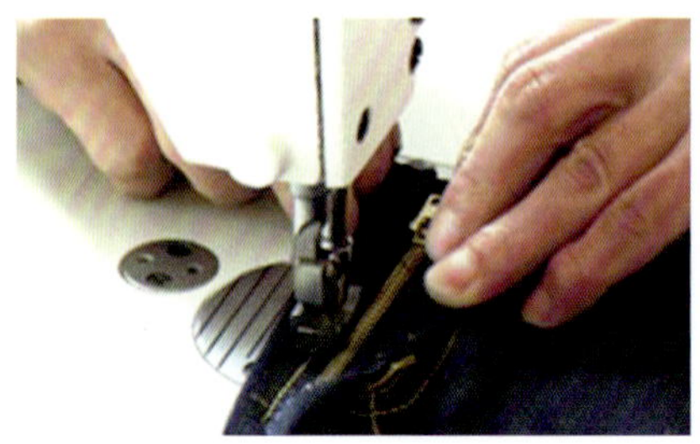

图 6-19　装拉链

图 6-20　固定里襟

（5）缝合前裆缝。扣折左裤片小裆缝份后直接扣压在右裤片上缉缝。注意使拉链止点处平整，并缉上双明线（图 6-21、图 6-22）。

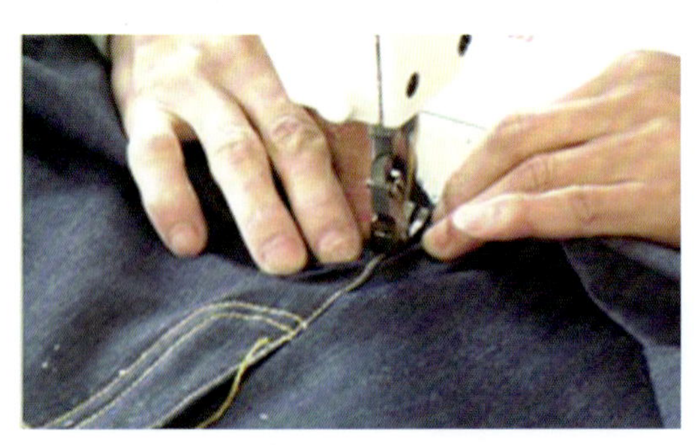

图 6-21　合前裆缝

图 6-22　缉前裆明线

7．缝合外侧缝

码边后翻至正面，用后片扣压前片，缉单明线（图 6-23、图 6-24）。

8．缝合内裆缝和码边

缝合内裆缝和码边时，注意十字裆缝要对齐。

9．装腰

（1）腰头面里粘衬，画净样后拼接。注意弧势圆顺。对腰里下口进行绲边（图 6-25、图 6-26）。

（2）绱腰头，扣压腰头。先将串带做好（1 ～ 1.5 cm 宽）并固定在腰口上。

1）将腰头与裤子正面相对，预留两端缝份，从左边缝至右边。

2）将腰头两端在反面缝合，翻至正面后将腰里摆放平整，在腰面下口边缘缉 0.1 cm 明线固定腰里，注意腰里不起涟形。

3）扣折窜带上口毛缝，明线固定在腰头上线处（图 6-27）。

10．卷边缝合脚口并进行后整理

卷边缝合脚口并进行后整理，如图 6-28 所示。

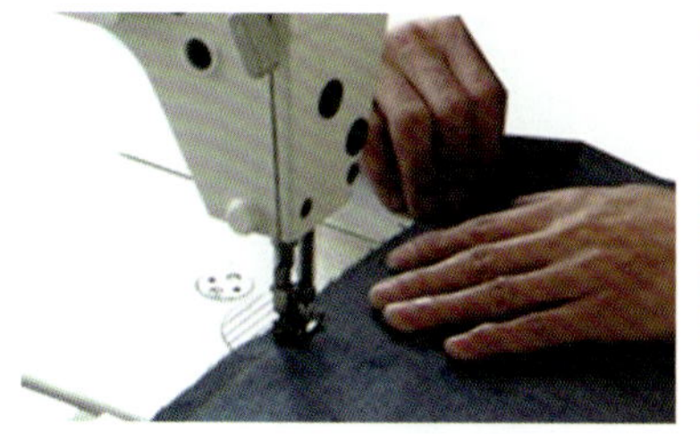

图 6-23　合外侧缝

图 6-24　外侧缝缉明线

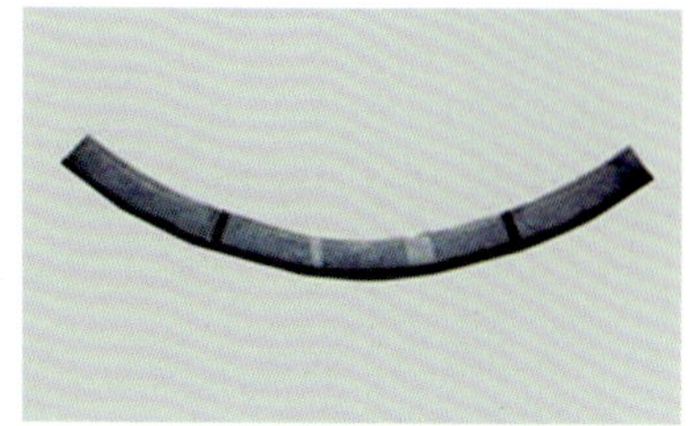

图 6-25　腰头粘衬拼接

图 6-26　成型腰头

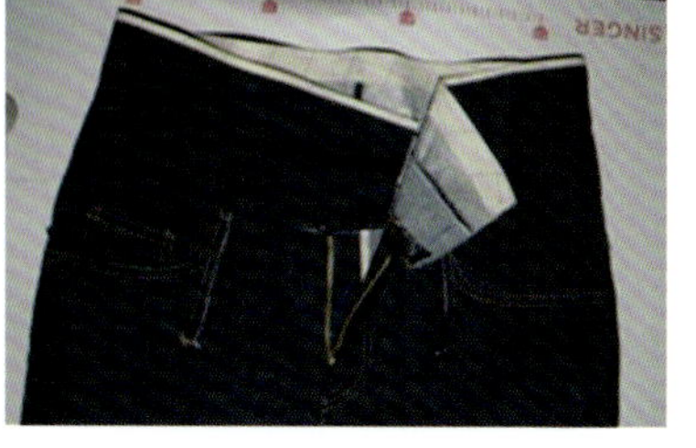

图 6-27　装腰

图 6-28　后整理

第二节　男式西裤缝制工艺

视频：男式西裤缝制工艺（一）

视频：男式西裤缝制工艺（二）

一、外形概述

图 6-29 所示男式西裤的外形特征为：装腰头，裤袢六根，前中装门襟拉链，前裤片反裥左右各两个，侧缝斜插袋左、右各一只，后裤片收省左、右各一个，双嵌线开袋左、右各一只，平脚口。

二、成品规格

男式西裤的成品规格见表 6-2。

表 6-2　男式西裤的成品规格　cm

号型	裤长	腰围	臀围	中裆	脚口
170/88A	104	78	104	25	23

三、材料准备

（1）面料：门幅为 144 cm，用料为（裤长 +10）cm。

（2）辅料：袋布（门幅是 114 cm，需 100 cm）、腰头衬（100 cm）、无纺黏合衬（30 cm）、西裤拉链（1 根）、四合扣（1 副）、涤纶线（1 个）、纽扣（3 粒）、包边条（400 cm）。

视频：男式西裤缝制工艺（三）

视频：男式西裤缝制工艺（四）

视频：男式西裤缝制工艺（五）

四、质量要求

（1）符合成品规格，外形美观。

（2）腰头：面、里、衬松紧适宜，平整，缝道顺直。

（3）门、里襟：面、里、衬平服，松紧适宜；明线顺直；门襟不短于里襟，长短互差不大于 0.3 cm。

（4）前、后裆：圆顺、平服，上裆缝十字缝平整，无错位。

（5）串带：长短、宽窄一致，位置准确、对称，前后互差不大于 0.6 cm，高低互差不大于 0.3 cm，缝合牢固。

（6）裤袋：袋位高低、前后、斜度大小一致，互差不大于 0.5 cm，袋口顺直平整，无毛漏；袋布平整。

（7）裤腿：两裤腿长短、肥瘦一致，互差不大于 0.4 cm，裤脚口平直。

（8）裤脚口：两裤脚口大小一致，互差不大于 0.4 cm，且平整。

（9）整烫：各部位熨烫到位，平整，无亮光、水花、污渍；裤线顺直，臀部圆顺。

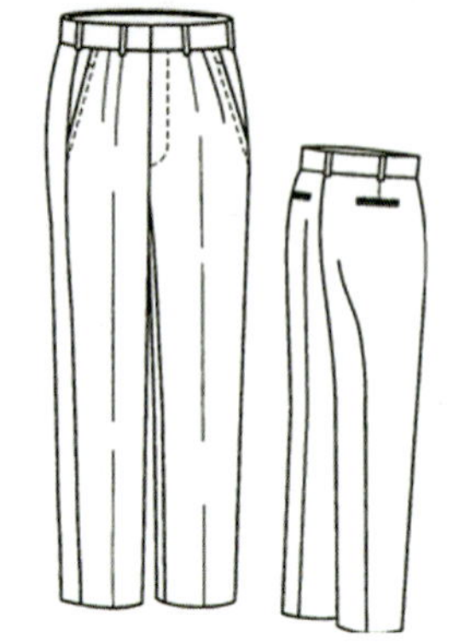

图 6-29　男式西裤

五、重点难点

（1）前门襟拉链的缝制工艺。

（2）腰头的缝制工艺。

六、缝制工艺流程

男式西裤缝制工艺流程如图 6-30 所示。

男式西裤缝制工艺流程

1. 做标记
2. 锁边
3. 后片收省
4. 裤片拔裆
5. 做后袋
6. 做斜袋
7. 缝合侧缝
8. 缉下裆缝
9. 做门、里襟
10. 装拉链
11. 做腰头
12. 做裤袢
13. 装腰
14. 后整理
15. 整烫

图 6-30　男式西裤缝制工艺流程

七、缝制图解

1．做标记（粉印、剪口、线钉）

需做标记的部位有：

（1）前裤片：裥位线、袋位线、中裆线、脚口线、挺缝线。

（2）后裤片：省位线、袋位线、中裆线、脚口线、挺缝线、后裆线。

2．锁边

需锁边的部件有：前裤片 2 片、后裤片 2 片、斜袋垫布 2 片、后袋嵌线 2 片、后袋垫布 2 片、里襟。

3．后片收省

（1）收省前先把后裆弧绲边，注意滚条松紧要适宜，宽窄要一致（图 6-31）。

（2）在裤片反面袋位处粘上无纺黏合衬（长 18 cm，宽 4 cm），按照省中线捏准省量，省长为腰口下 8 cm（毛）；省要缉得直、 缉得尖；腰口处打回针，省尖留 5 cm 的线头打结。缝头朝后缝坐倒烫平，并将省尖胖势朝臀部方向推烫均匀（图 6-32、图 6-33）。

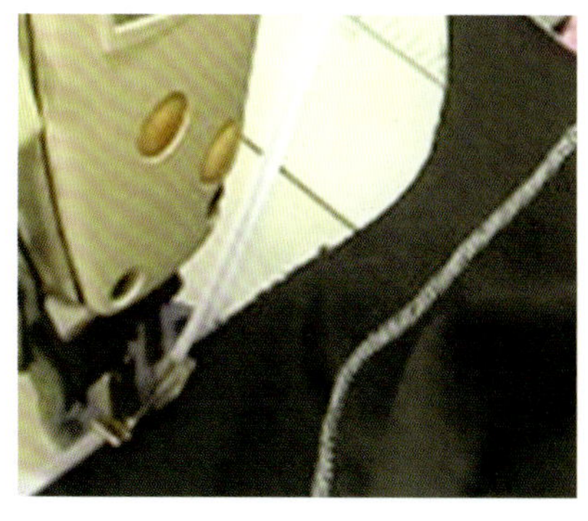

图 6-31　后裆弧绲边

图 6-32　合后省

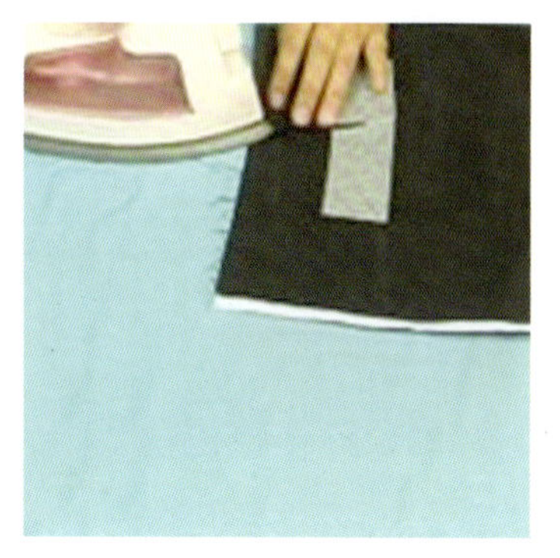

图 6-33　烫后省

4．裤片拔裆

将后裤片臀部区域拔伸，并将裤片上部两侧的胖势推向臀部，将裤片中裆以上两侧的凹势拔出，使臀部以下自然吸进，从而使缝制的西裤更加符合人体体形。

（1）熨斗从省缝上口开始熨烫，经臀部从窿门出来，伸烫。臀部后缝处归，后窿门横丝拔伸、下归，在横裆与中裆间最凹处拔出，在拔出裆部凹势的同时，裤片中部必产生回势，应将回势归拢烫平（图 6-34、图 6-35）。

（2）熨斗自侧缝一侧省缝处开始熨烫，经臀部中间将丝绺伸长，顺势将侧缝一侧中裆上部最凹处拔出。熨斗向外推烫，并将裤片中部回势归拢，然后将侧缝臀部胖势归拢（图 6-36、图 6-37）。

（3）将归拔后的裤片对折，下裆缝与侧缝依齐，熨斗从中裆处开始，将臀部胖势推出。可将左手插入臀部挺缝处用力向外推出，右手持熨斗同时推出，中裆以下将裤片丝绺归直，烫平（图 6-38、图 6-39）。

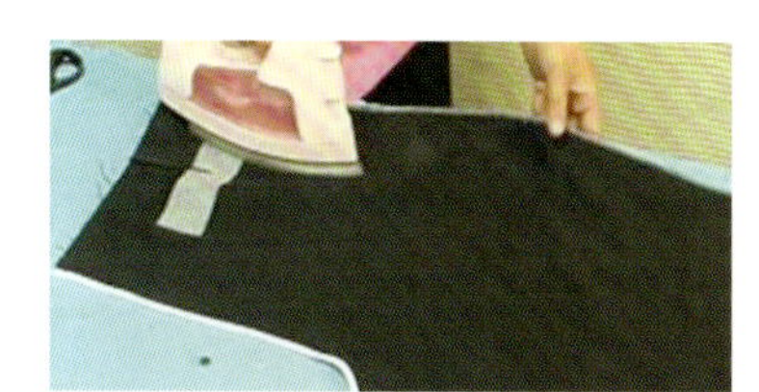

图 6-34　后裤片归拔（一）

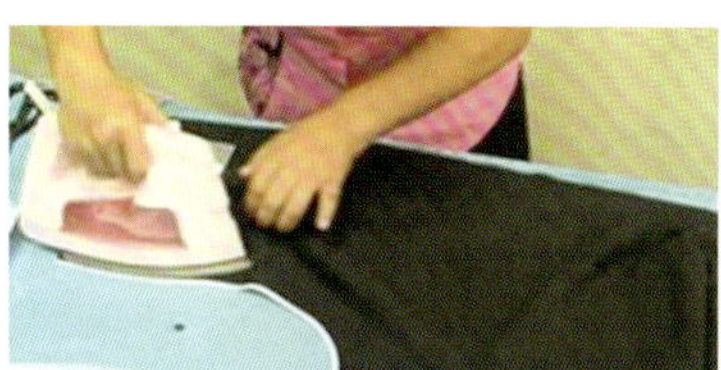

图 6-35　后裤片归拔（二）

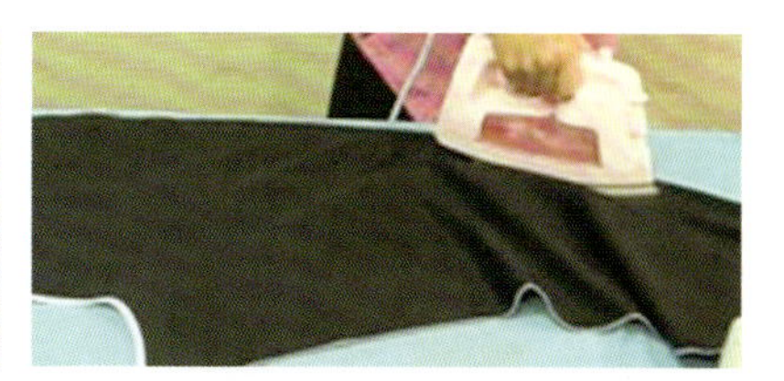

图 6-36　后裤片归拔（三）

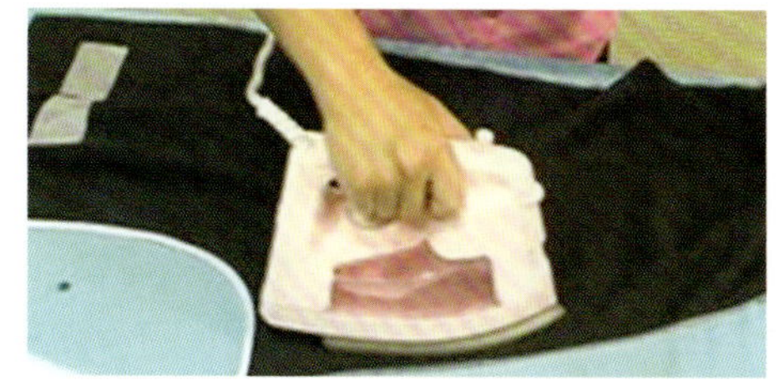

图 6-37　后裤片归拔（四）

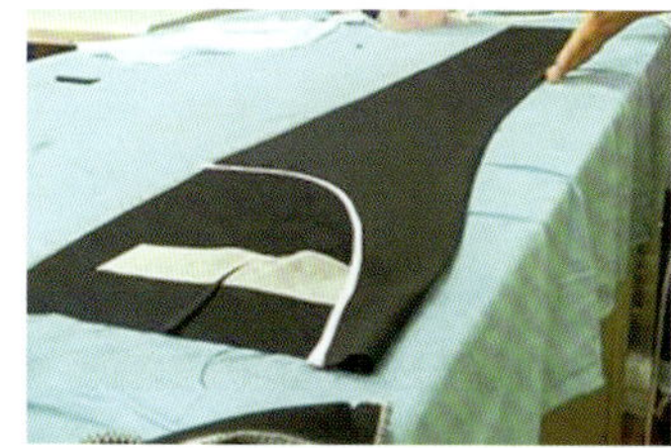

图 6-38　后裤片归拔（五）

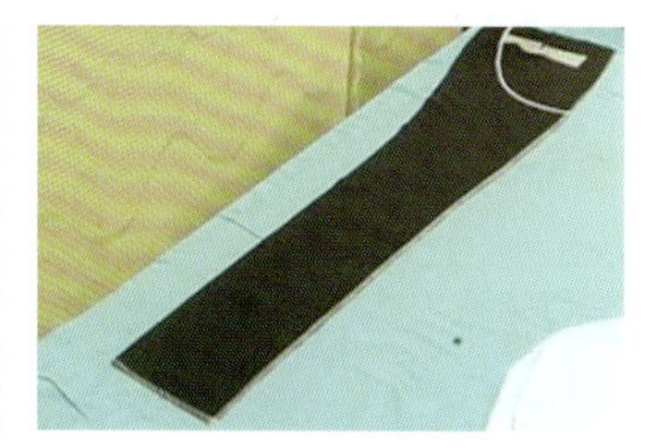

图 6-39　后裤片归拔（六）

5．做后袋

（1）画袋位，钉袋布。按线钉在裤片正、反面画出后袋位粉印（袋大 13.5 cm）。在裤片反面摆放袋布，使腰口毛缝与袋布平齐。注意袋布两端进、出距离要一致（图 6-40、图 6-41）。

（2）准备嵌线、垫头。取 18 cm 长、4 cm 宽的直料做垫袋布与嵌线，反面沿边烫上无纺黏合衬。在嵌条反面折烫 1 cm 毛边，并画上 0.5 cm 粉印（图 6-42、图 6-43）。

（3）缉嵌线。将嵌线与裤片正面相合，把嵌线扣烫的一侧对齐袋位线，以粉印线对齐袋位线缉上嵌线。注意使缉线顺直，两线间距宽窄一致，起止点用回针打牢（图 6-44、图 6-45）。

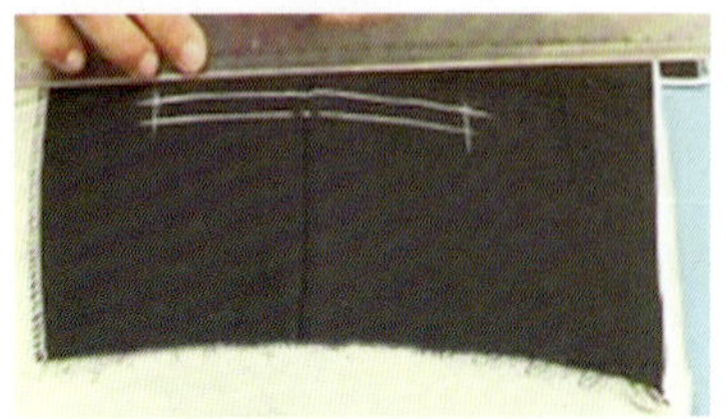
图 6-40　画袋位

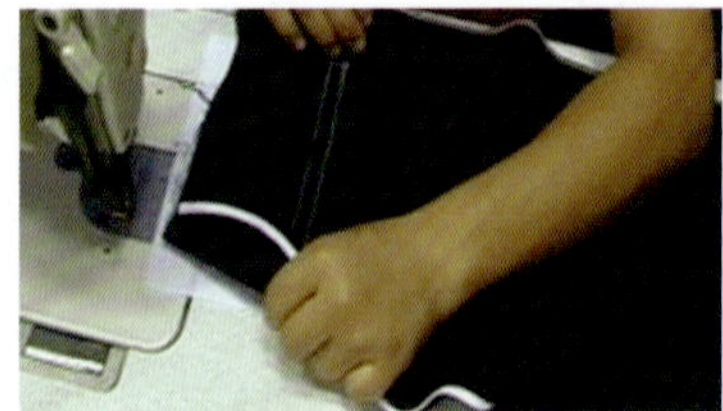
图 6-41　钉袋布

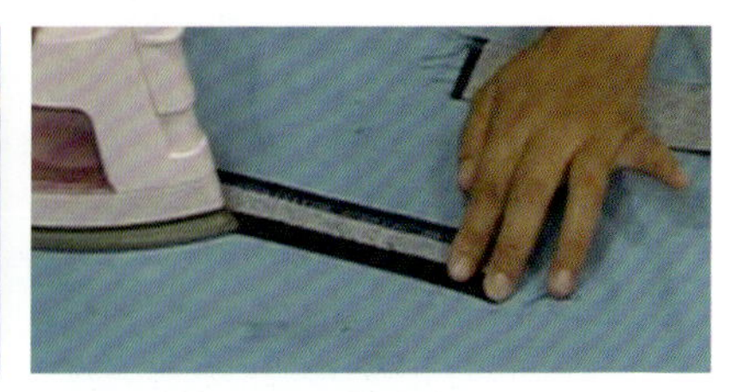
图 6-42　准备嵌线（一）

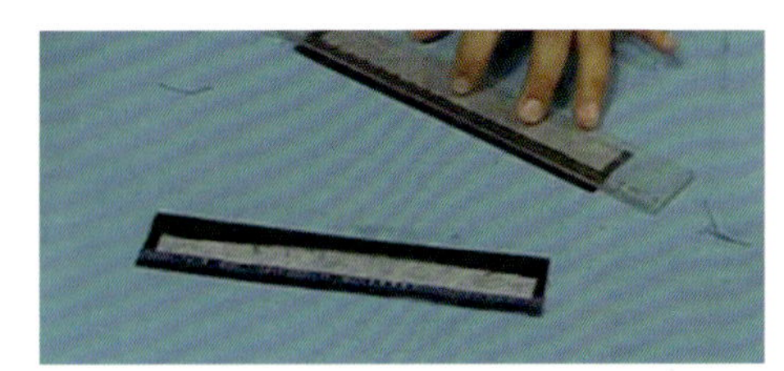
图 6-43　准备嵌线（二）

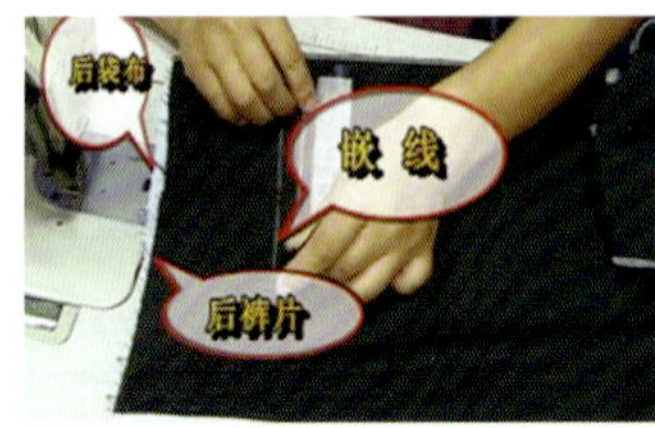

图 6-44　缉嵌线（一）

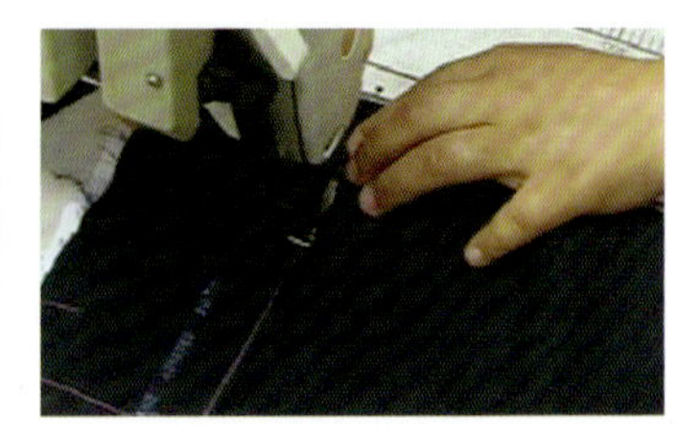
图 6-45　缉嵌线（二）

（4）剪开后袋。沿袋位线在两缉线间居中将裤片剪开，离端口 0.8 cm 处剪成 Y 形。注意既要剪到位，又不能剪断缉线，通常剪到离缉线 0.1 cm 处止（图 6-46、图 6-47）。

（5）固定嵌线。烫平嵌线，将三角折向反面烫倒，以防出现毛茬。在反面将三角和嵌线固定在一起，保证袋角方正、嵌线宽窄一致、三角平整无毛露（图 6-48、图 6-49）。

（6）定袋垫布。按照后袋实际长度定出垫袋布位置（袋垫布上口必须超出上嵌线 1 cm），以 0.5 cm 缝份将袋垫布下口和袋布缉缝在一起（图 6-50、图 6-51）。

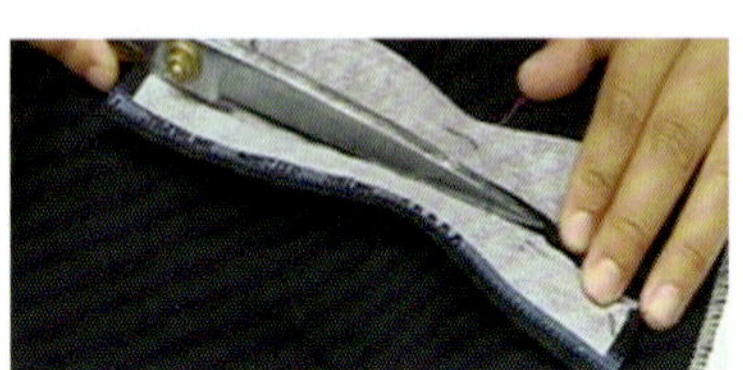
图 6-46　剪开后袋（一）

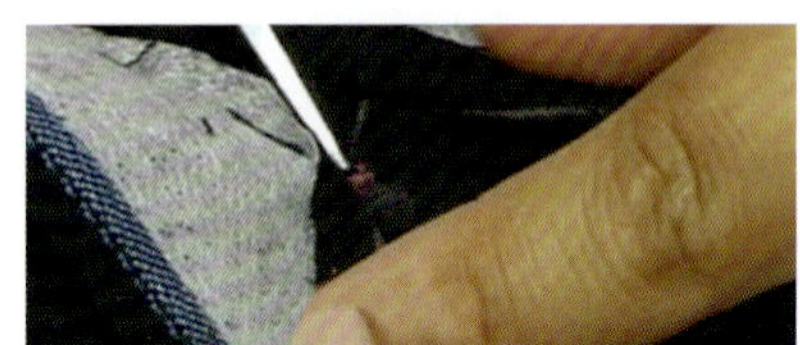
图 6-47　剪开后袋（二）

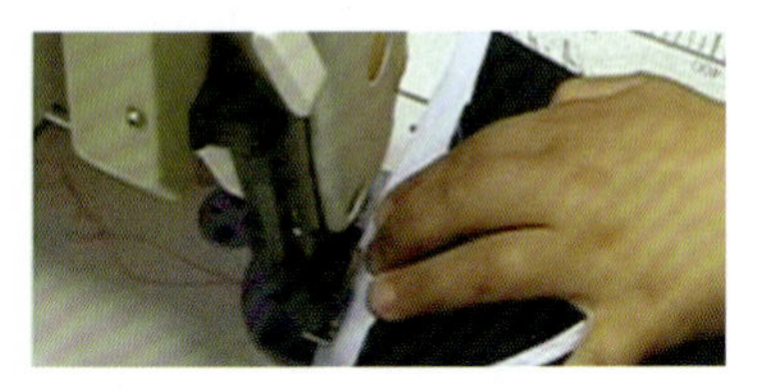
图 6-48　固定嵌线（一）

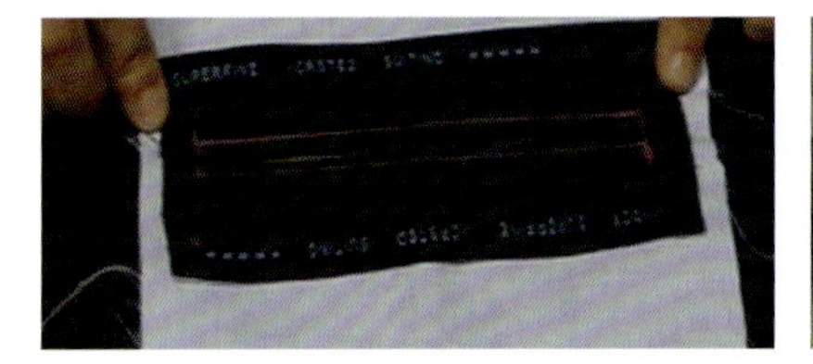
图 6-49　固定嵌线（二）

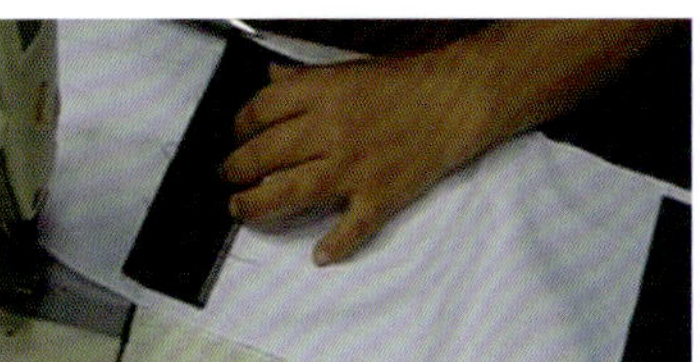
图 6-50　定袋垫布（一）

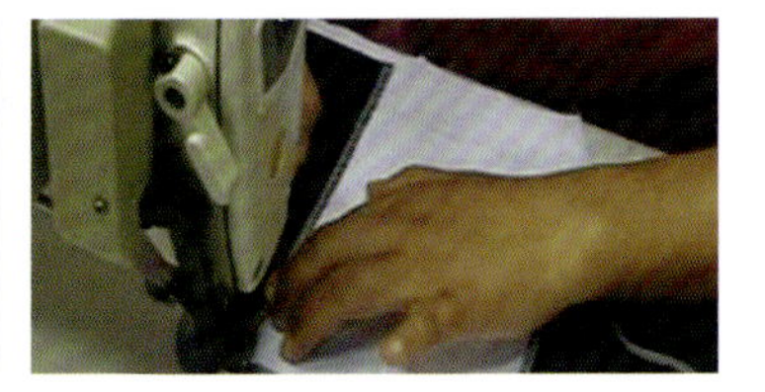
图 6-51　定袋垫布（二）

（7）固定袋布。

1）将袋布按袋底位置对折，在上嵌线缝份处把袋布和袋垫布固定在一起（缉缝中间部位）；沿着固定线将袋布向袋底方向折叠 12 cm（隐藏扣位）（图 6-52、图 6-53）。

2）把袋布从袋口翻入袋里，在内侧将毛边以 0.3 cm 缝份缉缝；缉缝好后再翻出袋布，在袋两侧与袋底缉压 0.5 cm 明线止口（图 6-54、图 6-55）。

3）将后袋熨烫平整，将袋布上口与腰口缉缝固定，清剪缝头（图 6-56、图 6-57）。

图 6-52 固定袋布（一）

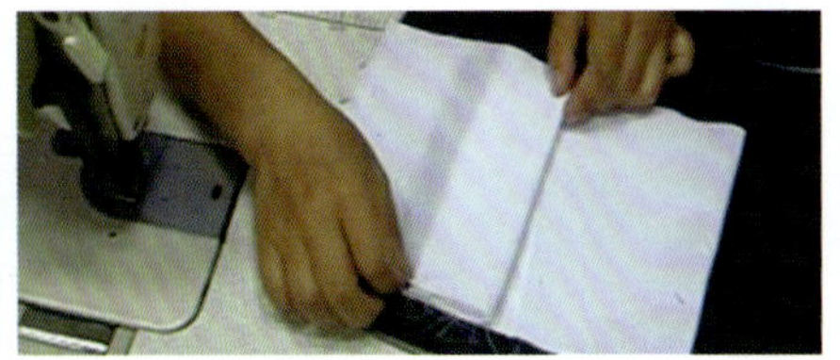

图 6-53 固定袋布（二）

图 6-54 固定袋布（三）

图 6-55 固定袋布（四）

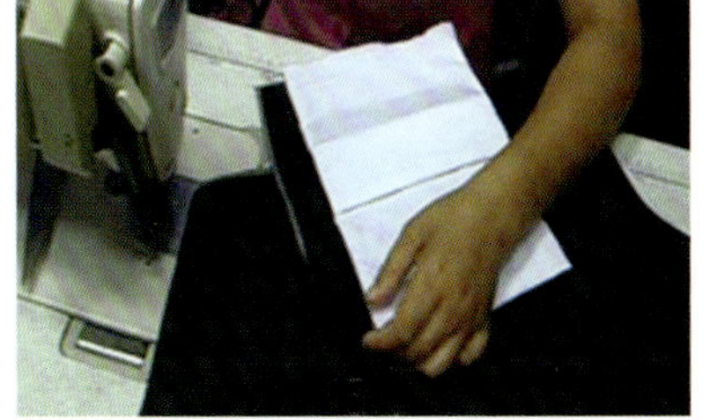

图 6-56 固定袋布（五）

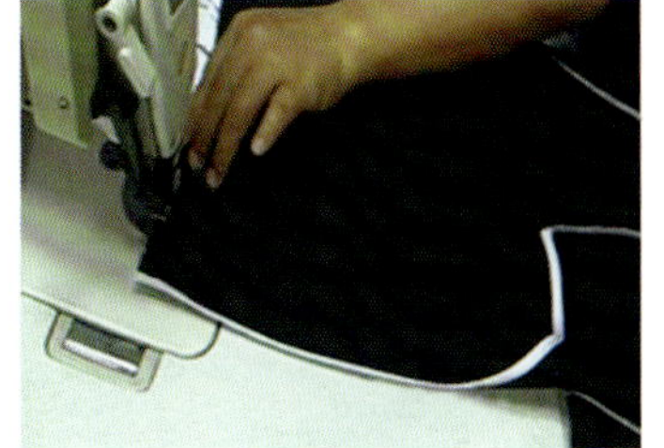

图 6-57 固定袋布（六）

6．做斜袋

（1）在前裤片腰口处和袋位处粘衬（直料衬宽 2 cm），按照斜袋剪口扣烫袋口缝份（图 6-58、图 6-59）。

（2）固定袋垫布与袋布。将袋垫布摆放在距离下袋布外侧 1 cm 处，从袋垫布内侧缉线，固定袋布，袋垫下口距离外侧 2 cm 处不缉缝（图 6-60、图 6-61）。

（3）做斜袋布。将斜袋布正面相合，以缝头 0.3 cm 兜缉袋；再将斜袋布翻正，在袋底缉压 0.5 cm 明止口（图 6-62、图 6-63）。

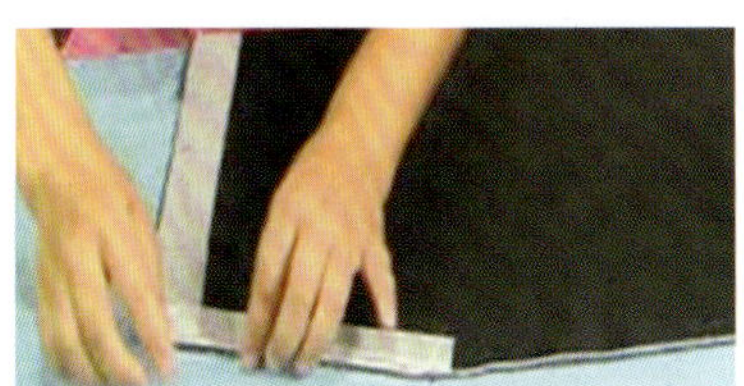

图 6-58 袋口粘衬

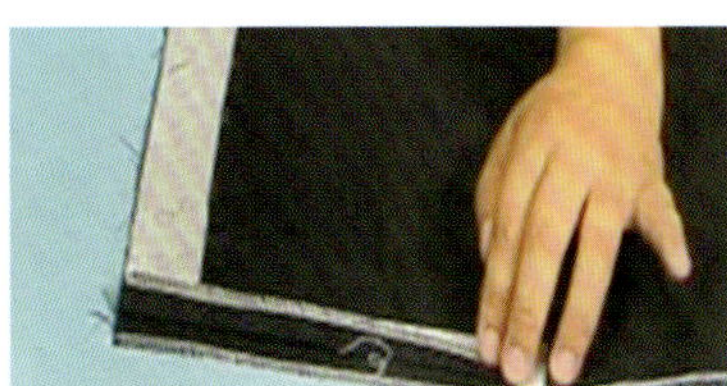

图 6-59 扣烫袋口缝份

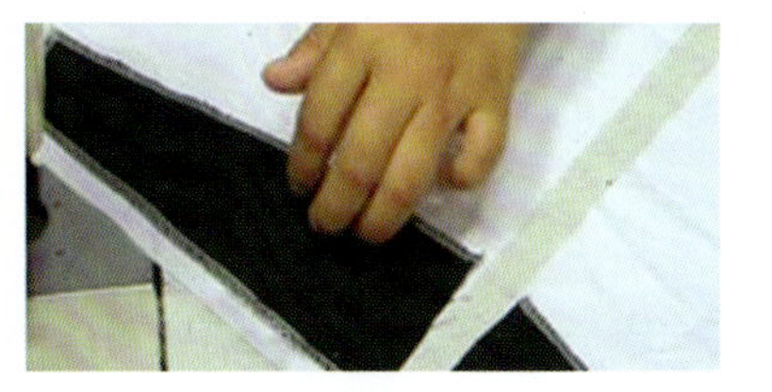

图 6-60 固定袋垫布与袋布（一）

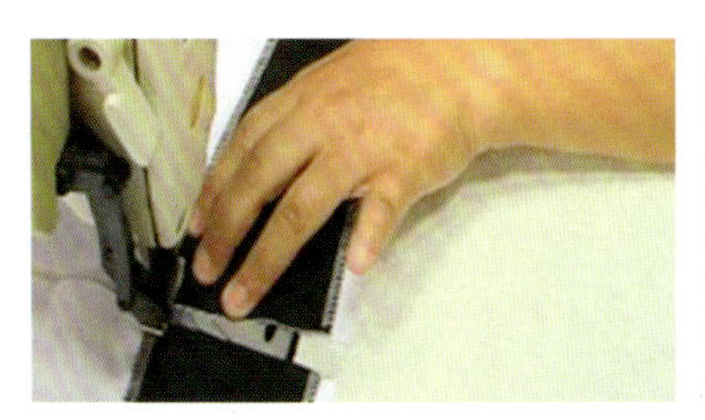

图 6-61 固定袋垫布与袋布（二）

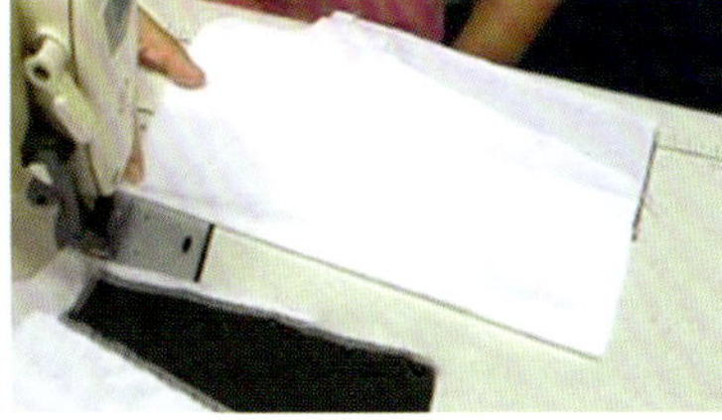

图 6-62 做斜袋布（一）

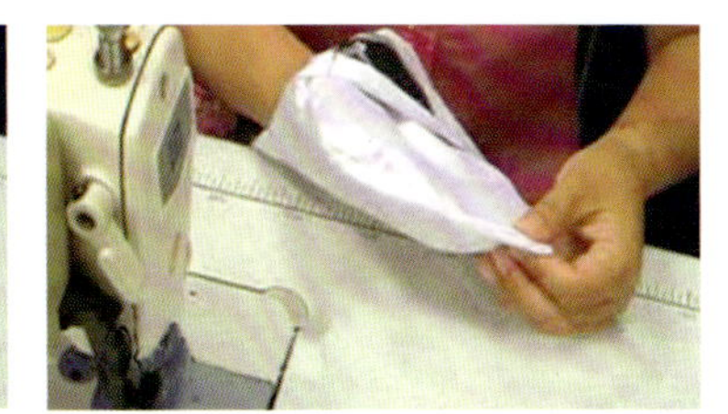

图 6-63 做斜袋布（二）

（4）做斜袋。将袋布上层夹入扣烫好的斜袋口内，在袋口边缉压 0.8 cm 明止口，将袋布缉住（图 6-64、图 6-65）。

（5）固定袋口。摆正垫袋布，量出袋口斜度，移开下层袋布，按照腰口下 3.5 cm（毛），袋大 16.5 cm，将斜袋口与垫袋布封住，袋口需封牢固（图 6-66、图 6-67）。

（6）按照剪口位置做前裤片折裥，先在反面从腰口处按剪口大小向下缉缝 3 ～ 4 cm；缝头朝前中倒，在正面固定折裥与袋布（图 6-68、图 6-69）。

图 6-64　做斜袋（一）

图 6-65　做斜袋（二）

图 6-66　固定袋口（一）

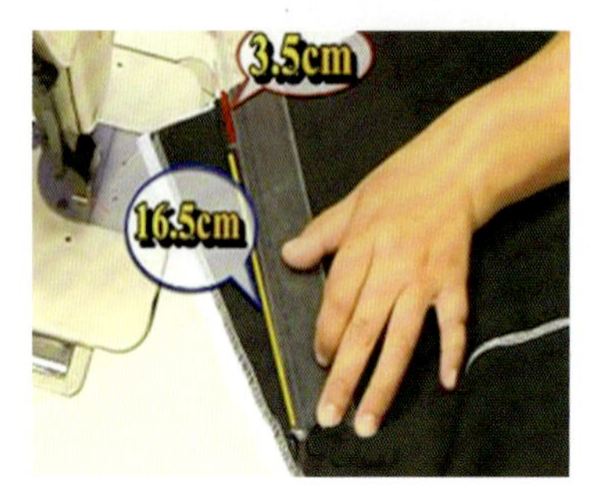

图 6-67　固定袋口（二）

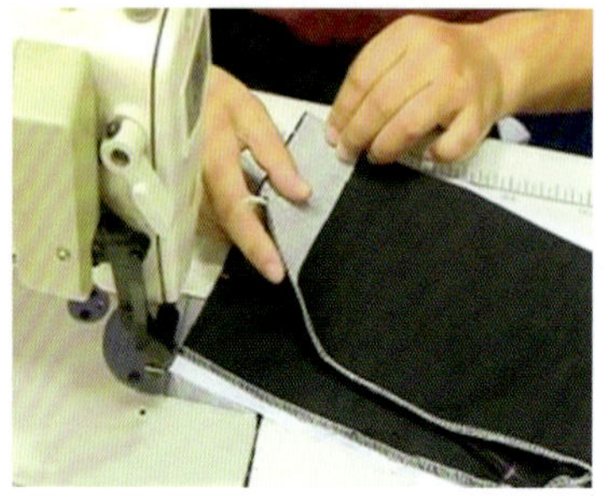

图 6-68　做裤片折裥（一）

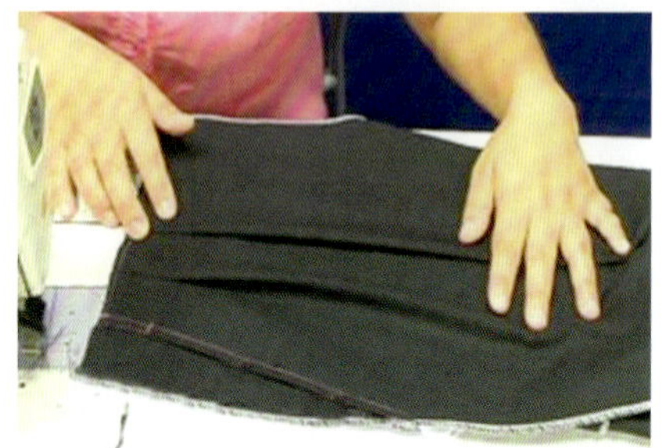

图 6-69　做裤片折裥（二）

（7）熨烫前褶。按折裥倒向烫倒前褶，顺势烫至臀围线上，最后把前袋布的侧缝缝份扣烫（图 6-70、图 6-71）。

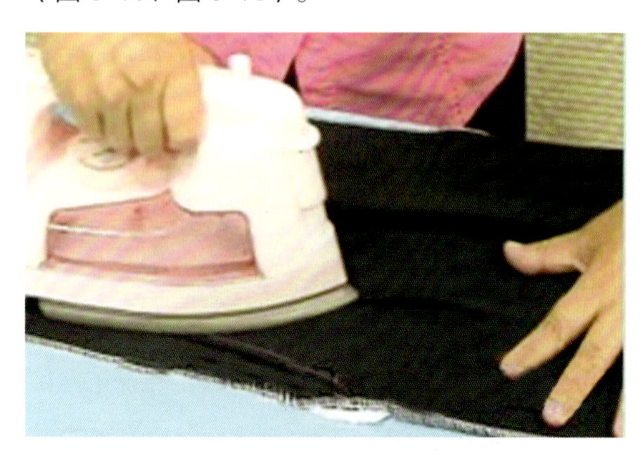

图 6-70　熨烫前褶

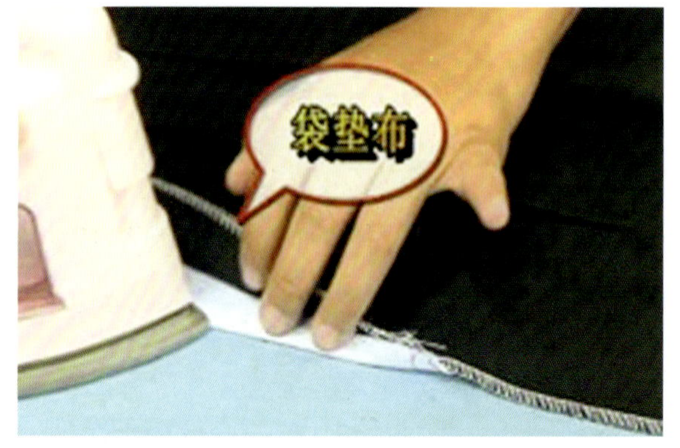

图 6-71　扣烫袋布缝份

7．缝合侧缝

（1）前片在上，后片在下，侧缝对齐，以 1 cm 缝头合缉。缝合时上、下层横丝归正，松紧量一致，缉线顺直，以防起皱。袋位处要移开下袋布（对准袋垫固定线剪开 2 cm 上袋布），缉至下封口时应将封口紧靠侧缝缉线（图 6-72、图 6-73）。

（2）将侧缝分开烫平服，在正面垫布熨烫袋位处；下袋布边沿一个缝头扣折；烫好侧缝后将脚口贴边扣折 4 cm（图 6-74、图 6-75）。

（3）将扣烫好的袋布一侧缉在后片侧缝缝头上，口袋下端（即剪开处）与前片缝头固定（图 6-76、图 6-77）。

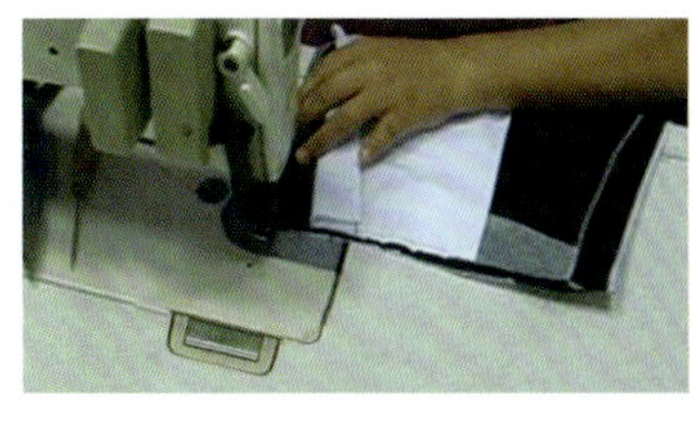

图 6-72　合侧缝

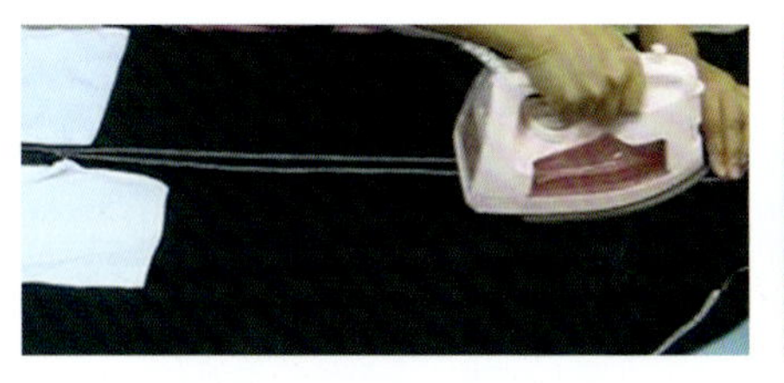

图 6-73　分烫侧缝（一）

图 6-74　分烫侧缝（二）

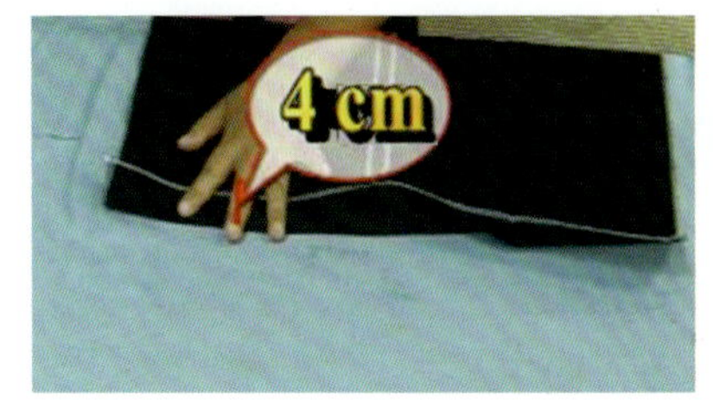

图 6-75　扣烫脚口

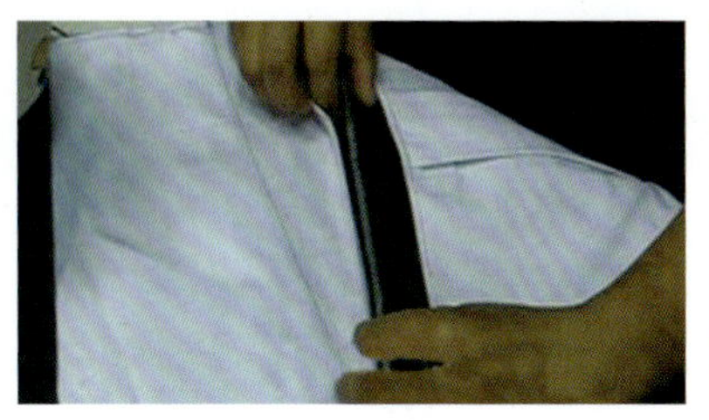

图 6-76　固定袋布（一）

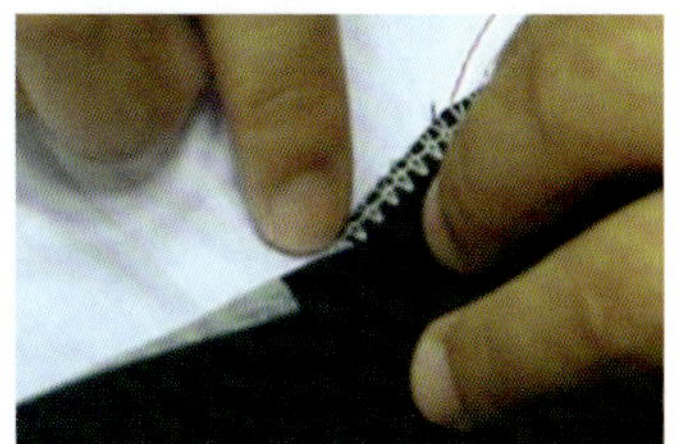

图 6-77　固定袋布（二）

8．缉下裆缝

（1）前片在上，后片在下，后片横裆下 10 cm 处要有适当吃势。中裆以下前、后片松紧量应一致，缉线要顺直，缝头宽窄要一致。将下裆缝分开烫平，烫时应注意横裆下 10 cm 略为归拢，中裆部位略为拔伸（图 6-78、图 6-79）。

（2）将裤子翻至正面，保持后裤片原有的烫迹线。摆正裤子，在裤子内侧将侧缝和下裆缝对齐后熨烫前裤片挺缝线；挺缝线上接折裥下至脚口（图 6-80、图 6-81）。

9．做门、里襟

（1）在里襟反面烫上黏合衬，外口拷边，门襟里反面粘衬；里襟面和里襟里正面相合，以 0.5 cm 缝头沿外口缉缝；缉好后在圆弧处略打剪口（图 6-82、图 6-83）。

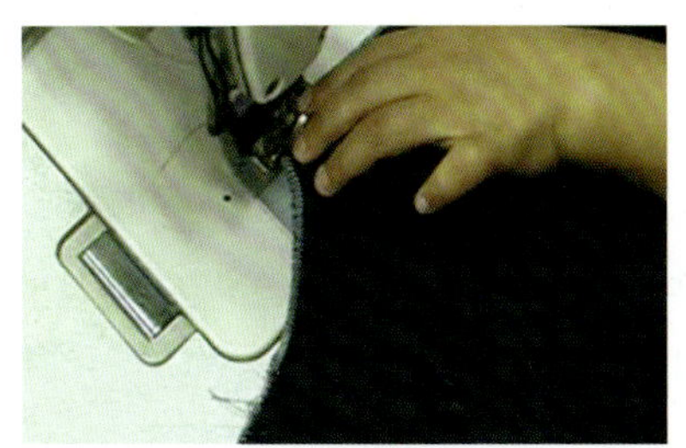

图 6-78　缉下裆线

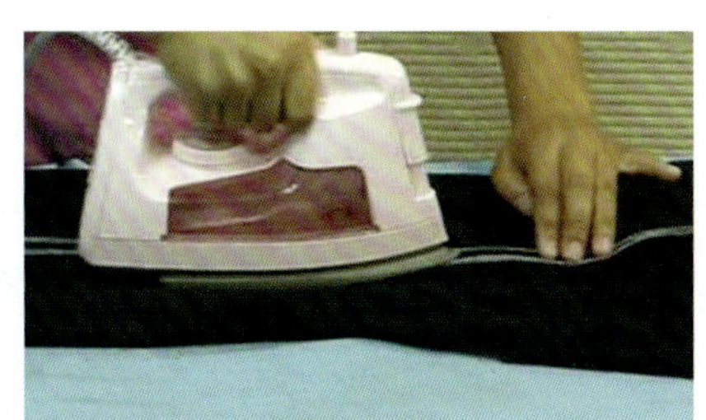

图 6-79　熨烫下裆缝（一）

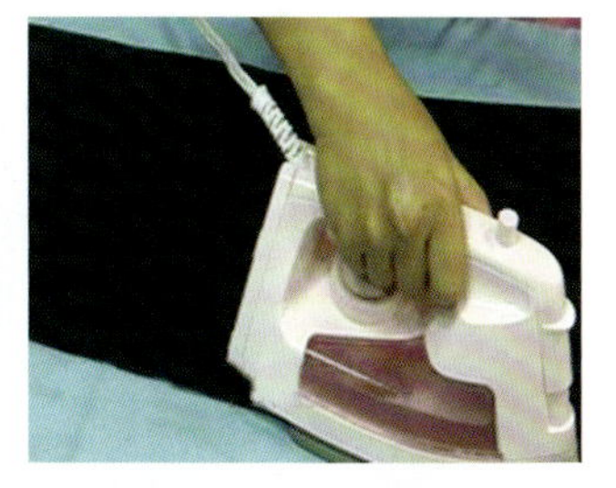

图 6-80　熨烫下裆缝（二）

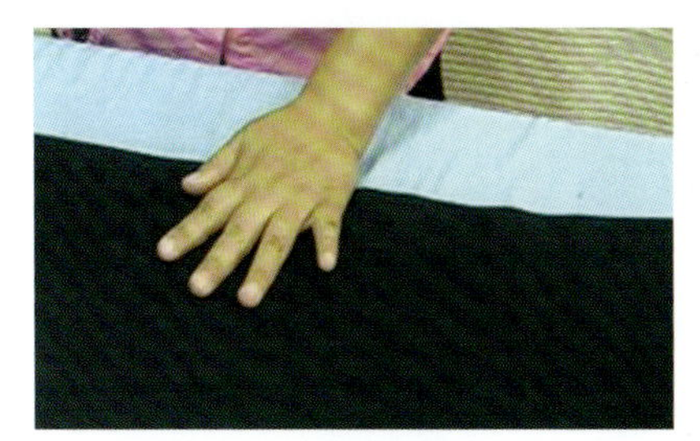

图 6-81　熨烫下裆缝（三）

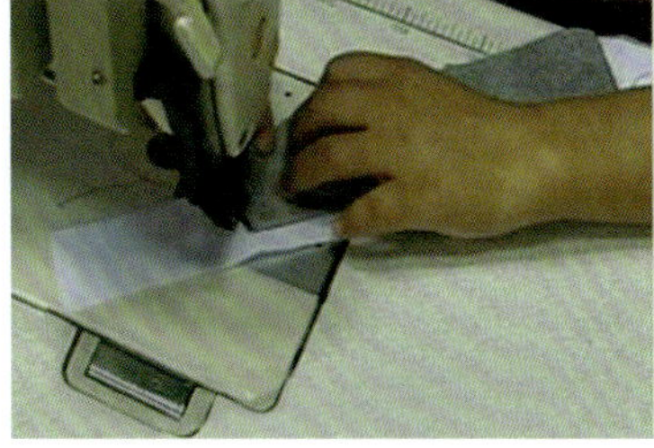

图 6-82　做里襟（一）

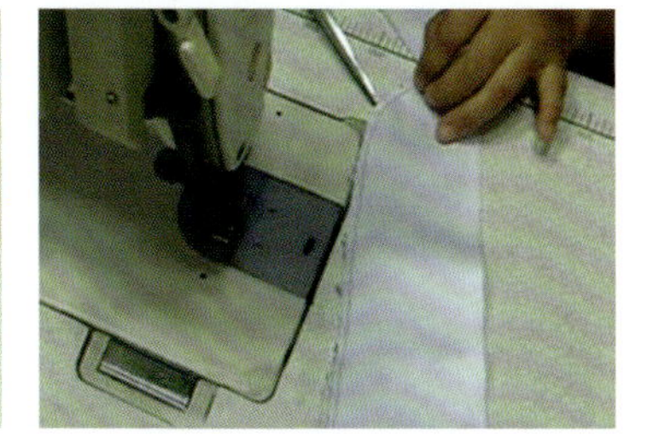

图 6-83　做里襟（二）

（2）将里襟翻至正面熨烫平顺，里襟外口里子坐进 0.1 cm 烫好；对齐里襟外口将里子折转烫好，烫好的小裆布宽为 2 cm（图 6-84、图 6-85）。

（3）在门襟反面烫上黏合衬，外口绲边，弧形处滚条应略松（图 6-86、图 6-87）。

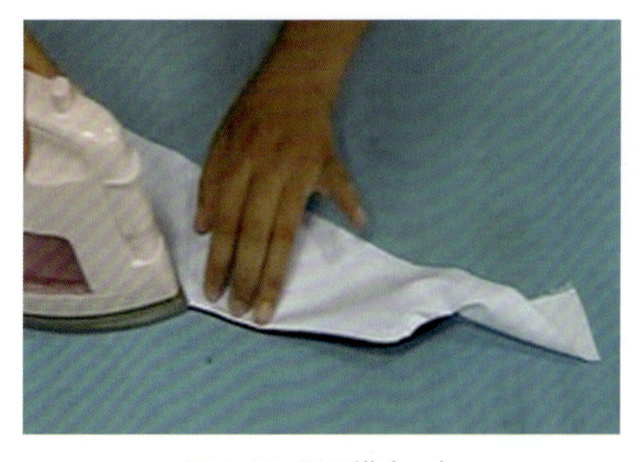
图 6-84　烫里襟（一）

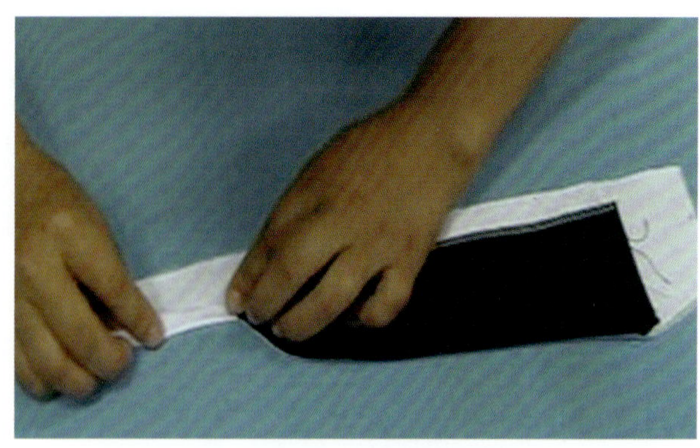
图 6-85　烫里襟（二）

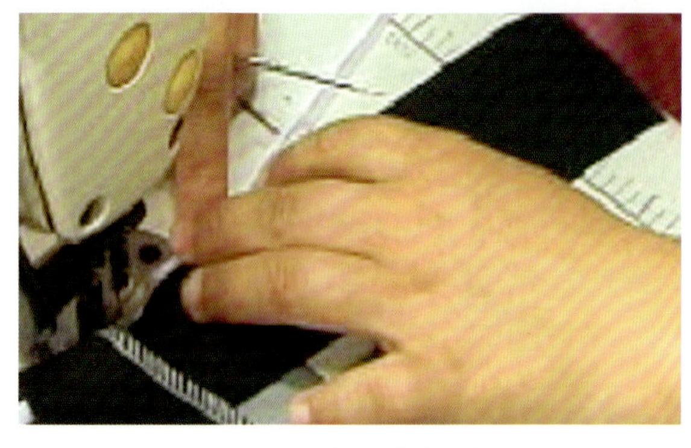
图 6-86　做门襟（一）

图 6-87　做门襟（二）

10．装拉链

（1）将拉链右侧对齐里襟里侧，上口平齐，掀起里子，以 0.6 cm 缝头缝缉一道（图 6-88、图 6-89）。

（2）合缉小裆。平齐拉链铁结封口下端，做好合裆标记；将左、右前裤片正面相合，小裆边沿对齐，以此为起点以 1 cm 缝头合缉小裆。缝缉要求为：起始回针打牢；小裆弯势拉直缉；十字缝口对准，并缉过 10 cm（或缉至离腰口 10 cm，但注意后裆需按缝份缝合），为防爆线应缉双线，再将缉缝好的裆缝放在烫凳上分烫开（图 6-90、图 6-91）。

（3）装门襟。将门襟与左前片正面相合，边沿对齐，以 0.6 cm 缝头缝缉一道；再将门襟翻出放平，在门襟一侧缉压 0.1 cm 明止口；接着沿小裆缝份烫平门襟止口，门襟略坐进 0.2 ～ 0.3 cm（图 6-92、图 6-93）。

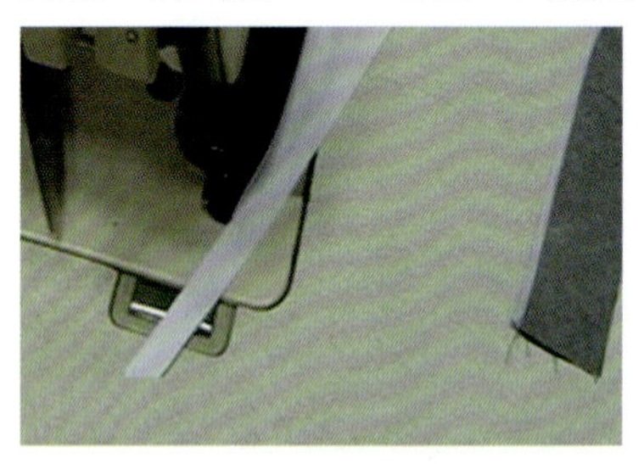
图 6-88　装拉链（一）

图 6-89　装拉链（二）

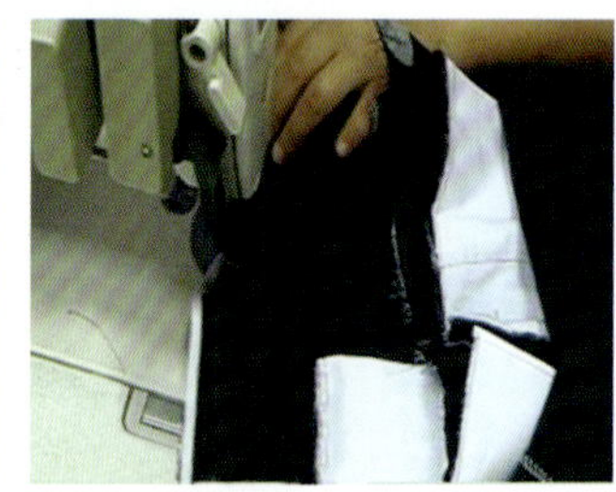
图 6-90　合小裆

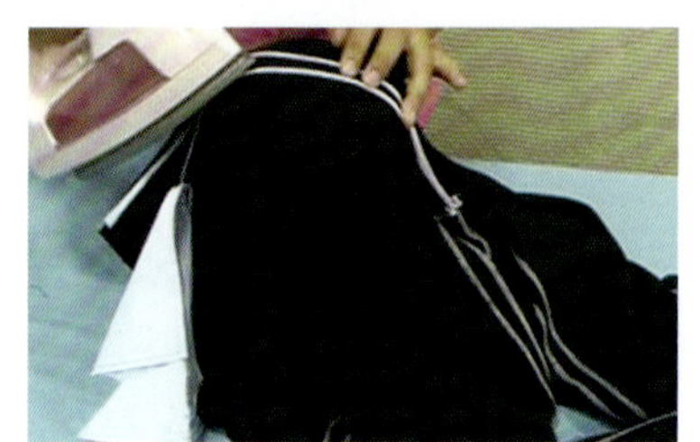
图 6-91　分烫小裆

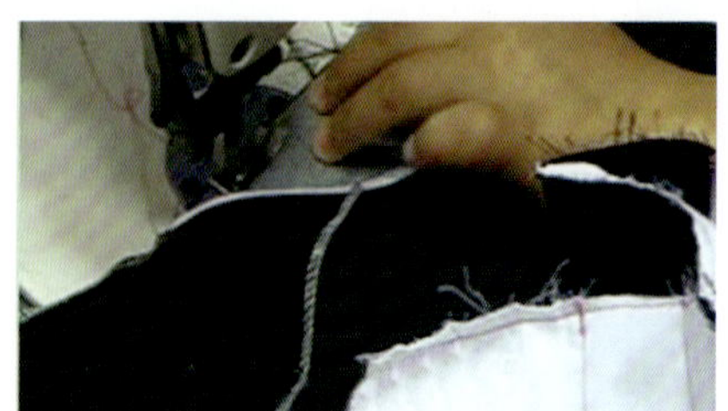
图 6-92　装门襟（一）

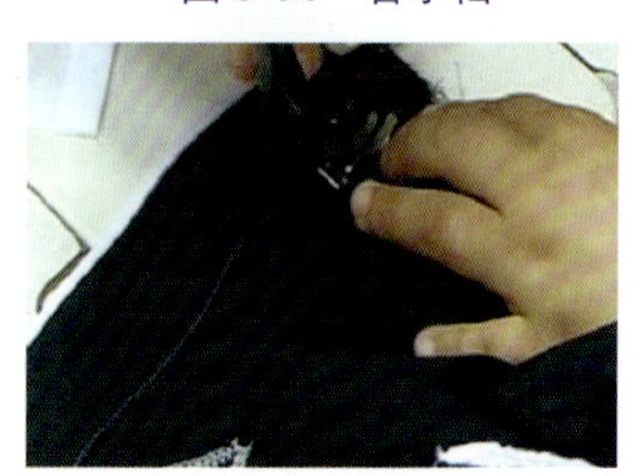
图 6-93　装门襟（二）

（4）将装上拉链的里襟与右裤片门襟边沿对齐，正面相合，则拉链居其中，掀开里子，以0.6 cm缝头将里襟、拉链、右裤片一并缉住（图6-94、图6-95）。

（5）缉门襟拉链。将拉链拉上，里襟放平，门襟与里襟上口对齐；门襟盖过里襟缉线（封口处0.3 cm，中间0.6 cm，上口0.8 cm）捏住，翻过来在门襟贴边上将拉链左侧与门襟贴边缉住（图6-96、图6-97）。

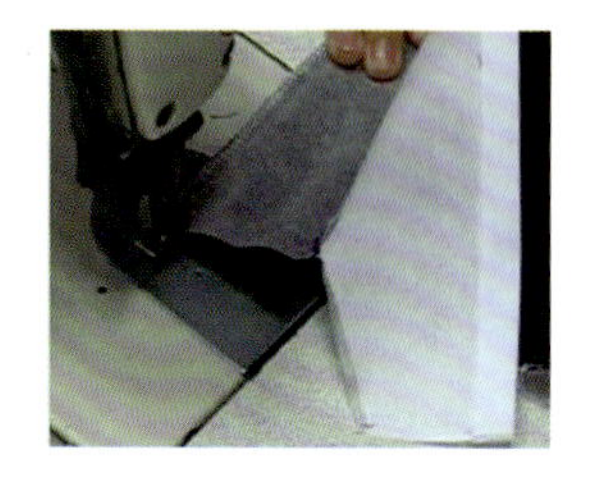
图6-94　合门里襟（一）

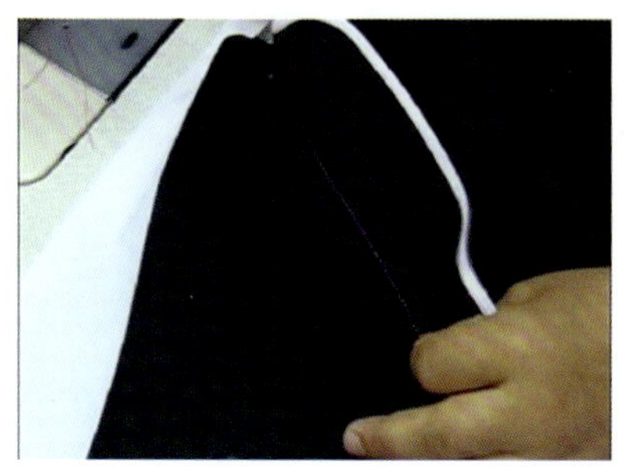
图6-95　合门、里襟（二）

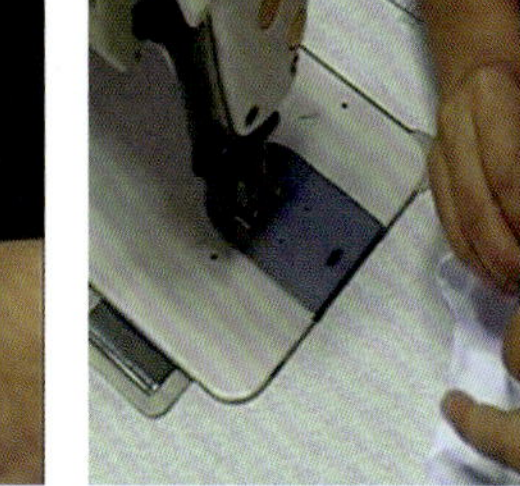
图6-96　缉门襟拉链（一）

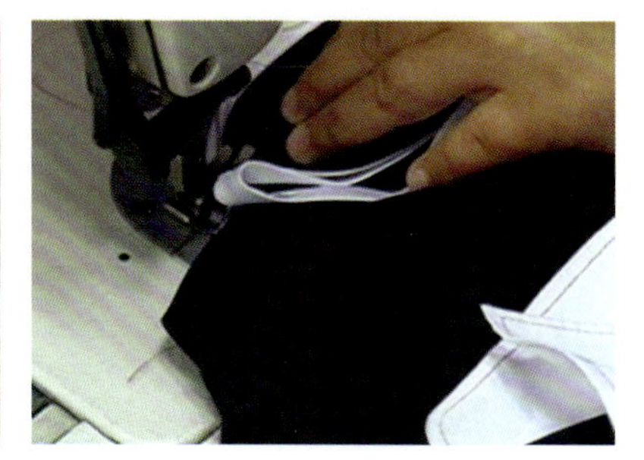
图6-97　缉门襟拉链（二）

11．做腰头

男式西裤腰头通常采用分腰工艺，即分别制作左、右两片裤腰，装到左、右裤片上，待左右裤片缝合后裆缝时再将左、右腰头一并缝合。

（1）按照腰头规格裁剪腰衬（右腰头需加里襟宽度，左腰头需加宝剑头长度），无纺黏合衬剪毛样，硬衬剪净样，先粘无纺黏合衬再粘硬衬。腰面上口预留1.5 cm缝份，下口预留1 cm缝份；烫好后将上口缝份扣烫（图6-98、图6-99）。

（2）将腰面上口缝份展开，正面朝上；腰里摆放在腰面距离扣烫线0.5 cm处，采用搭接缝方法缝合面里，在腰里一侧缉压0.1 cm明止口，并将腰头面里反面相合，腰面坐过0.5 cm将腰头上口烫好。腰里左端离宝剑头7～8 cm，右端离里襟4 cm，并在腰面下口做好门、里襟，侧缝，后缝对刀标记（图6-100、图6-101）。

（3）左腰头做宝剑头。将粘好衬的宝剑头里摆放在左腰头面上，按造型要求从宝剑头处缉线，注意里略紧；清剪缝份后翻烫成型，在宝剑头下口处打开剪口以便翻出宝剑头（图6-102、图6-103）。

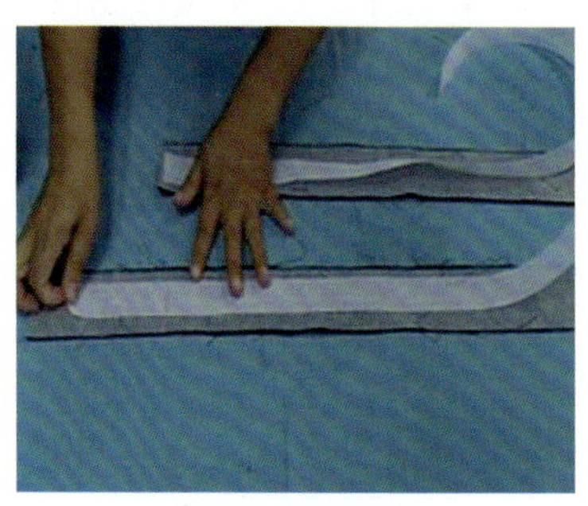
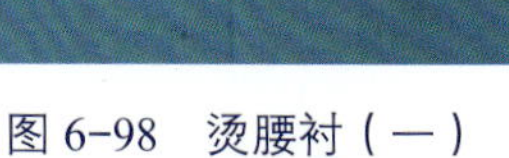
图6-98　烫腰衬（一）

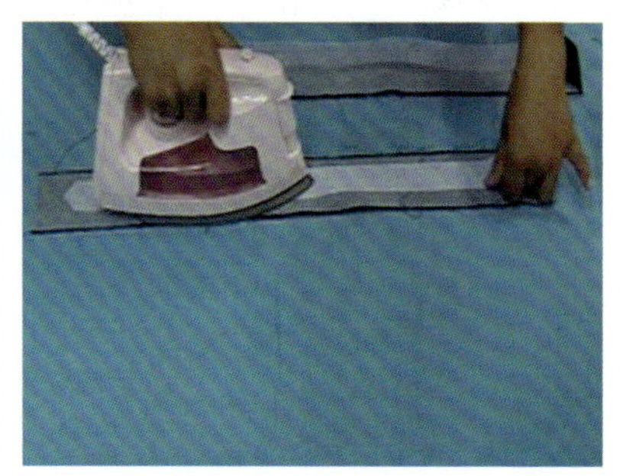
图6-99　烫腰衬（二）

图6-100　缝合腰面里（一）

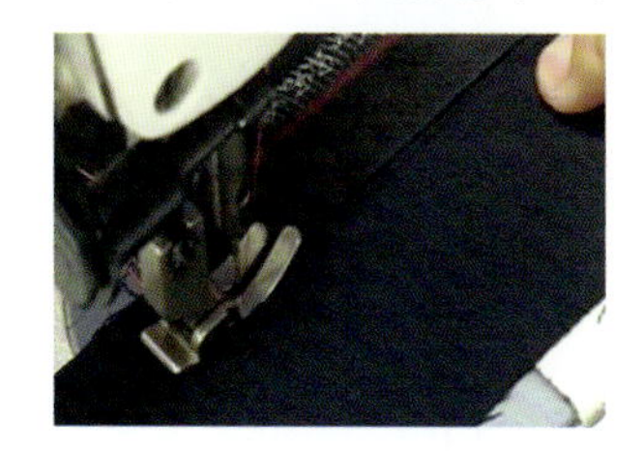
图6-101　缝合腰面里（二）

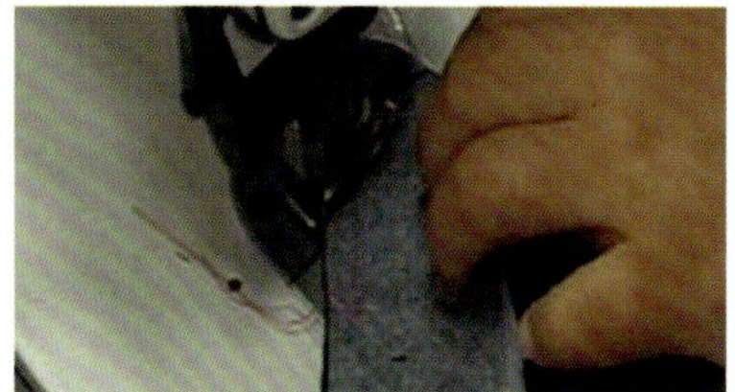
图6-102　左腰头做宝剑头（一）

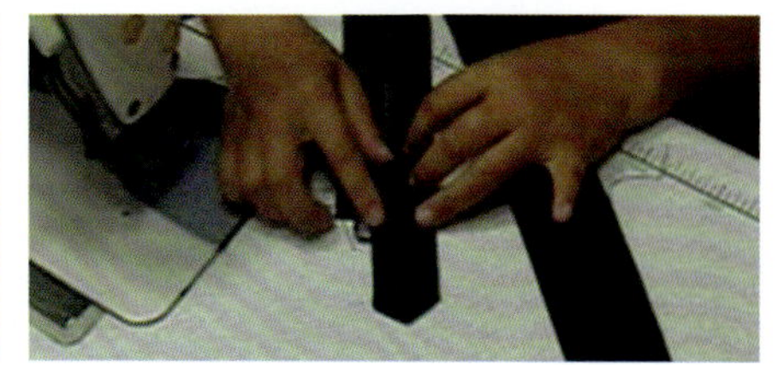
图6-103　左腰头做宝剑头（二）

12．做裤袢

取 10 cm 长、3.5 cm 宽直料 6 根做裤袢。将裤袢两边向中间各扣折 0.7 cm，再对折后在正面两边缉压 0.1 cm 明止口。若面料太厚，采用正面相合，边沿对齐，以 0.7 cm 缝头缉一道；然后让缝份居中，将缝头分开烫平服。用镊子夹住缝头将裤袢翻到正面，让缝份居中将串带烫直，再缉压 0.1 cm 明止口（图 6-104、图 6-105）。

13．装腰

（1）装裤袢。修顺腰口，校正尺寸。先固定裤袢，将裤袢与裤片正面相合，上端平齐腰口，在离边 0.5 cm 处缉一道定位，离边 2 cm 处来回四道缉封串带。左、右裤片各缉 3 根串带，位置分别为：前裥裥面一个、离后裆净缝 3 cm 处一个、前两个 1/2 处一个。

（2）绱腰面。将腰面与裤片上口正面相合，装腰眼刀对准，边沿对齐，以 0.8 cm 缝头（距腰硬衬 0.2 cm）缉合。装腰时先装左腰，应注意将门襟贴边拉出，腰头实际长度位置对齐门襟扣折位置起针缉线至后中缝，要求缉线顺直、平整。右腰从后中缝开始缉缝，应注意将里襟里拉开，腰头只与里襟面缉缝（图 6-106、图 6-107）。

（3）缝制左腰头。将宝剑头里摆放平整，并向里侧扣折毛边（与门襟同宽）后在腰里上画粉印；再把门襟与宝剑头缝至反面缉缝（注意剪口处撤缉缝到位），翻正后掀开腰面将宝剑头里沿着粉印与腰里缉缝固定（图 6-108、图 6-109）。

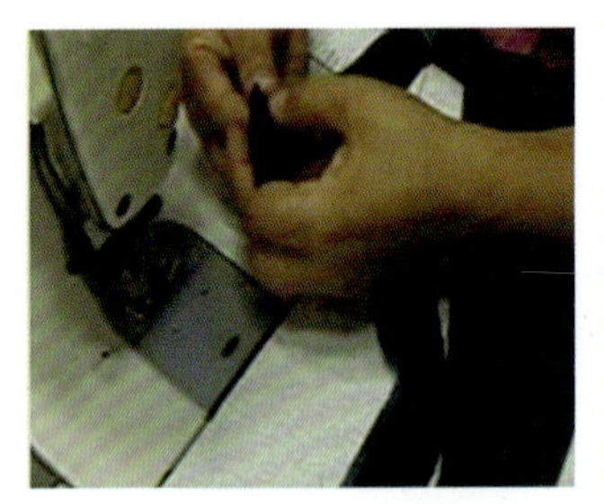

图 6-104　做裤袢（一）

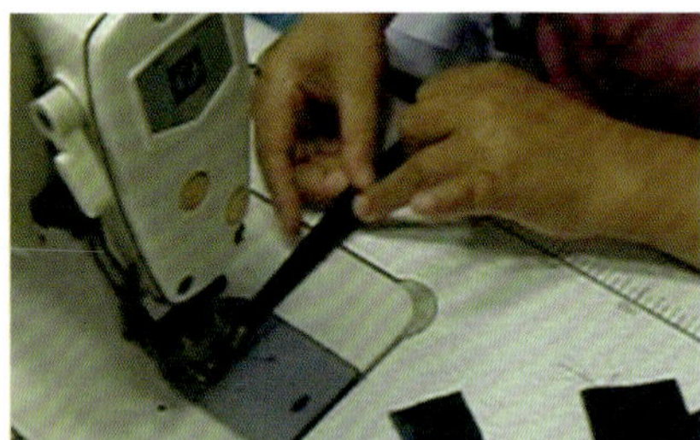

图 6-105　做裤袢（二）

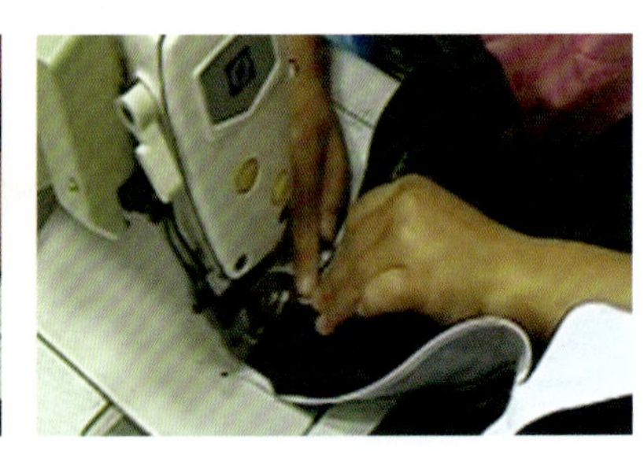

图 6-106　装腰（一）

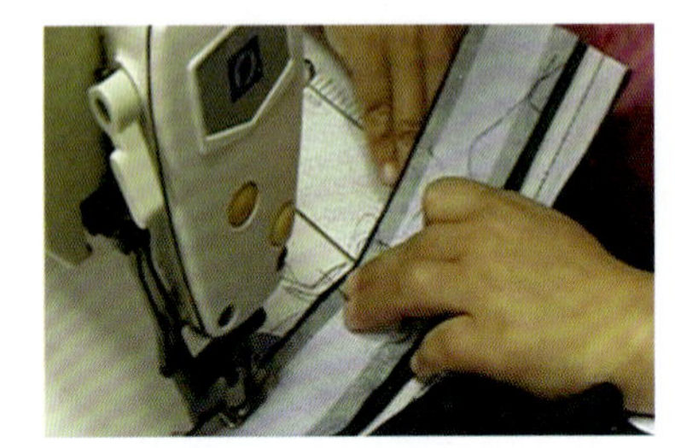

图 6-107　装腰（二）

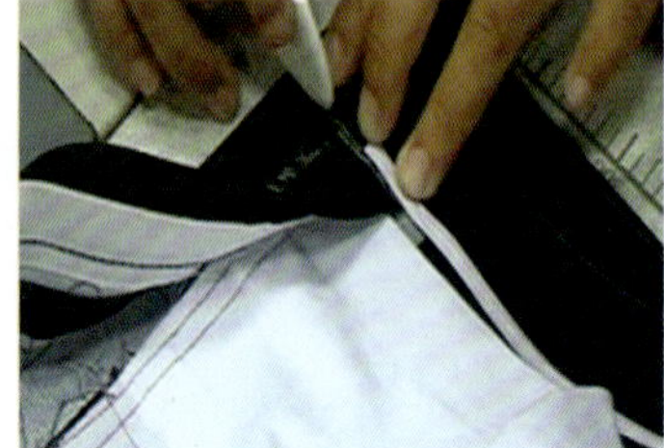

图 6-108　装腰（三）

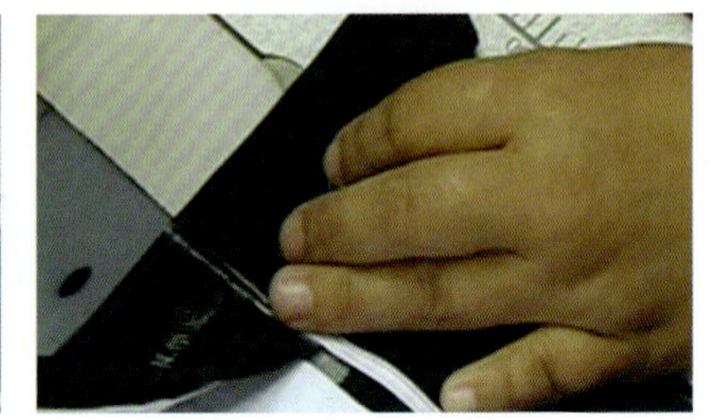

图 6-109　装腰（四）

（4）缝制右腰头。先将里襟里翻至与腰面相对，沿着腰里上口边缘，按里襟里造型与腰面缉合，注意里略拉紧些；再将面、里翻正，沿里襟止口将里襟腰头端口扣烫顺直，里坐进 0.2 cm；最后将里襟里与腰里固定（图 6-110、图 6-111）。

（5）装四合扣。门襟腰头装裤钩，高低以腰宽居中为标准，左、右以拉链对齐为宜。里襟腰头装裤袢一枚，其高低左右与裤钩位置相对应（图 6-112、图 6-113）。

（6）缉门襟明线。先将门襟正面向上放平，按 3.5 cm 宽画上粉印，注意下端圆头位于拉链铁结下 0.5 cm 处，将圆头画准画顺，然后由圆头至腰口按照粉印缉线，将门襟贴边缉住。为防止出现皱纹，缝缉时上层面料可用镊子推送或用硬纸板压着缉（图 6-114）。

（7）固定里襟里。翻正裤子，把里襟里在内侧摆放平整，从正面沿右裤片缉 0.1 cm 明线固定里襟里（图 6-115、图 6-116）。

（8）缉小裆布。在铁凳上将小裆布轧烫平整，把小裆布覆盖在裆底缝头上，下口折光，沿小裆布两侧折光边缉压 0.1 cm 明止口，将小裆布与裤片裆底缝头缉住（图 6–117、图 6–118）。

图 6–110　装腰（五）

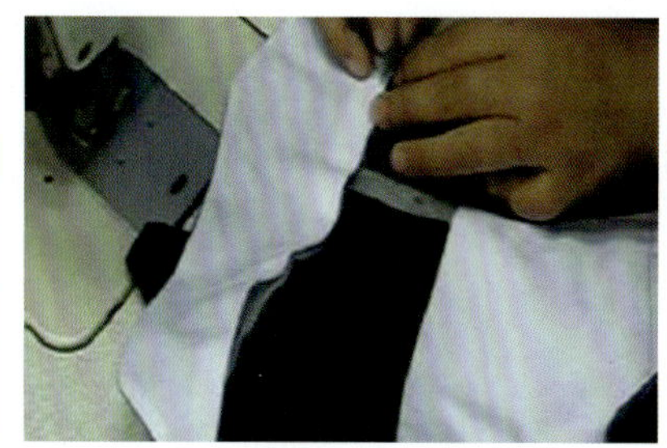

图 6–111　固定腰里

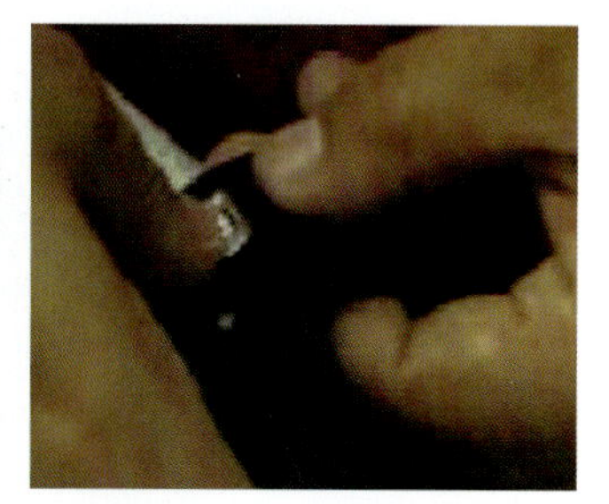

图 6–112　装裤钩（一）

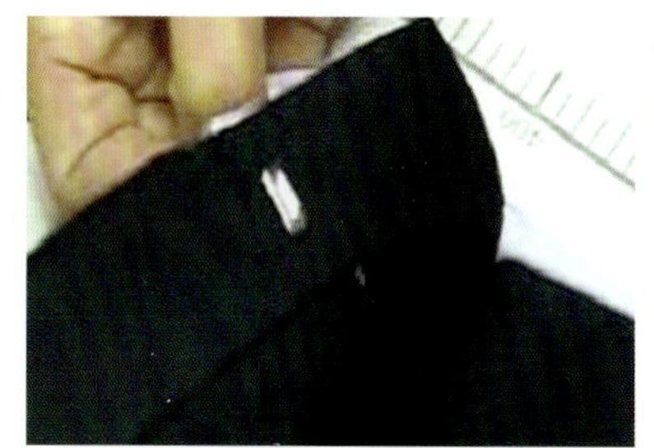

图 6–113　装裤钩（二）

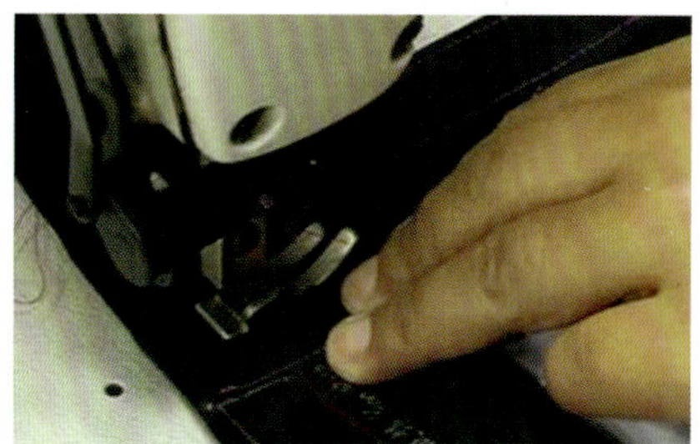

图 6–114　缉门襟明线

图 6–115　固定里襟里（一）

图 6–116　固定里襟里（二）

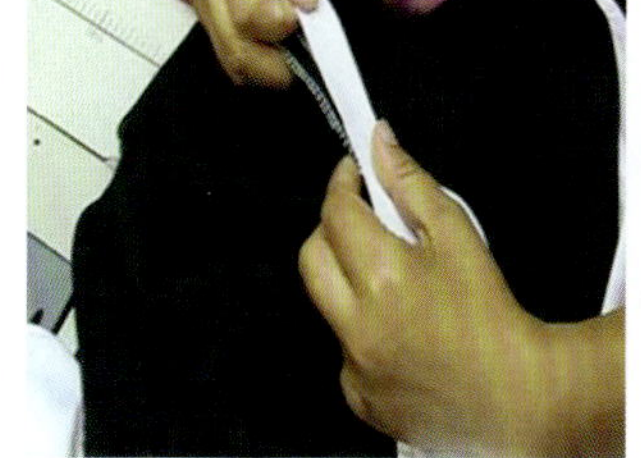

图 6–117　缉小裆布（一）

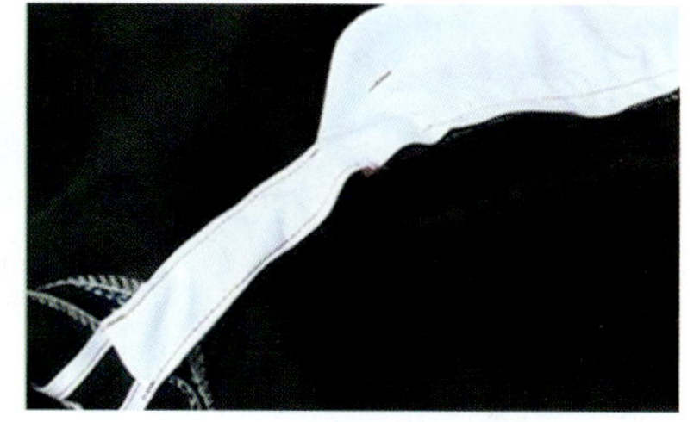

图 6–118　缉小裆布（二）

（9）合缉后裆缝。将左、右后裤片正面相合，后中腰头面与面、里与里正面相合，上、下层对齐，由原裆缝缉线叠过 4 cm 起针，按后裆缝份缉向腰口。后裆弯势应拉直缉线，腰里下口缉线斜度应与后裆缝上口斜度相对应。为防爆线，后裆缝应缉双线。接着把后裆缝分开烫平服，再将腰面烫直烫顺，装腰缝头朝腰口坐倒（图 6–119、图 6–120）。

（10）固定腰里。自门襟开始，在装腰线下 0.1 cm 处缉别落缝，将腰里缉住。缉腰节线时应上、下层一致，上层面子应用镊子推送，下层里子不能起皱纹，应保证腰里平服（图 6–121、图 6–122）。

（11）缉封裤袢。将裤袢向上翻正，平齐腰口折光，上口离边 0.3 cm，来回缉压 4 道明线，将串带上口封牢。注意封线反面只缉住腰面，不能缉住腰里（图 6–123）。

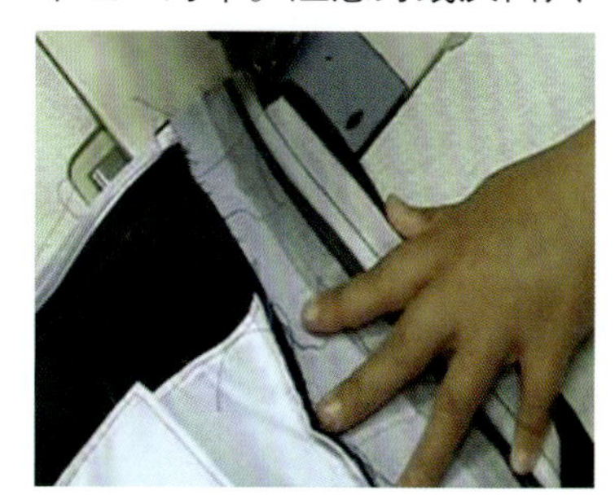

图 6–119　合缉后裆缝

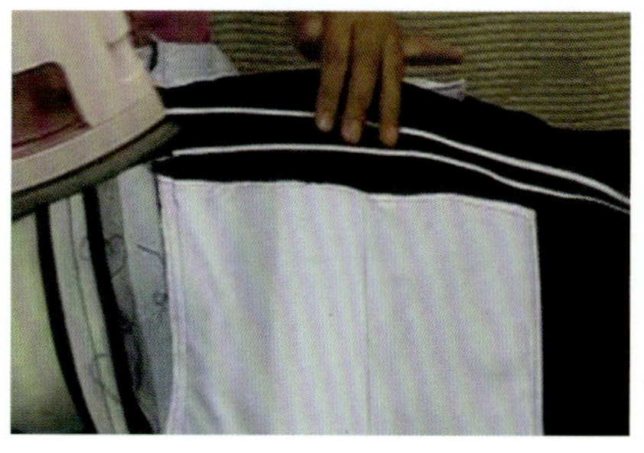

图 6–120　分烫后裆缝

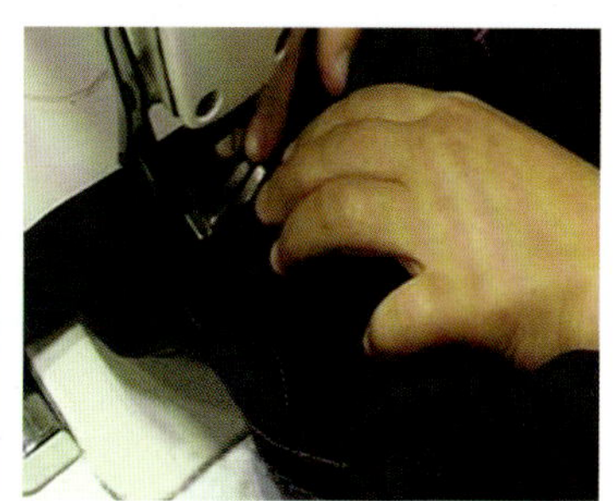

图 6–121　固定腰里（一）

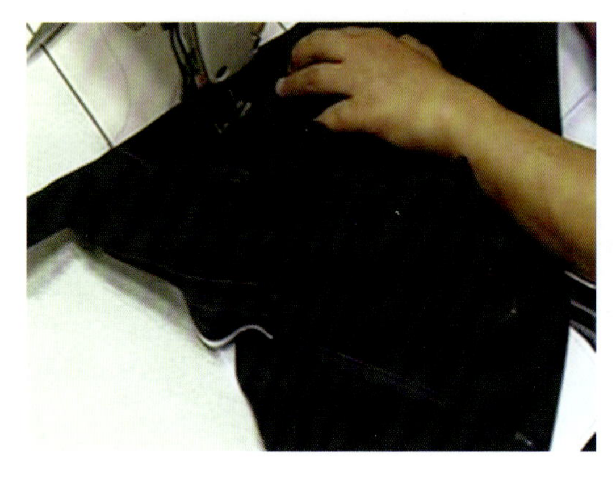

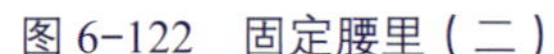

图 6-122　固定腰里（二）

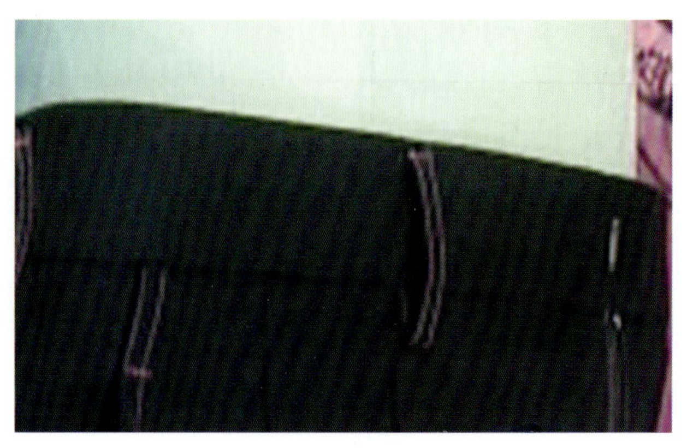

图 6-123　缉封裤袢

14．后整理

（1）缲脚口。将裤子反面翻出，按照脚口线钉将贴边扣烫准确，并沿边用扎线将贴边扎定，然后用本色线以三角针沿锁边线将脚口贴边与大身绷牢。绷线应松点，大身只要缲住一二根丝绺，裤脚正面应不露针迹（图 6-124）。

（2）锁眼、钉扣。左腰头居中距宝剑头 1.5 cm 锁圆头眼 1 只，后袋嵌线下 1 cm 居中锁圆头眼 1 只，眼大均为 1.7 cm。袋垫头和里襟相应位置钉纽扣 1 粒，纽扣尺寸为 1.5 cm（图 6-125、图 6-126）。

图 6-124　缲脚口

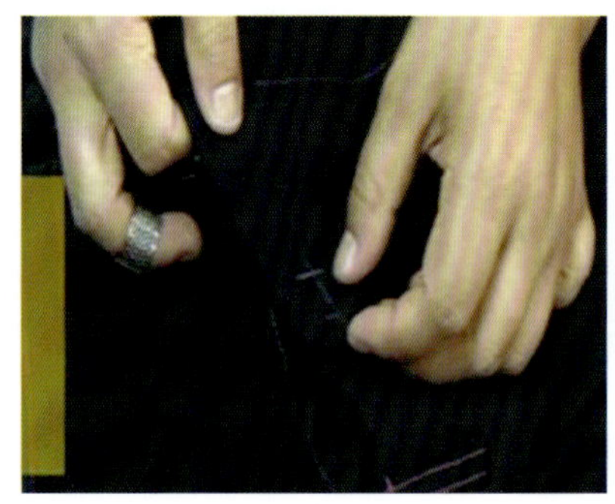

图 6-125　锁眼

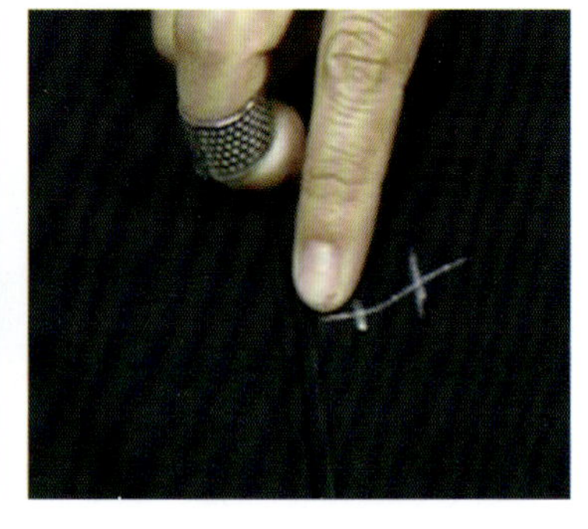

图 6-126　钉扣

15．整烫

整烫前应将裤子上的扎线、线钉、线头、粉印、污渍清除干净，按先内而外、先上而下的次序，分步整烫。

（1）熨烫裤子内部。在裤子内部重烫分缝，将侧缝、下裆缝分开烫平，把袋布、腰里烫平。随后在铁凳上把后缝分开，弯裆处边烫边将缝头拔弯，同时将裤裆轧烫圆顺。

（2）熨烫裤子上部。将裤子翻到正面，先烫门襟、里襟、裥位，再烫斜袋口、后袋嵌线。烫法是：上盖干、湿布，湿布在上，干布在下。熨斗在湿布上轻烫后立即把湿布拿掉，随后在干布上把水分烫干，但不可烫得太久，以防止烫出极光。熨烫时应注意各部位丝向是否顺直，如不顺直可用手轻轻捋顺，使各部位平挺圆顺。

（3）熨烫裤子脚口。先把裤子的侧缝和下裆缝对准，然后让脚口平齐，上盖干、湿布熨烫，烫法同上。

（4）熨烫裤子前、后挺缝。熨烫前应将侧缝和下裆缝对齐。通常，裤子的前挺缝线的条子或丝向必须顺直，如有偏差，应以前挺缝丝向顺直为主，以侧缝、下裆缝对齐为次。上盖干、湿布熨烫，烫法同上。再烫后挺缝，将干、湿布移到后挺缝上，先将横裆处后窿门捋挺，把臀部胖势推出，将横裆下后挺缝适当归拢。上部不能烫得太高，烫至腰口下 10 cm 处止，把挺缝烫平服。然后将裤子调头，熨烫裤子的另一片，注意后挺缝上口高低应一致。烫完后应用衣架吊起晾干。

思考与练习

1. 简述女式牛仔裤的缝制方法。
2. 写出男式西裤的缝制工艺流程及质量要求。
3. 裤片归拔有哪些注意事项？如何操作？
4. 装门、里襟拉链时，怎样才能做到拉链与门、里襟面里平服？
5. 缝制一条男式西裤。

第七章 西服缝制工艺

知识目标 了解西服的面辅料选购要点，理解各种西服样板的放缝要求、工艺流程及工艺质量要求；掌握西服的缝制方法与技巧及熨烫方法。

技能目标 通过学习与实践操作，能够理解服装技术资料，编制服装工艺单，具备应用服装缝制技术完成各类西服缝制的能力。

素养目标 培养学生具有一定的审美和人文素养，具有良好的自我管理能力和自我学习能力。

第一节 女式西服缝制工艺

一、外形概述

图 7-1 所示女式西服为平驳头，单排暗门襟，四粒纽扣，门襟为方角；圆装袖；前、后衣身开公主线；后背做中缝。

图 7-1 女式西服

二、成品规格

女式西服的成品规格见表 7-1。

表 7-1 女式西服的成品规格 cm

号型	衣长	胸围	肩宽	袖口	袖长
160/84A	56	96	40	13	56

三、材料准备

（1）面料：门幅为 144 cm，用料为（衣长 + 袖长 +10）cm。
（2）里料：门幅为 144 cm，用料为（衣长 + 袖长）cm。
（3）辅料：有纺黏合衬（100 cm）、涤纶线（1 个）、扁纽扣（4 粒）。

四、质量要求

（1）成品规格正确。
（2）面、里衬松紧适宜，穿着饱满、挺括。
（3）领头、领角造型正确，串口丝绺顺直，左、右高低一致。
（4）前身胸部圆顺、饱满，收腰一致，丝绺顺直。门、里襟长短一致，挺薄不外吐，高低一致，衣角方正，底边顺直。
（5）背缝顺直，收腰自然。
（6）肩缝顺直符合肩型。
（7）袖山吃势均匀，两袖圆润居中，弯势适宜，袖口平整，大小一致。
（8）里子光洁、平整。
（9）整烫要求平、薄、顺。

五、重点难点

（1）衣片归拔。
（2）做领、装领。
（3）做袖、装袖。

六、缝制工艺流程

女式西服缝制工艺流程如图 7-2 所示。

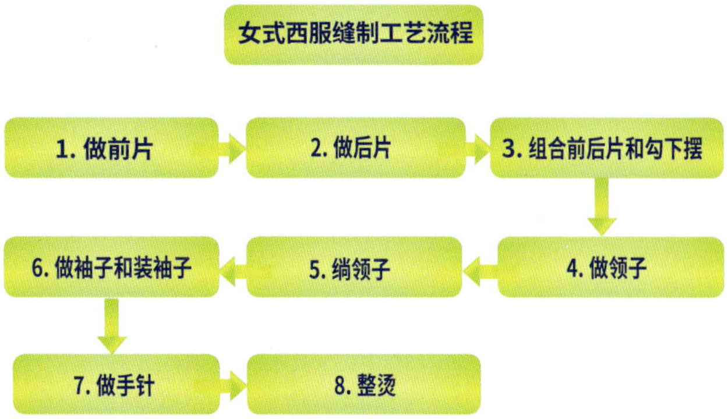

女式西服缝制工艺流程

1. 做前片 → 2. 做后片 → 3. 组合前后片和勾下摆 → 4. 做领子 → 5. 绱领子 → 6. 做袖子和装袖子 → 7. 做手针 → 8. 整烫

图 7-2 女式西服缝制工艺流程

七、缝制图解

1．做前片

（1）做标记。在粘好有纺黏合衬的衣片上，用净样板画好净样线。在各标志点上做好标记，根据不同的生产方式，采用不同的标记方法，以保证左、右衣片的对称性（图 7-3）。

（2）配挂面（图 7-4）。

1）把挂面覆在前片叠门部位，摆正丝绺，在翻驳线上领口处放出 0.7 cm，在下驳头处放出 0.3 ～ 0.7 cm。在驳领上口处比前片放出 0.5 cm，在驳领下叠门止口处与前片一致。

2）领缺嘴处比前片放出 0.3 ～ 0.5 cm。

3）从缺嘴交叉点起，以领口线为依据，测量起翘高 1 cm，把串口画直。在颈侧点处挂面宽为 4 cm，前底边处宽为 10 cm。

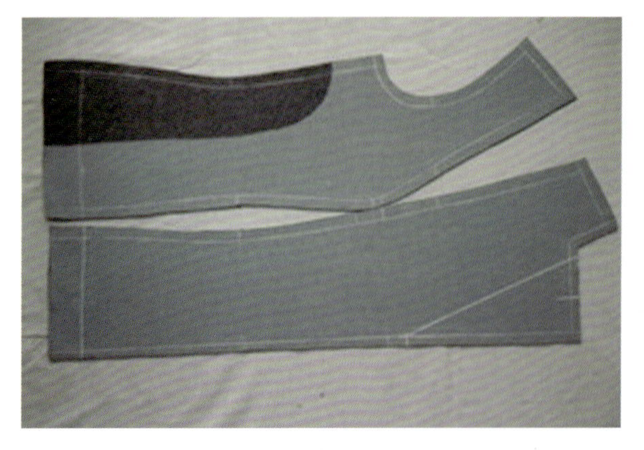

图 7-3　粘衬做标记

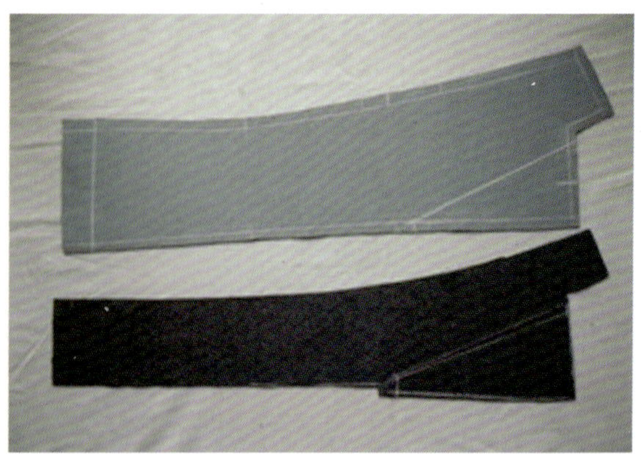

图 7-4　配挂面

（3）配夹里。夹里净缝比面料短 2 ～ 2.5 cm，摆缝、肩缝处夹里与衣片一致，公主线处各放出 0.3 ～ 0.5 cm，叠门处夹里与挂面里止口处放出 2 cm；在挂面内侧配好里袋布（图 7-5、图 7-6）。

（4）缉合公主线。正面对合平缉缝。在 BP 点上、下 3 cm 处，将前中片吃进 0.3 ～ 0.5 cm，其他部位均保持互不松紧。再分烫缝份，并烫平压薄（图 7-7）。

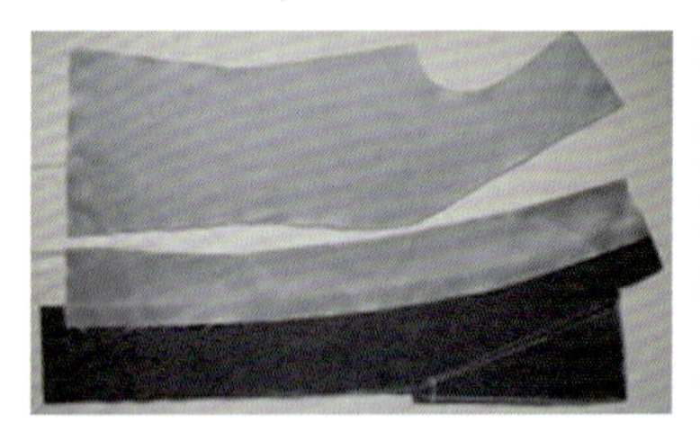

图 7-5　配前里布

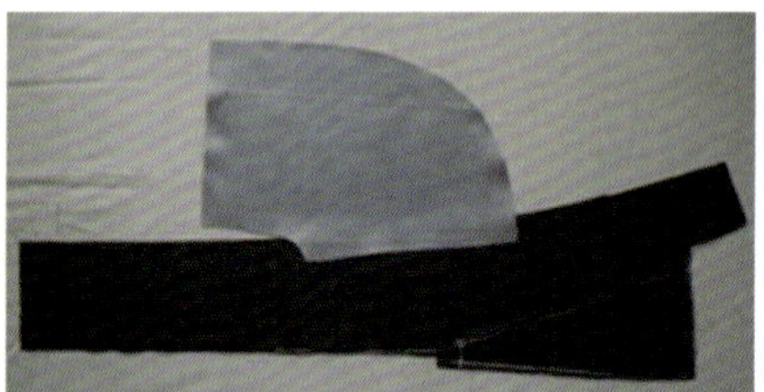

图 7-6　配口袋布

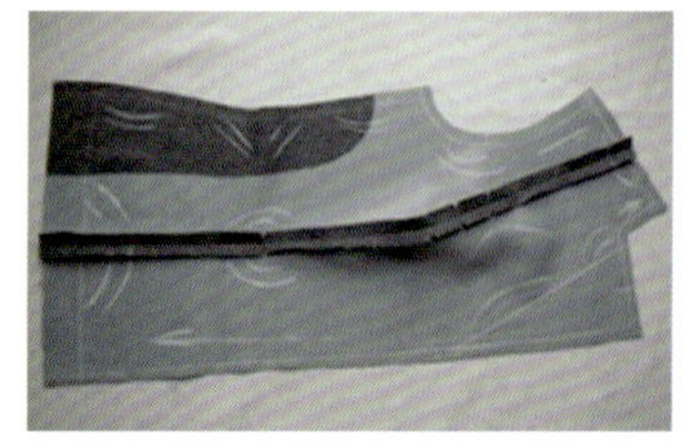

图 7-7　缉合公主线

（5）归拔前片。推、归、拔顺序如下（图 7-8、图 7-9）：

1）驳领叠门部位：自叠门下底边起向上推进，直、横丝绺烫直。从第一粒纽位起到驳嘴的直丝绺要向胸高点方向烫直。

2）摆缝部位：自摆缝底边起烫到袖窿底上，归拔腰节下摆缝的满势，推出腹部胖势，拔开腰节凹势，使整条摆缝成为直线。

3）脖根部位：前领圈出横、直丝绺归正。把前领圈靠近小肩线 2 cm 以内的直丝绺，将小肩线靠近前领圈 2 cm 以内的横丝绺烫成向上翘的弯形，以适应人的肩与脖之间的弧形需要。

4）小肩部位：自脖根起，把小肩线中间横丝绺向锁骨处略微拔成弯形，使肩外端翘起，以符合锁骨凹进、肩骨外端突出的体形需要。

5）袖窿部位：从小肩外端起向下，肩部的斜势不得改变，将直、横丝绺归正。从袖窿深 1/2 处，开始向胸高点处

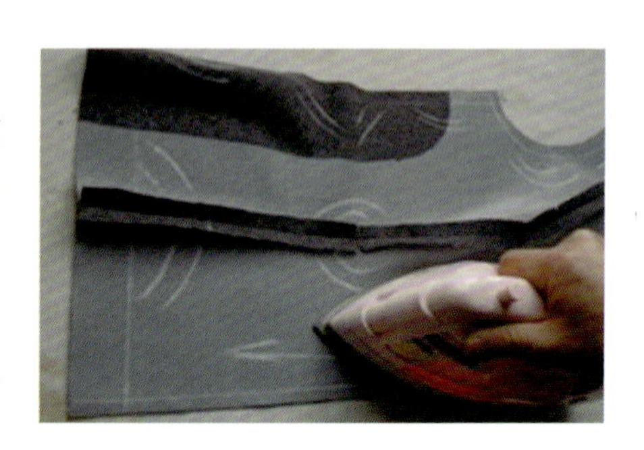

图 7-8　归拔前片（一）

图 7-9　归拔前片（二）

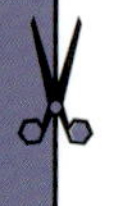

推移。归拢前笼门袖窿弧线，为使袖子贴紧前片打好基础。

6）底边部位：自底边叠门处起向腹部推移，至下底边摆缝处止。推出腹部胖势，把下底边横丝绺烫弯，将底边线烫直，不得超过臀部位 2/3 的位置。

7）中腰部位：以腰节线为界，分别把胸、腰省归烫平服。

8）前胸部位：熨烫驳领叠门与袖窿部位，是从左、右两面推出了胸部的胖势。为使胸部造型丰满圆润，还可以经过胸高点的横丝绺为分界线，进一步从上、下两面把胸部熨烫圆润。

（6）粘烫驳口和袖窿牵条。沿驳口线内侧上距驳口线 1.5 cm，下距驳口线 1 cm，粘烫牵条，粘烫时略带拉力。将归烫好的袖窿粘上牵条以防止拉伸，注意牵条的拉力要适中，以保证胸部的造型（图 7-10、图 7-11）。

整个衣片归拔后的状态应该曲线流畅、自然合体、左右对称；胸部造型丰满圆润，腹部有胖势（图 7-12、图 7-13）。

（7）勾挂面。勾挂面要求挂面里外平服，有窝势，止口坚固，挺薄顺直。

1）定挂面：前片在下，挂面在上，正面复合，扎定住。驳头外止口的挂面横丝绺朝驳折线方向插进 0.7 ～ 1 cm，使直丝绺隆起。以使缺嘴角两边的挂面直、横丝缕也要放有吃势，以利于缺嘴角窝服（图 7-14、图 7-15）。

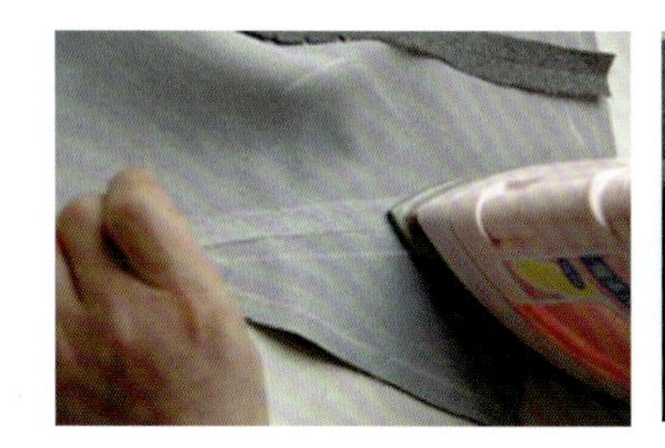

图 7-10 粘驳口牵条

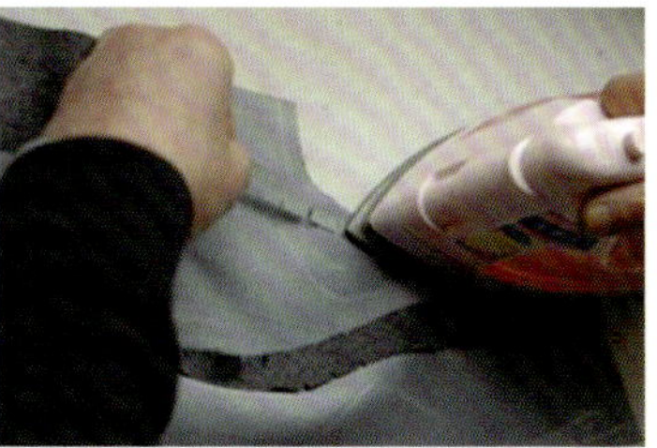

图 7-11 粘袖窿牵条

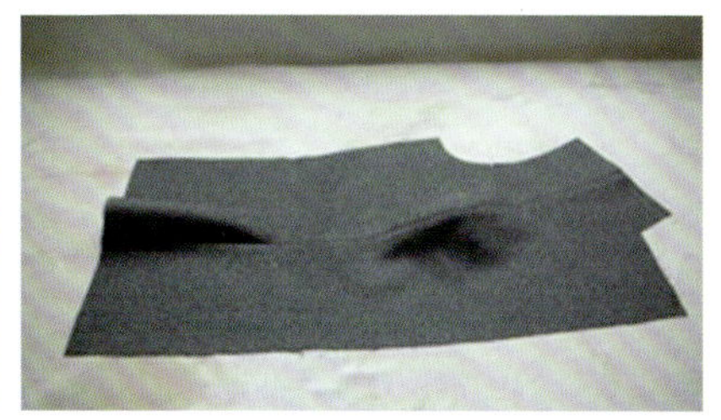

图 7-12 前片归拔状态（一）

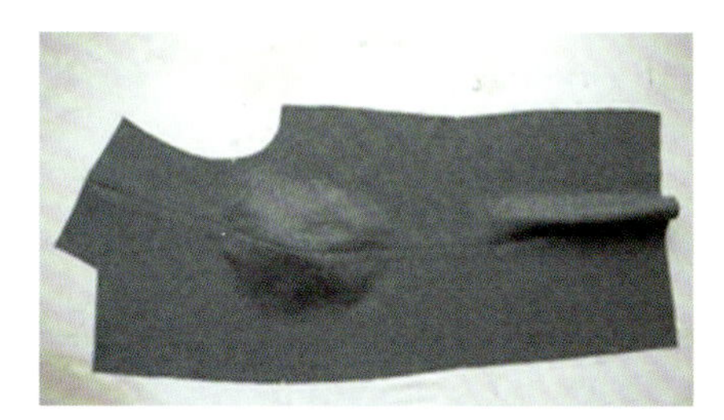

图 7-13 前片归拔状态（二）

图 7-14 定挂面（一）

图 7-15 定挂面（二）

2）底边与叠门 10 cm 交叉角，向挂面卷起，在直横丝绺上叠门都要有吃势，挂面紧些，定出下角窝势。从驳领下端起，沿着叠门止口向下，距底边 10 cm 处止，直丝绺上挂面松一些，以免叠门回止口（图 7-16）。

（8）清剪挂面。修剪缝份，把叠门、挂面所缉缝份修剪成两个层次，挂面缝份宽 0.5 cm。把缺嘴角上缝份也修剪成两个层次。这样止口正面缝份比较薄，比较平整（图 7-17、图 7-18）。

（9）翻烫挂面。把缉好的挂面止口压烫薄。先把底摆按折边宽度烫好，再把挂面正面朝外翻出，保持领角摆角方正。以叠门驳头止点为界，分上、下两段进行，驳领止口处做出挂面，叠门止口处，前片叠门做出（图 7-19、图 7-20）。

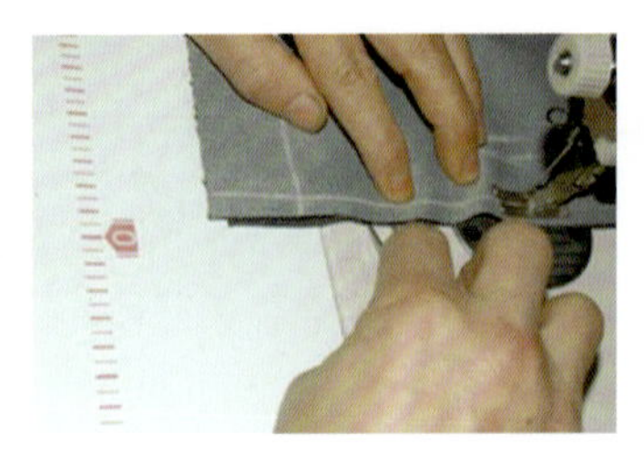

图 7-16　定挂面（三）

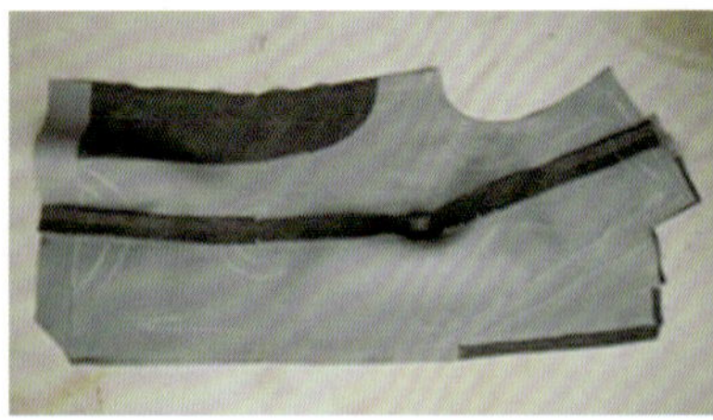

图 7-17　清剪挂面（一）

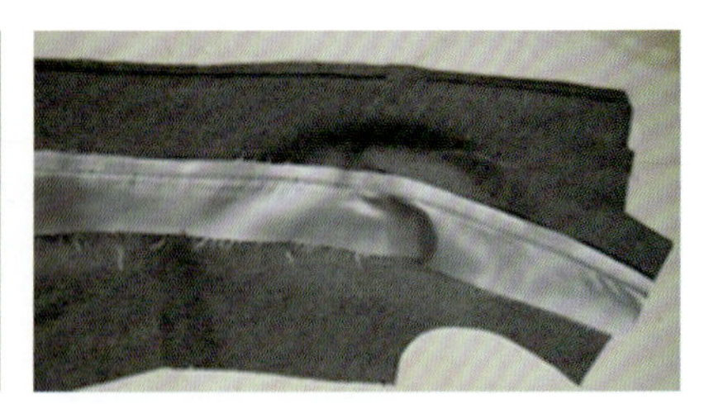

图 7-18　清剪挂面（二）

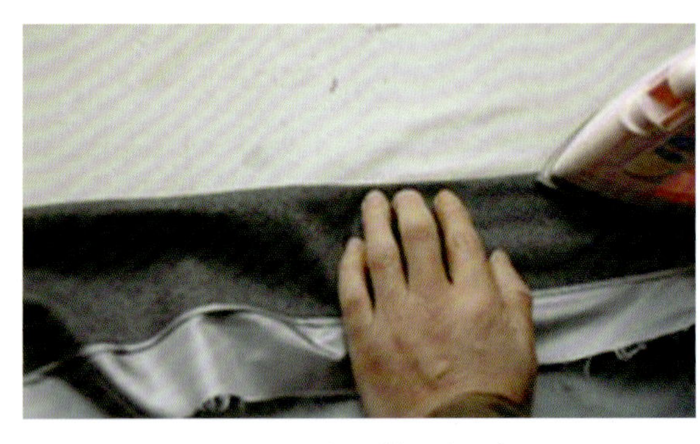

图 7-19　翻烫挂面（一）

图 7-20　翻烫挂面（二）

（10）做里插袋。烫好后按里袋位做里插袋，最后将里料前片缝合并坐倒 0.2 cm 烫平。

2．做后片

（1）缝制标记和放缝。可根据不同的生产方式用不同的标记方式，以保证左、右衣片的一致性。面料放缝：领口、肩缝、侧缝、公主线处均放出 1 cm 缝份，底摆放出 4 cm，后中缝放出 2 cm 里子，领口放出 0.2 cm，袖窿处放出 0.3 ～ 0.5 cm，肩缝、侧缝与衣身一致，底摆比面子短 2 cm，后中缝领口处放出 2.5 cm 缉合 2 cm，往下 6 cm 处放出缉合 1.5 cm，至后中腰处为 2.3 cm（图 7-21、图 7-22）。

（2）配后领圈。用面料裁配，在后中宽为 6 cm，肩线处宽为 4 cm，使之与挂面平齐一致，领口处与夹里一致（图 7-23）。

（3）缉合后中缝，归拔后片。要求背缝，摆缝自然挺直，背部、臀部圆润，胖势适体，袖窿处归拔，左右对称。

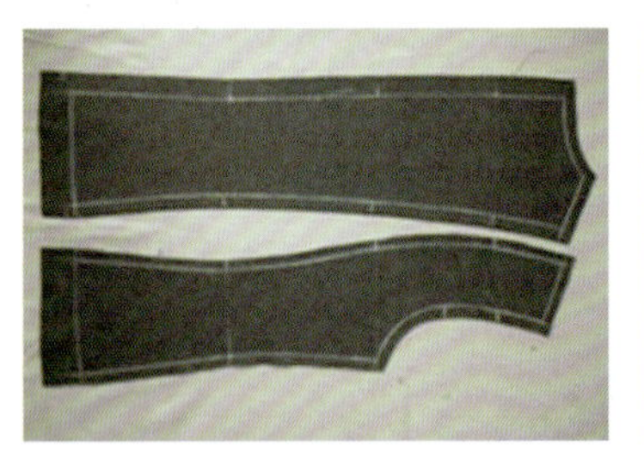

图 7-21　做标记

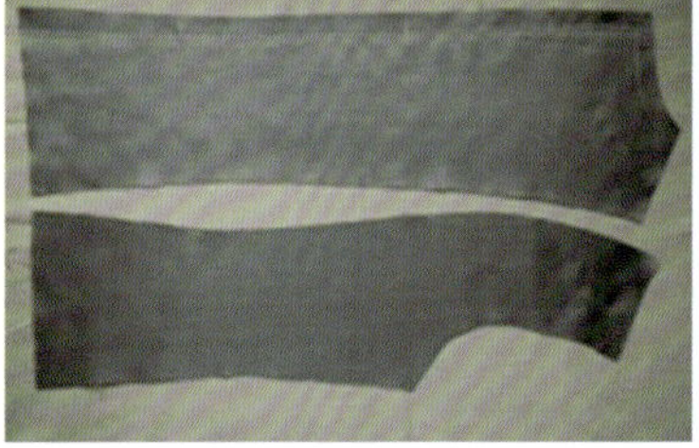

图 7-22　配里布

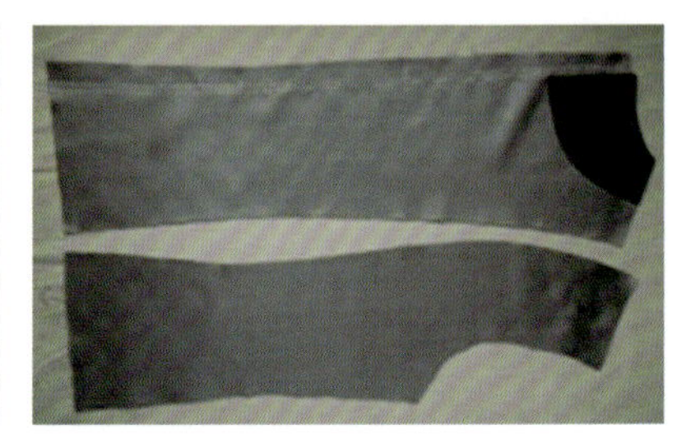

图 7-23　配后领圈

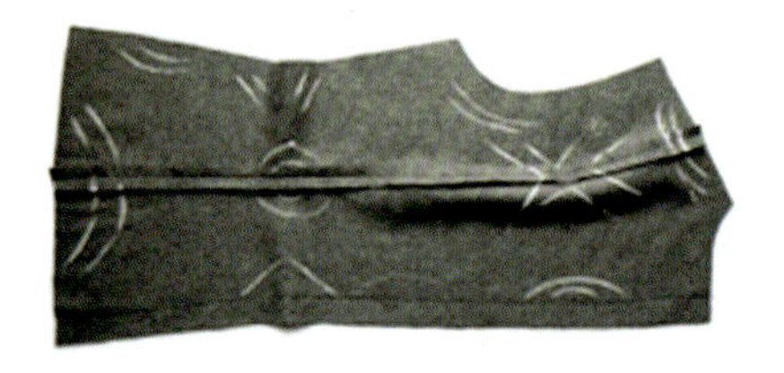

图 7-24　缉合后中缝

1）背中线部位：先把左、右两片沿背中缉合，熨斗自背中线下底边向上推进，拔开腰节凹势，推出臀部及背部胖势，把背线归拔成直线（图 7-24、图 7-25）。

2）摆缝部位：拔开腰节凹势，推出臀部及背部胖势，把低摆缝线归拔成直线（图 7-26、图 7-27）。

（4）领肩部位。自背中线后领口起向肩部推进，使后领

图 7-25 归拔后片（一）

图 7-26 归拔后片（二）

图 7-27 归拔后片（三）

直、横丝绺归正。小肩线处横丝绺向背部推出弯形，小肩线归顺直，以符合人体背部的体形（图 7-28）。

（5）袖窿部位。自小肩线外端起向下，把袖窿部位的直丝绺向背部一边推成弯形，为后戤势创造条件（图 7-29）。

（6）归拔好的后身如图 7-30 所示，使造型更加符合人体曲面的要求。

（7）粘牵条。将归拔好的领线用牵带粘烫牢固，再将牵条粘在袖窿上，要略带拉力粘烫牢固（图 7-31、图 7-32）。

（8）粘底边衬。将横纱有纺黏合衬粘烫在底边上，以保证下摆的稳定（图 7-33）。

图 7-28 归拔后片（四）

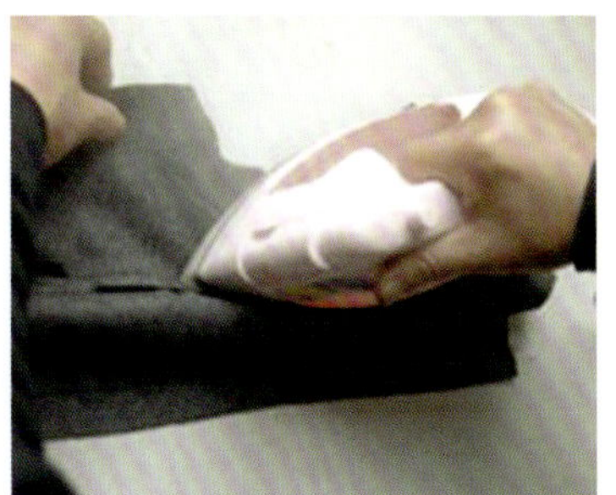

图 7-29 归拔后片（五）

图 7-30 后片归拔状态

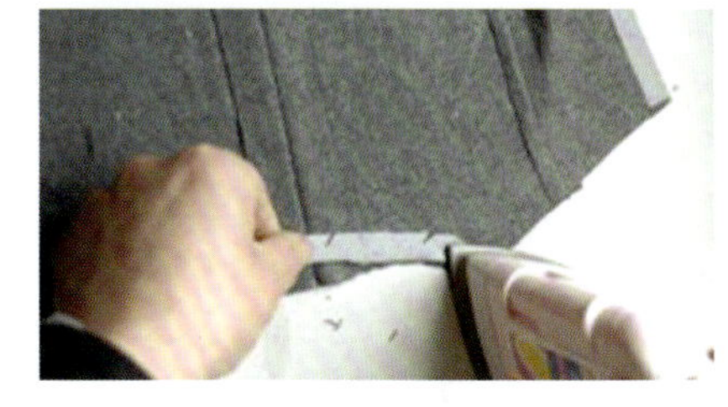

图 7-31 粘领圈牵条

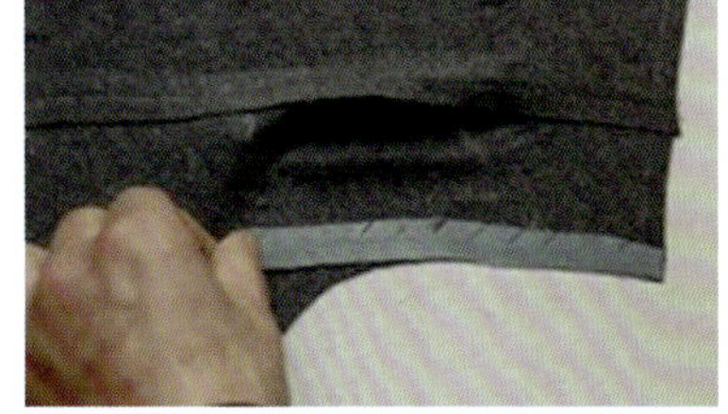

图 7-32 粘袖窿牵条

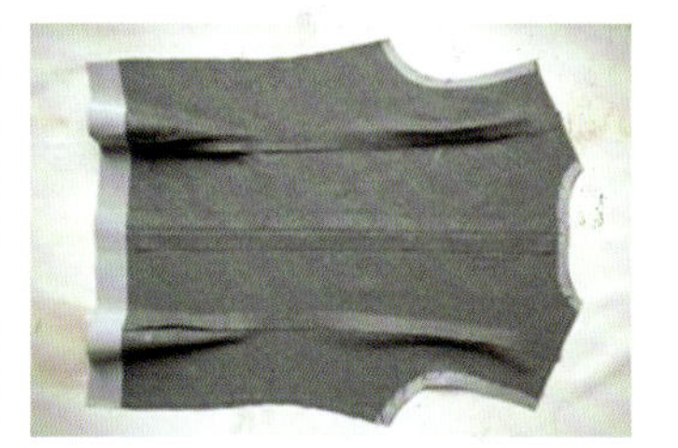

图 7-33 粘底边衬

（9）勾夹里领托。先将后里片按缝份缝合，采用坐倒缝将里料烫平，再把领托按领弧缉缝好（图 7-34）。

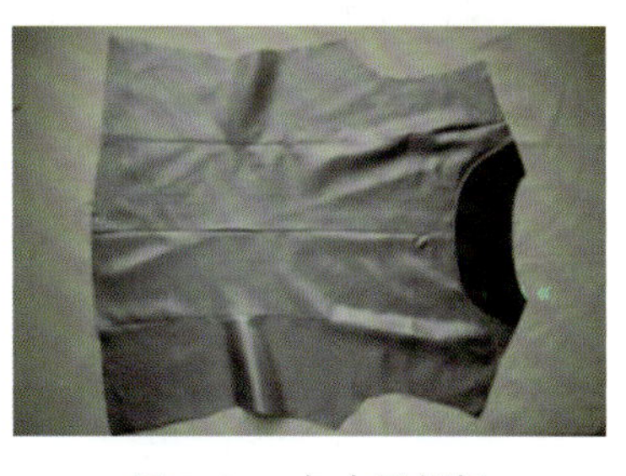

图 7-34 勾夹里领托

3．组合前、后片和勾下摆

（1）缉缝摆缝，分烫摆缝，折烫底边，坐烫里子。注意摆缝要缉顺直。

（2）缉肩缝，分烫肩缝。注意后肩缝略有吃势，熨烫平服。

（3）勾下摆。将前衣身挂面、里子摆平服，确定好里子与底边的对应点，翻出大身，里子与下摆正面相对，要对准里面的各缝合点，由左至右缝合下摆。用三角针法将底边固定在大身上，挑 1 或 2 根纱，不要漏到正面上（图 7-35、图 7-36）。

（4）在侧缝线上对齐里面的腰线剪口，用棉线将里子缝边缝到侧缝上，由距底边 10 cm 处起针至袖窿 10 cm 处收针，每针 4 ～ 5 cm，扎线应略松（图 7-37）。

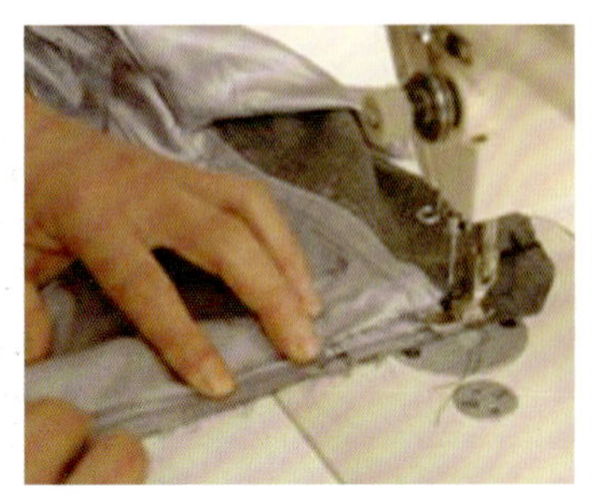
图 7-35　缝合下摆

图 7-36　用三角针固定下摆

图 7-37　固定面里侧缝

4. 做领子

（1）要求。领装上后领圈弧线圆顺，领驳线直不曲，上、下领窝服帖。

1）配领面（纬纱一块）、领里（斜纱两块）（图 7-38）。

2）领面四周放缝 1.5 cm，领里四周放缝 0.8 cm。

3）领里粘衬后缉合领里中线，分烫平整。

（2）归拔领里口。

1）在归拔领底的同时要归烫领中口，归烫时不要过领中线。归拔领外口方法与归拔领里口方法相同（图 7-39、图 7-40）。

图 7-38　配领面、领里

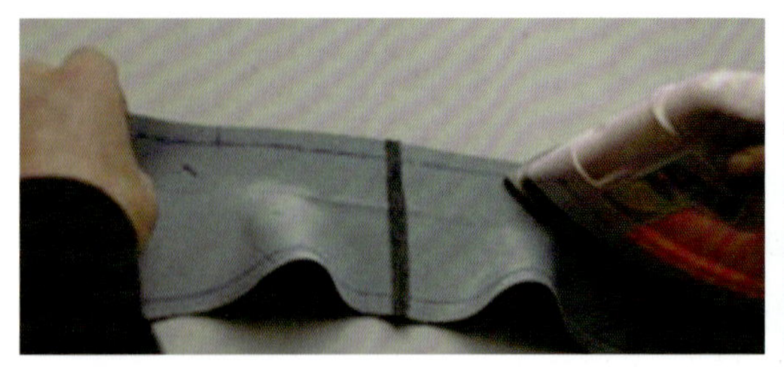
图 7-39　归拔领里口（一）

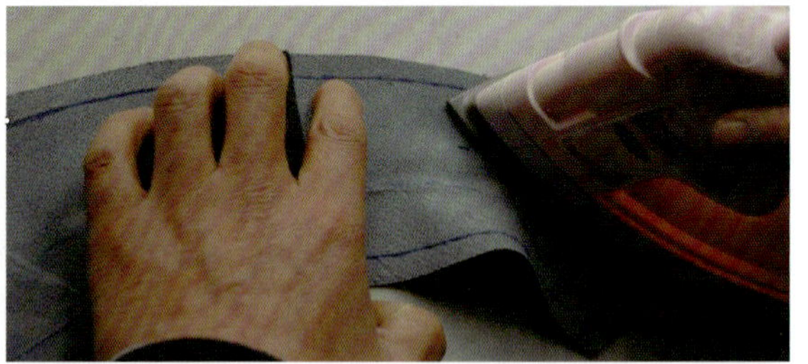
图 7-40　归拔领里口（二）

2）将领脖口线归进，将脖口线归烫服帖（图 7-41、图 7-42）。

（3）归拔领面。将领面外口靠近肩线处逐渐拔开，同时归进内领口的余量（图 7-43、图 7-44）。

（4）勾领子。将领里、领面正面相对，沿净线缉合领外口。在领头处吃进 0.7 cm 使领头窝服（图 7-45、图 7-46）。

图 7-41　归烫脖口线（一）

图 7-42　归烫脖口线（二）

图 7-43　归拔领面（一）

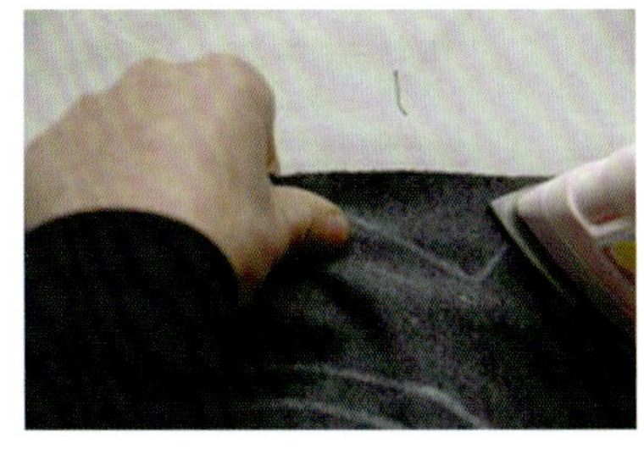

图 7-44 归拔领面（二）

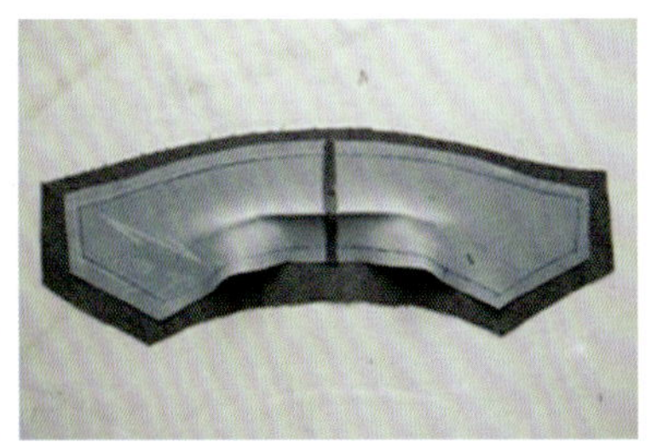
图 7-45 勾领子（一）

图 7-46 勾领子（二）

（5）翻烫领子。缉缝好后清剪缝份，留 0.5 cm 的缝份，并将缝边倒向一边扣烫；将领子正面翻烫，注意领角方正；按领中翻折领面，修剪领面里口缝边，并标示小肩对应点（图 7-47、图 7-48）。

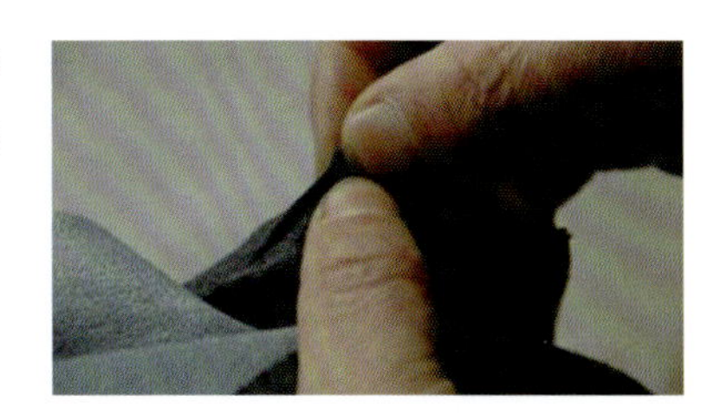
图 7-47 翻烫领子（一）

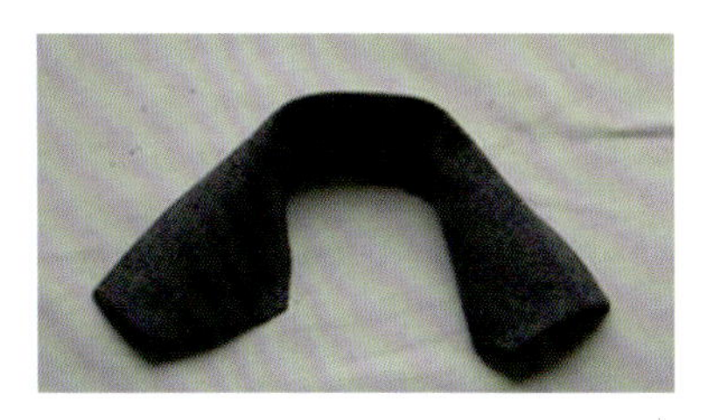
图 7-48 翻烫领子（二）

5．绱领子

（1）领里与大身正面相对，对准绱领点。当缝至方领口顶角处时，机针不动，抬起压脚，用剪刀沿缝边剪至线跟处，不要剪断缝纫线。在肩缝处，领里吃进 0.3 ～ 0.5 cm，对好小肩缝中点，不要拉伸后领口，缝合领面与挂面领口（图 7-49、图 7-50）。

（2）在领面、领里与小肩接合处打剪口，将绱好的领缝进行分烫（图 7-51、图 7-52）。

（3）用棉线将领面与领里缝边固定，将大身翻出，盖上烫布，把领子烫平、压薄（图 7-53、图 7-54）。

图 7-49 绱领子（一）

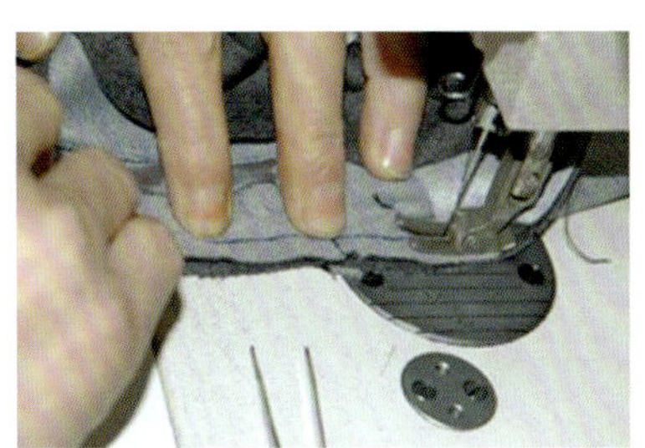
图 7-50 绱领子（二）

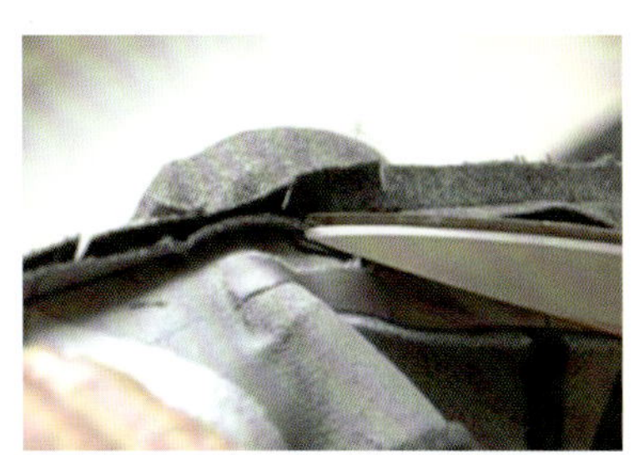
图 7-51 绱领子（三）

图 7-52 分烫领缝

图 7-53 固定领面、领里缝边

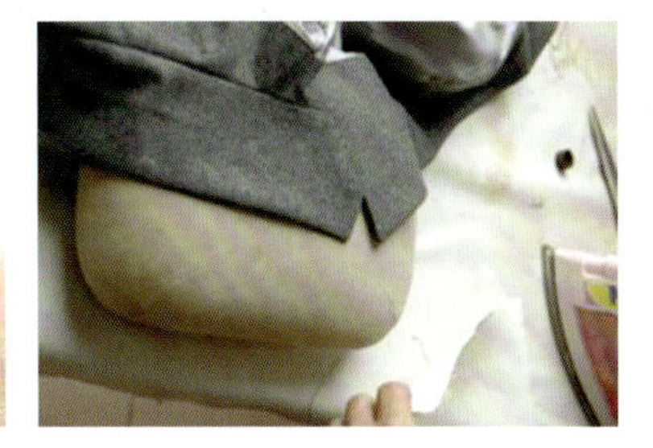
图 7-54 烫平领子

6．做袖子和装袖子

（1）要求。袖子圆顺，袖肘处弯曲自然，适体，装好的袖子丝绺要正直，高低正确，袖山头吃势均匀，左右对称。

（2）放缝（图 7-55、图 7-56）。

1）袖面放缝：大、小袖片，袖山弧线，前、后袖缝均放缝 1 cm，袖口处放出 4 cm。

2）袖里放缝：大、小片夹里在袖口处比袖面子短 2 cm，袖山头比袖面高出 1 cm，比袖底面高出 1 cm，底处比袖面放出 2 cm，前、后袖缝处面子与夹里一样。

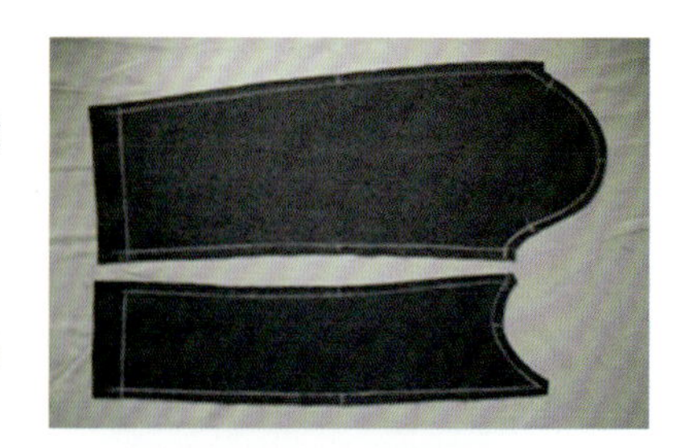

图 7-55　袖面放缝

（3）归拢袖片。

1）袖大片前偏袖部位，自前袖山头处向下推移，把上移 8 cm 部位直丝绺向偏袖线推进，烫成弯形，袖肘线处归拢。

2）烫至袖肘处将前偏袖直丝绺拨开、拉弯。

3）将袖肘到袖口部位的横丝绺烫正直（注：前偏袖部位的熨烫不得超过前偏袖线）。

4）袖大片中间部位，自袖肥线处起向下推移，把直丝缕向后偏袖线推拨成手臂样的弯形，近后偏袖线的直丝绺略拔长，近前偏袖线的直丝缕略归拢。

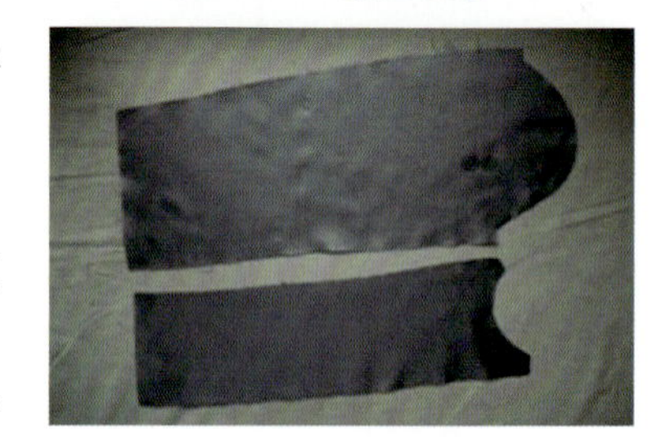

图 7-56　袖里放缝

5）后偏袖线部位：自后袖山头处起，向下推移，把后偏袖部位向外袖缝方向归拢。

（4）缉袖缝。

1）缉烫袖里缝：把袖子大、小片正面相叠缝合，顺袖缝弯势烫开（注：烫时将袖小片摊平，袖大片呈自然形状。熨斗不得超过前偏袖线）。

2）缉合外袖缝：把大、小袖片的外袖缝正面相对缉合。袖大片袖肘部要放些吃量。分烫袖缝，将袖口折边翻烫（图 7-57、图 7-58）。

3）做袖夹里：大、小袖片正面相对缉合，在大袖片前偏袖肘部拨开缉合，以免袖子起吊。外袖缝中段大袖中要略吃进缉合。缝份要倒向大袖，倒缝 0.2 cm（图 7-59）。

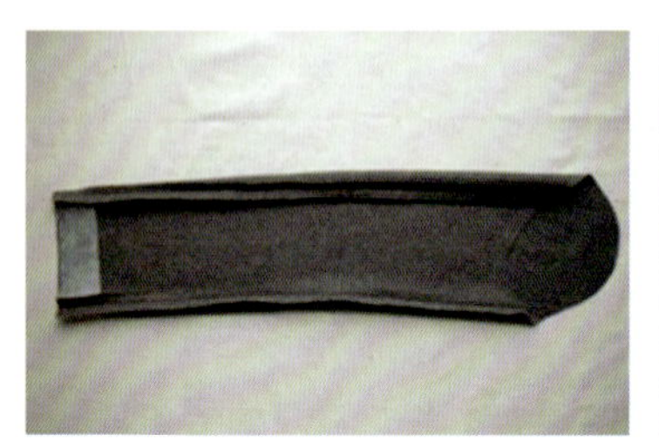

图 7-57　分烫袖缝

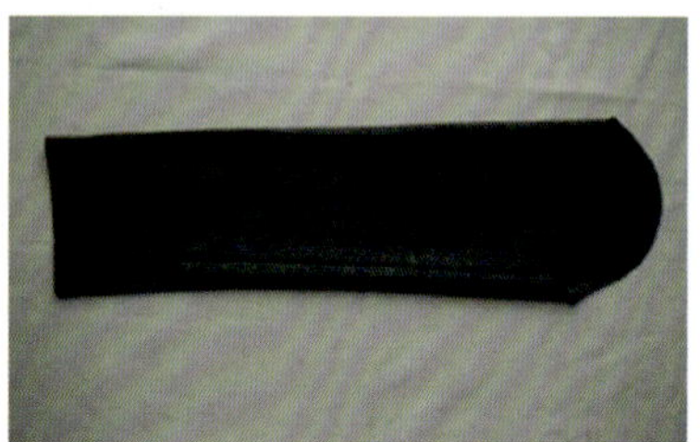

图 7-58　翻烫袖口折边

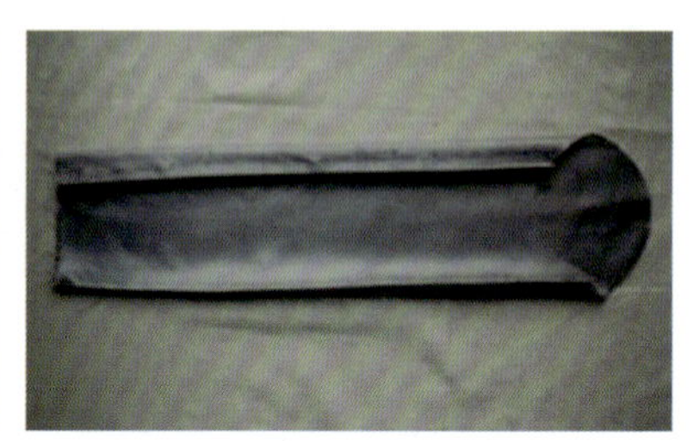

图 7-59　做袖夹里

4）敷袖夹里：将袖的正面和夹里的反面相对，外袖缝与里袖缝的中段相应用手针复 3 cm 为一针，线可松些。把袖子翻出，距袖口贴边 1.5 cm 处折转夹里贴边，用白线固定，缉袖底边夹里（图 7-60）。

（5）抽袖山线。为满足袖子的造型，袖山需要有一定的吃势，抽多少视面料的厚薄及款式特点而定。一般前、后袖山总吃势量为 2.3 ～ 3.3 cm。方法是在距袖山边 0.7 cm 处，用棉线拱缝袖山弧线，注意不要断线，再将袖山缉缝圆顺。袖夹里的抽袖山的方法与之相同（图 7-61、图 7-62）。

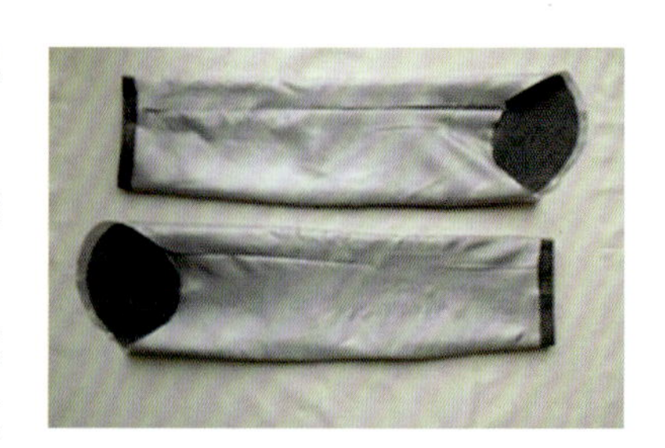

图 7-60　敷袖夹里

（6）熨烫袖山。为使袖头成为富有立体感的圆润造型，可把袖山放到板凳上，熨烫拱好的袖山

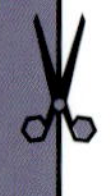

吃势（图 7-63）（注：烫时不要超过缝子的宽度，以免袖山头圆势走形）。

图 7-61 抽袖山（一）

图 7-62 抽袖山（二）

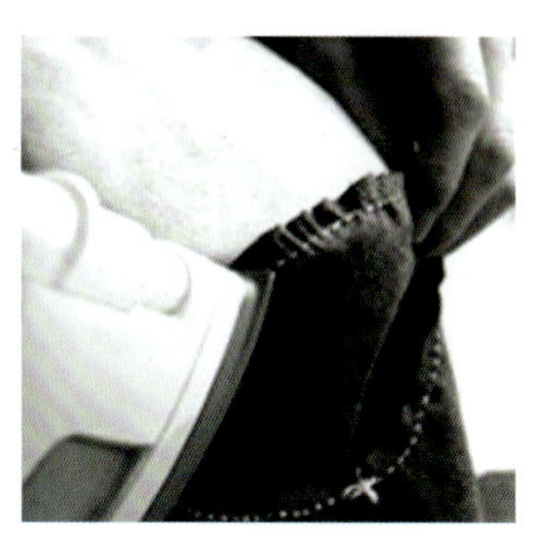

图 7-63 熨烫袖山

（7）绱袖子。

1)将袖山与袖窿的对应点对好，用棉线沿净粉线扎定一周；袖山头的吃势在肩缝前、后的 1.5 cm 左右，具体量化需根据面料及肩型的风格特点来确定。在袖窿两侧斜势处可多一些，在袖窿底部 3 cm 处，不放吃势，互不松紧（图 7-64、图 7-65）。

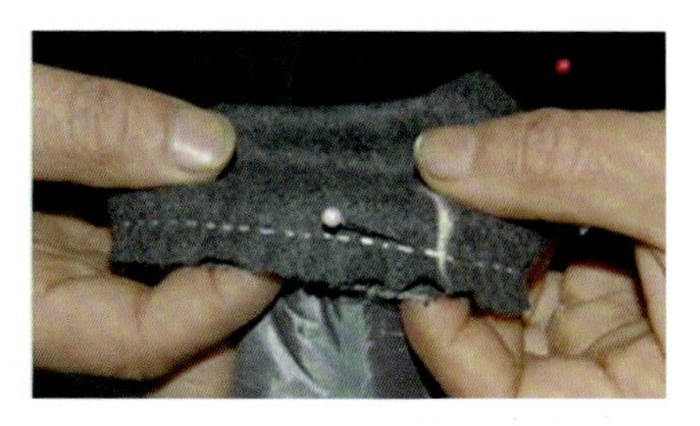

图 7-64 绱袖子（一）

2）将固定好的袖子缉缝 1 cm，检查扎定好的袖子是否圆顺、饱满，是否均匀。前袖缝基本平行于前门止口，左、右袖子要对称一致，不偏前也不偏后，再沿扎定线缉合袖窿一周，装袖完毕（图 7-66、图 7-67）。

图 7-65 绱袖子（二）

图 7-66 绱袖子（三）

图 7-67 绱袖子（四）

7．做手针（缲定袖夹里、锁眼、钉扣）

将前、后衣身的夹里与面子的各对应点及缝子对好绷缝袖窿一周。右衣片锁圆头眼 4 只，高低以纽位线钉为准，左右以止口进 1.5 cm 为准。左衣片钉纽扣 4 粒，位置与右片眼位对应。

8．整烫

先拆除扎线，清除线头，拍去粉印，去除污迹再进行整烫。

1）烫贴边及里子底边。将衣服里子朝上，下摆放平、摆顺、喷水，先将下摆贴边烫顺烫平服，再将里子底边坐势烫平，顺势将衣服里子轻轻烫平。

2）烫驳头及门襟止口。将驳头门襟止口朝自身一侧放平，正面朝上，丝绺归正。盖干、湿布，用力压烫，趁热移去熨斗后立即用烫木加力压迫止口，将其压薄、压挺。用同样的方法再烫反面止口、领止口。

3）烫驳头和领子。先将挂面、领面正面向上放平，喷水，盖布，将其熨烫平服，串口、驳角熨烫顺直。将驳头置于布馒头上，按规格将驳头向外翻折，量准驳头宽度，喷水盖布熨烫。注意将驳口线以上 2/3 烫服，驳口线以下 1/3 不烫服，以增强驳头的自然感。最后将领子置于布馒头上，按规格将领子向外翻折，喷水，盖布，将翻领线烫顺，并注意驳头翻折线与领子翻折线连顺。

4）烫肩头与领圈。肩头下垫铁凳，喷水，盖布，熨烫，肩头往上稍拔，使肩头略带鹅毛翘。前肩丝缕归正，后肩略微归烫，并顺势将前、后领圈熨烫平服。

5）烫胸部。胸部下垫布馒头，按上、下、左、右的顺序逐一喷水、盖布、熨烫，把胸部烫得圆顺饱满，使之符合人体胸部造型。

6）烫摆缝。将摆缝放平放直，从底边开始向上熨烫。

7）烫大袋。大袋下垫布馒头，喷水，盖布，一半一半地烫，烫出窝势，使之符合人体胯部造型。

8）烫后背。后背中缝放直放平，喷水，盖布，烫平服。肩胛骨隆起处及臀部胖势处下垫布馒头，喷水，盖布，熨烫，使之符合人体造型。

第二节　男式西服缝制工艺

一、外形概述

图 7-68 所示男式西服为平驳头，门襟止口为圆角，两粒扣，左、右双嵌线大袋，左胸手巾袋一个，后身做背缝，开背衩，圆装袖，袖口处做袖衩，并有三粒装饰纽扣。

图 7-68　男式西服

二、成品规格

男式西服的成品规格见表 7-2。

表 7-2　男式西服的成品规格　　cm

号型	衣长	胸围	肩宽	袖口	袖长
170/88A	72	106	44.6	16	59

三、材料准备

（1）面料：门幅为 144 cm，用料为（衣长 ×2+10）cm。

（2）里料：门幅为 144 cm，用料为（衣长 ×2）cm。

（3）辅料：有纺黏合衬（150 cm）、无纺黏合衬（50 cm）、领底呢（15 cm）、胸衬（1 对）、垫肩（1 对）、袖棉条（1 对）、牵条衬（400 cm）、涤纶线（1 个）、棉线（1 团）、扣子（大扣 3 个、小扣 7 个）。

视频：男式西服缝制工艺（一）

视频：男式西裤缝制工艺（二）

视频：男式西裤缝制工艺（三）

视频：男式西裤缝制工艺（四）

视频：男式西裤缝制工艺（五）

四、质量要求

（1）男式西服各部位规格正确，面、里、

衬松紧适宜。

（2）领头、驳头、串口平服顺直，丝绺不歪斜，左右宽窄、高低一致，条格对称。

（3）袋角方正，袋盖窝服，袋口不起皱、不发毛，左、右袋对称。手巾袋四角方正，宽窄一致，袋口不松不紧。

（4）后背平服、方登，背缝顺直，腰部和腰下均匀服帖，条格对称；后衩长短相符，不搅不豁。

（5）肩缝顺直，左、右小肩宽窄一致。

（6）装袖圆顺，前圆后登，袖子前后适宜，无涟形，无吊紧。

（7）里子部位挂面平服、宽窄一致，底边宽窄一致，里袋高低、大小、左右对称，嵌线顺直，袋角方正，封口整洁牢固，整件衣服面、里、衬松紧适宜，融为一体。

（8）缲针、锁针、花绷针等符合工艺要求。

（9）各部位缝子要烫平、烫实，按形状烫服帖，不能有亮光、水花、油污等。

（10）眼位不偏不斜，扣与眼位相对。

五、重点难点

（1）推、归、拔。

（2）开袋。

（3）做领、装领。

（4）做袖、装袖。

六、男式西服缝制工艺流程

男式西服缝制工艺流程如图 7-69 所示。

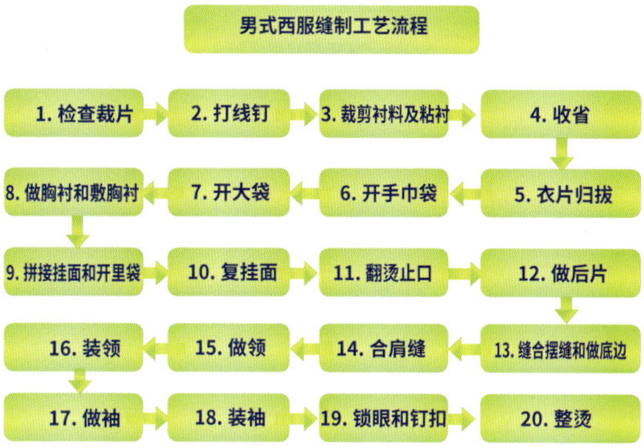

男式西服缝制工艺流程

1. 检查裁片 → 2. 打线钉 → 3. 裁剪衬料及粘衬 → 4. 收省 → 5. 衣片归拔 → 6. 开手巾袋 → 7. 开大袋 → 8. 做胸衬和敷胸衬 → 9. 拼接挂面和开里袋 → 10. 复挂面 → 11. 翻烫止口 → 12. 做后片 → 13. 缝合摆缝和做底边 → 14. 合肩缝 → 15. 做领 → 16. 装领 → 17. 做袖 → 18. 装袖 → 19. 锁眼和钉扣 → 20. 整烫

图 7-69 男式西服缝制工艺流程

七、缝制图解

1．检查裁片

检查西服的部件是否齐全；检查有无不合规格的样片，将不合规格的样片按样板修改正确或换片。

2．打线钉

打线钉的部位有：驳口线、缺嘴线、手巾袋位、前袖窿装袖对档位、腰节线、大袋位、纽位、胸省线、底边线、背缝线、背高线、腰节线、背衩线、底边线、袖山对刀位、偏袖线、袖肘线、袖衩线、袖口折边线（图 7-70）。

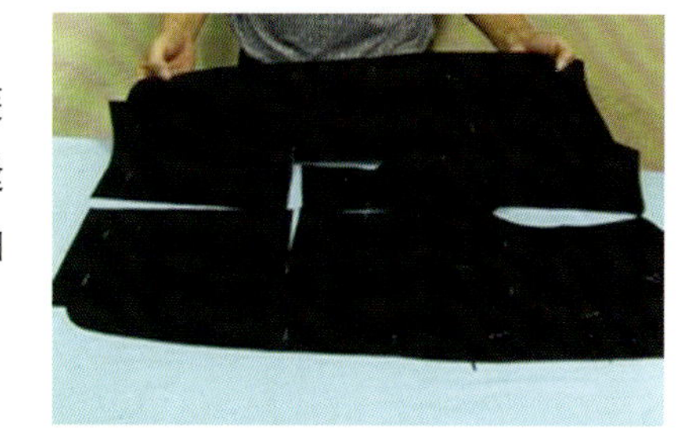

图 7-70 打线钉

3．裁剪衬料及粘衬

粘衬的部位包括大身、挂面、领面、袋盖面、手巾袋片、嵌线条、袖口、袖山头等（图 7-71）。

4．收省

1）剪开肚省，收胸省。将肚省（袋口线）剪开，胸省剪至距省尖 3.5 ～ 4 cm 处，用线好车缉，省尖要缉尖，省缝要顺直。省尖处丝绺不应有大于 0.1 cm 的偏差（图 7-72、图 7-73）。

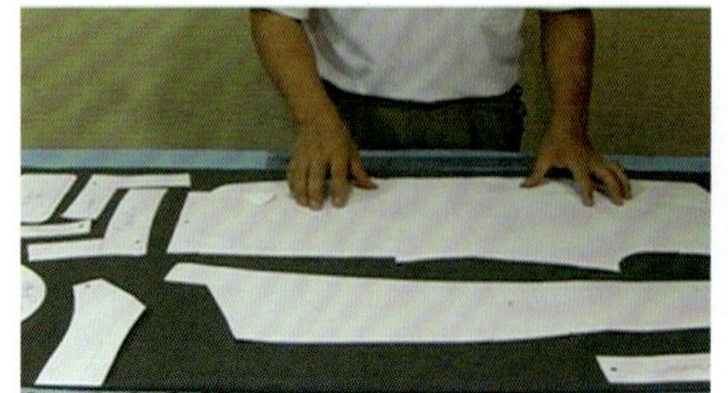

图 7-71　裁剪衬料

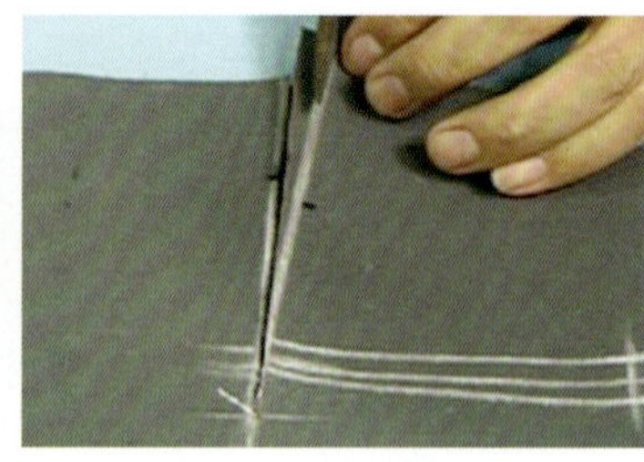

图 7-72　开肚省

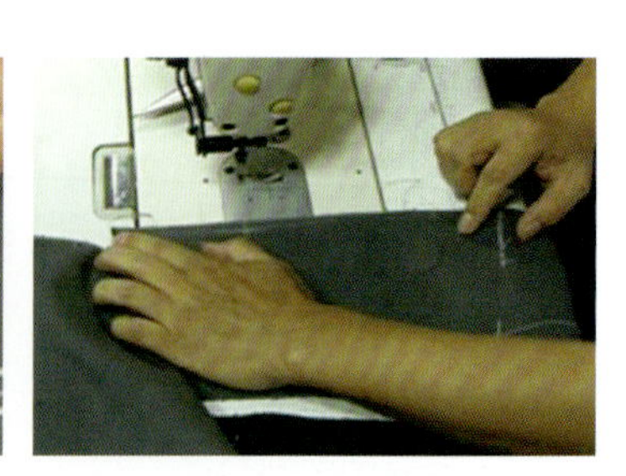

图 7-73　收胸省

2）分烫省缝。把衣片止口一边面向自己放平，分烫省缝。省尖处可插一根针，以防省尖偏倒一边。分烫时在腰节处丝绺向止口推出 0.6 ~ 0.8 cm，并以腰节线为准向两边略拉抻。将胸省烫开，袋口摆平，袋口处搭合的量在下层剪掉（即肚省量）。合并袋口处肚省缝，将袋口处用黏合衬粘好（图 7-74、图 7-75）。

图 7-74　分烫胸省缝（一）

（3）合腋片。大、小衣片的腰节线、底边线对准，在袖窿深下 10 cm 一段大片有 0.3 ~ 0.5 cm 吃势，缝头为 0.8 cm，缉线松紧量适宜，缉线顺直。分烫胁省时，两边丝绺放直，斜丝处不宜拉抻（图 7-76、图 7-77）。

图 7-75　分烫胸省缝（二）

图 7-76　合腋片（一）

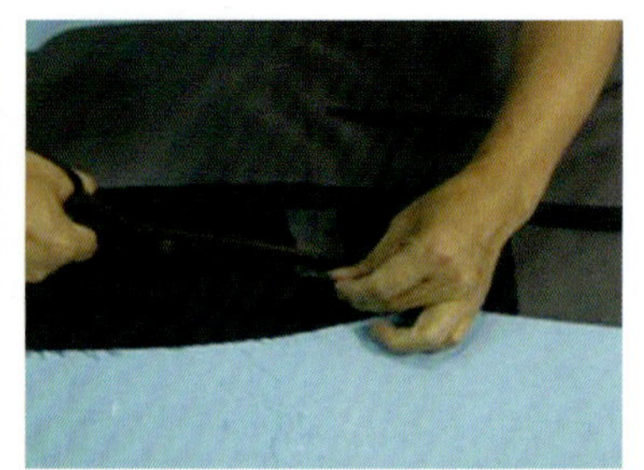

图 7-77　合腋片（二）

5．衣片归拔

（1）归拔前衣片。

1）拔烫前止口。把止口靠近身边，将止口直丝推进 0.6 ~ 0.8 cm。熨斗从腰节处向止口方向顺势拔出，然后顺门襟止口向底边方向伸长。要求止口腰节处丝绺推进烫平、烫挺。熨斗反手向上，在胸围线处归烫驳口线，丝绺向胸省尖处推归、推顺（图 7-78、图 7-79）。

2）归烫中腰及袖窿处。把胸省位至胁省的腰吸回势归到胁省至胸省的 1/2 处。熨烫时一定要归平，以防回缩。归烫袖窿时要注意：

①袖窿直丝要向胸部推弹 0.3 ~ 0.5 cm（肩点下 10 cm 至腰节处）。

②袖窿处直、横丝绺要回直，横丝可以略向上抬高，归烫时熨斗应由袖窿推向胸部（图 7-80、图 7-81）。

3）归烫底边、大袋口及摆缝。

①把底边弧线归直，胖势向上推向人体的臀围线处。大袋口的胖势向下归烫，上、下反复归烫，直到烫匀。

②把腰节线以下摆缝胖势向袋口方向归烫。要求摆缝处丝绺直顺，袋口胖势匀称。

4）归烫肩头部位（图 7-82、图 7-83）。把衣片肩部靠近身体，把腰节线折起，锁骨部位横、直丝绺放直。

①拔烫前横开领，向外肩方向拉大 0.5 ~ 0.8 cm，同时将横领口斜丝略归。

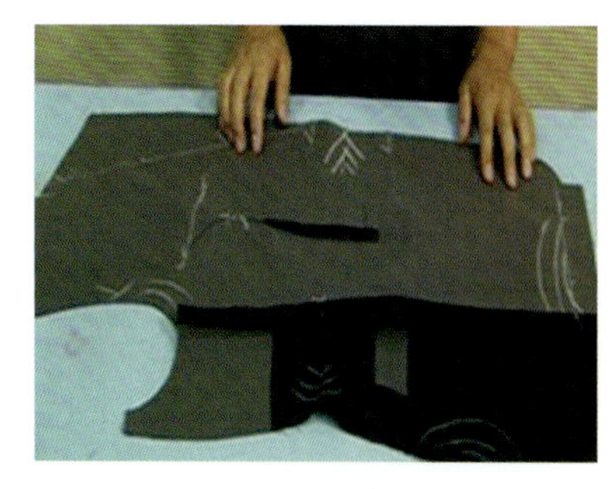
图 7-78 归拔前片（一）

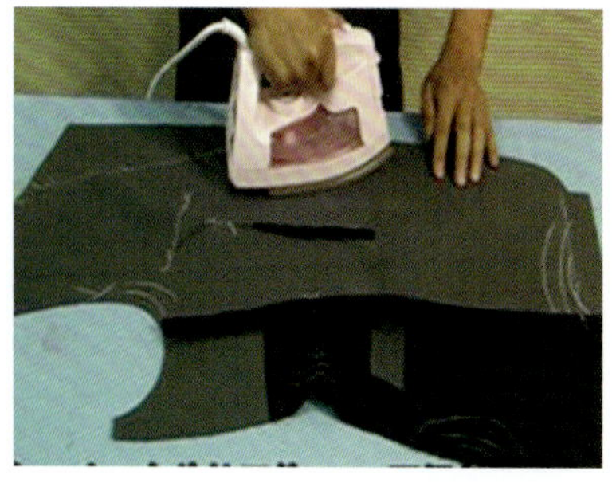
图 7-79 归拔前片（二）

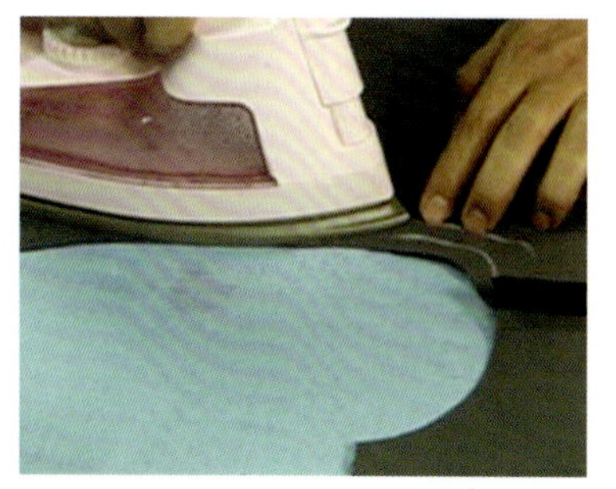
图 7-80 归拔前片（三）

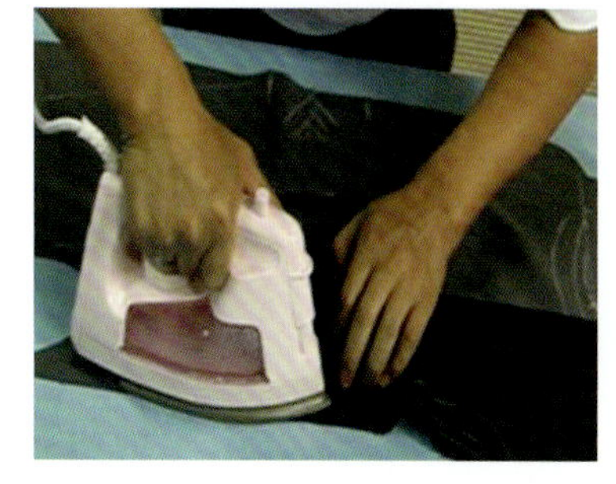
图 7-81 归拔前片（四）

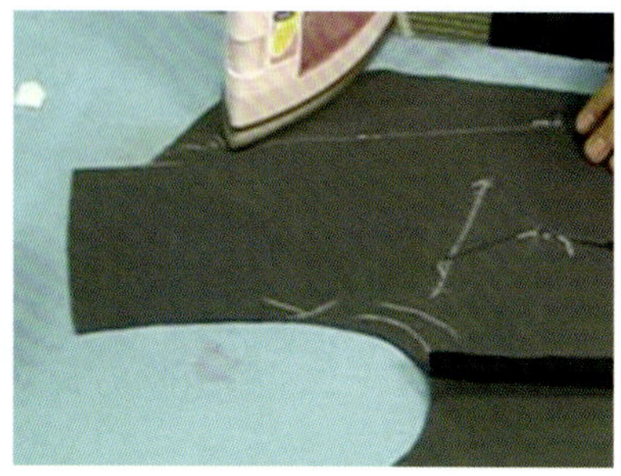
图 7-82 归拔前片（五）

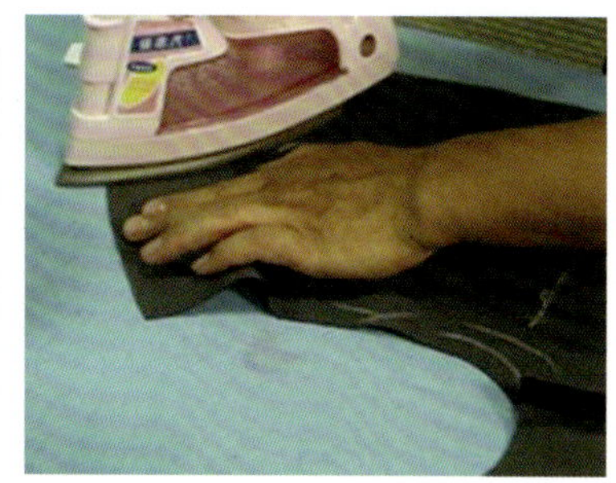
图 7-83 归拔前片（六）

②用熨斗将肩头横丝向下推弹，使肩缝呈现凹势，将胖势推向胸部。

③熨斗由袖窿处向外肩点顺势拔出，使外肩点横丝略微上翘，使肩缝产生 0.8 ～ 1 cm 的回势。

5）粘烫牵条，防止止口变形。牵带用 1.2 cm 宽的直料黏合衬。先画出止口和串口线的净粉线，底边沿线丁向下 0.1 ～ 0.2 cm 画线，牵带沿净粉粘贴。串口处平敷，驳头上口中间部位带紧，门、里襟止口上段平敷，中段略紧，圆角处带紧。为防止牵带脱落，可用缭针将牵带缭在衣身上。正面不能显露线迹，在归拔好的衣片上沿净粉线内粘烫止口牵条，在袖窿弧线上沿净边粘烫牵条，沿驳口线的内侧（0.5 cm）粘烫直丝牵条。弧形处需打剪口（图 7-84、图 7-85）。

（2）归拔后衣片。后衣片的归拔与前衣片的归拔工艺同样重要，它使西服后背更符合人体的背部造型，穿着更加合体。因此在归拔时要了解人体后背部位的肩胛部、背沟部，以及腰、臀的体形特征。

1）归拔摆缝。摆缝朝自己，摆平、放正。熨斗从肩部开始，肩胛处拔开，左手拉出腰节丝绺，将腰节点向外拔抻。在拔烫腰节的同时，熨斗反手向上，将袖窿处及袖窿下 10 cm 处归烫。熨斗在拔烫腰节的同时，将后腰节线 1/2 处归平，腰节以下至底边摆缝线归直、归平（图 7-86、图 7-87）。

2）归烫背缝。把后背缝朝自己一边，在腰节处向外拔抻的同时，将后腰节 1/2 处归平。在后背上段胖势处归烫，把丝绺向肩胛方向推，后背下段平烫，把后背缝归直、烫平。将后背反面用同样的方法进行归拔，以保持后背一致（图 7-88、图 7-89）。

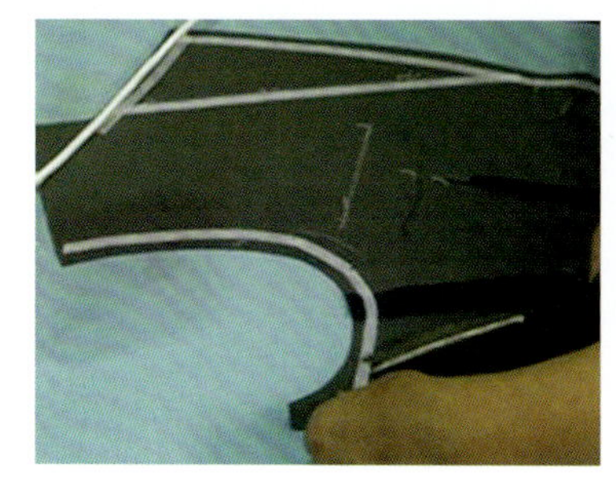
图 7-84 粘烫牵条（一）

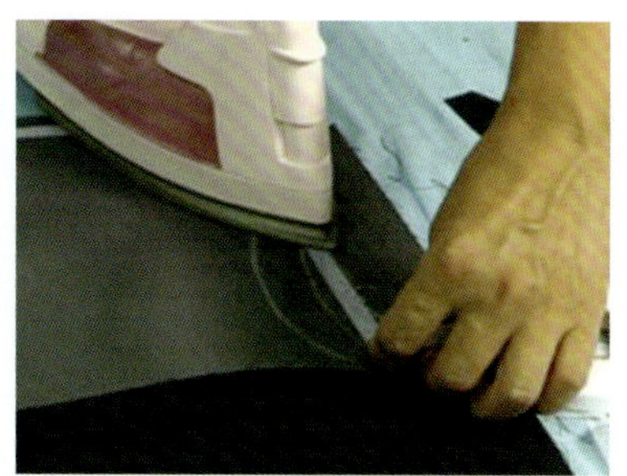
图 7-85 粘烫牵条（二）

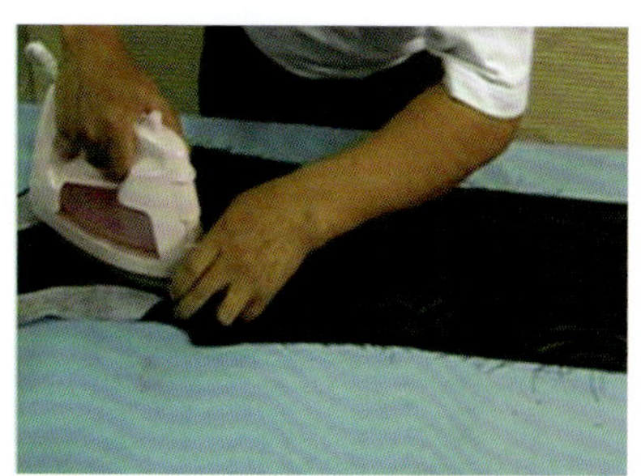
图 7-86 归拔后衣片（一）

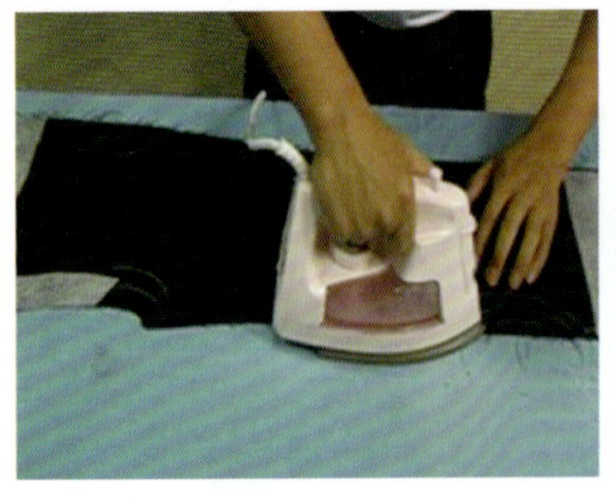

图 7-87　归拔后衣片（二）

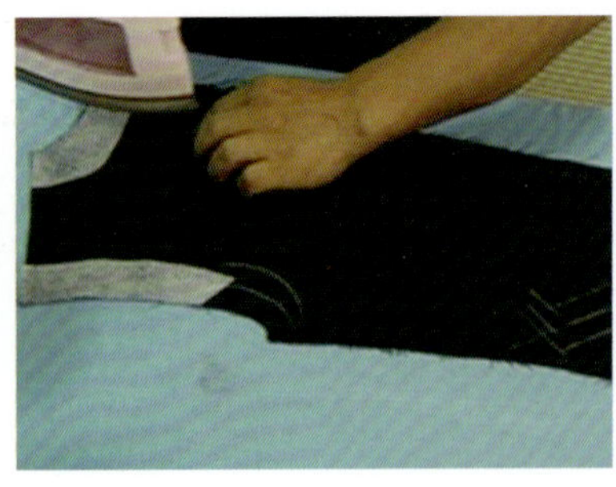

图 7-88　归拔后衣片（三）

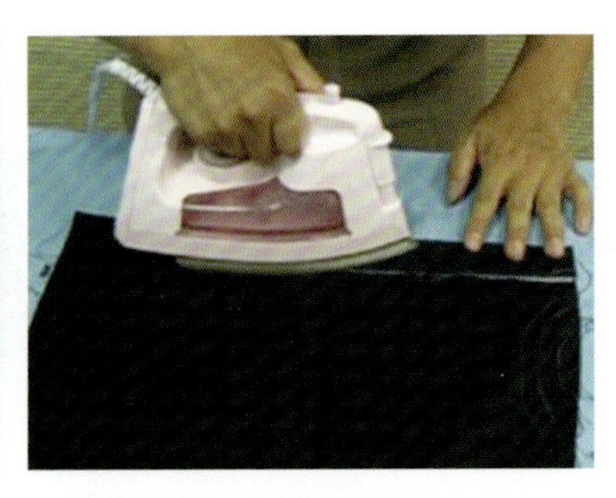

图 7-89　归拔后衣片（四）

（3）归拔袖片。把小袖片朝向自己一边，喷水把袖缝烫分开缝，烫时对袖肘处进行拔烫，同时将小袖肘处直丝绺向外推出，再把直丝向两端烫弯，大袖前偏缝的回势归烫，烫平、烫煞。注意归拔时熨斗不宜超过偏袖线。将袖口拔开，在领袖袖衩处粘上黏合衬（图 7-90）。

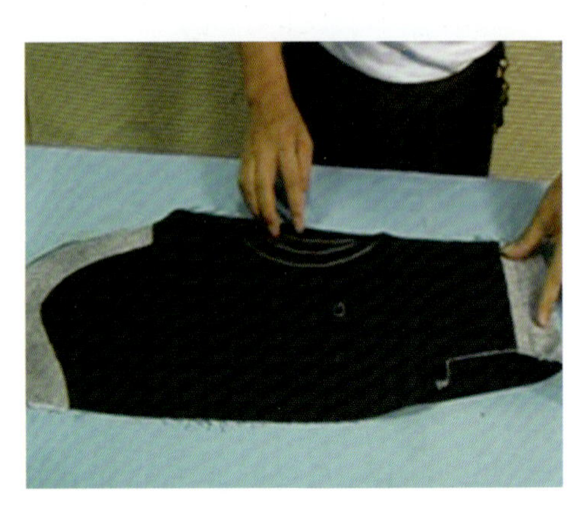

图 7-90　归拔袖片

（4）归拔挂面。先将挂面驳头部分里口略归，然后将驳头外口的直丝拔弯、拔长，使挂面与大身驳头止口相符。

6．开手巾袋

（1）做手巾袋片。

1）袋片粘衬。袋片用硬性黏合衬，袋口方向为直丝，按袋片净样修剪。按大身丝绺对条对格，将衬与手巾袋面料黏合（图 7-91）。

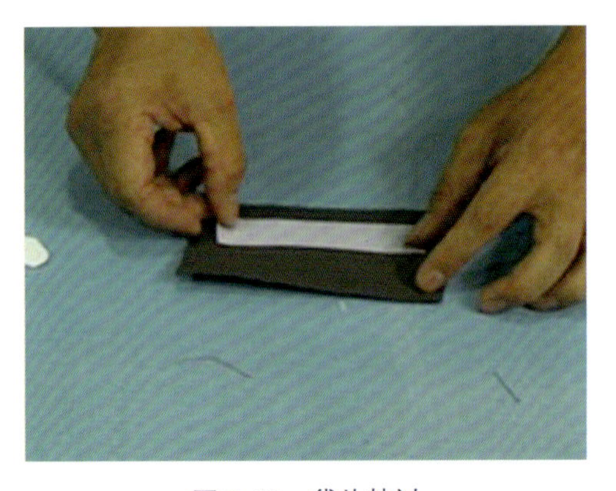

图 7-91　袋片粘衬

2）扣烫袋片。在袋片左上角先剪一个缺口，避免缝头重叠。将袋片两侧及上口扣转，沿衬边包紧烫倒（图 7-92）。

（2）缉袋片及袋垫布。按袋片下口缝头（约 0.6 cm）将袋片缉在大身袋口位的下沿，把袋垫布缉在袋口的上沿，两线相距 1 cm，袋垫布两端各缩进 0.3 ～ 0.5 cm（图 7-93、图 7-94）。

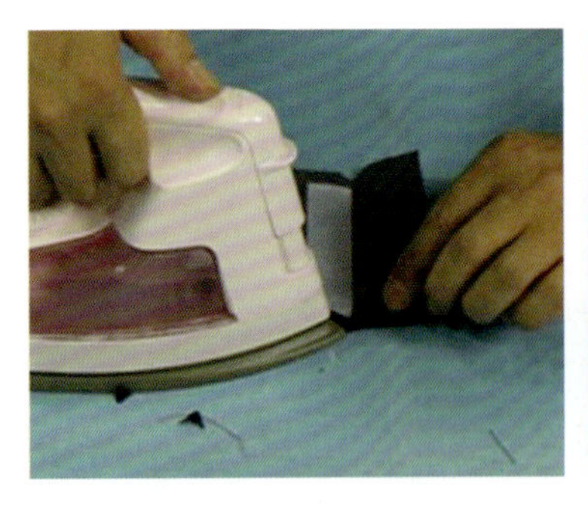

图 7-92　扣烫袋片

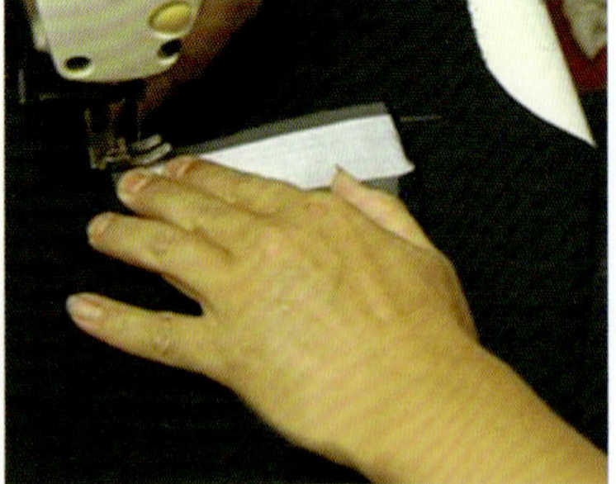

图 7-93　缉袋片

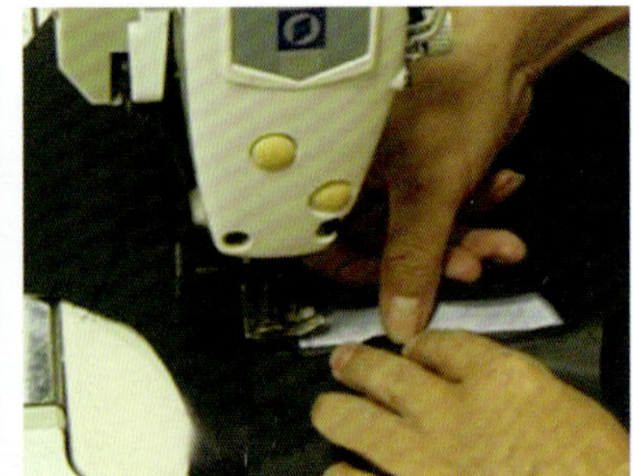

图 7-94　缉袋垫布

（3）开袋口。在两线中间剪开，将袋口两端剪成三角形，注意不能剪断缉线（图 7-95）。

（4）分烫缝头。将袋片缝头分开烫缝（图 7-96）。

（5）固定袋片和袋布。将扣烫好的袋片与小片袋布正面相叠，袋片上口与袋布缉合，袋片与袋

垫布翻进，小片袋布与袋片摆平，沿分缝的缝份缉线一道，固定小袋布。再将下层袋布放上，在正面袋垫布缝份两面各缉 0.1 cm 明止口。将袋垫布下口扣光或拷边缉线固定在下袋布上（图 7-97、图 7-98）。

（6）兜缉袋布。将两层袋布摆平，兜缉一圈（图 7-99、图 7-100）。

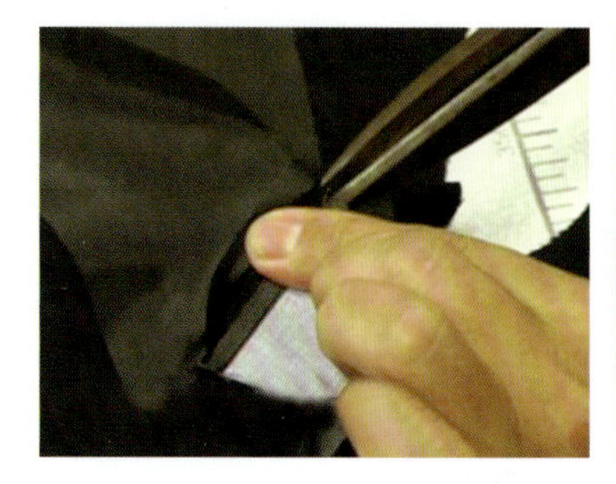

图 7-95　开袋口

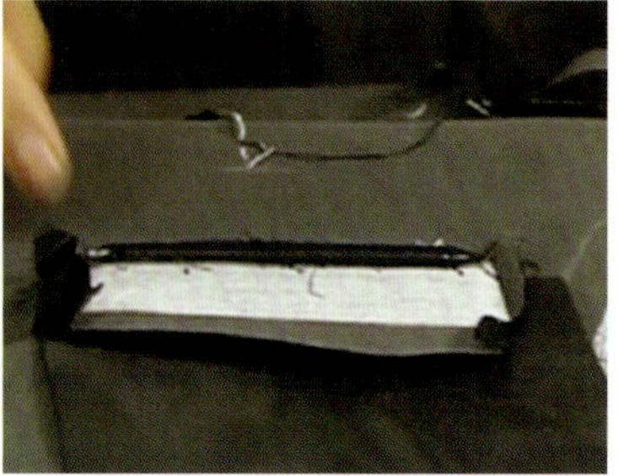

图 7-96　分烫缝头

图 7-97　固定袋片和袋布（一）

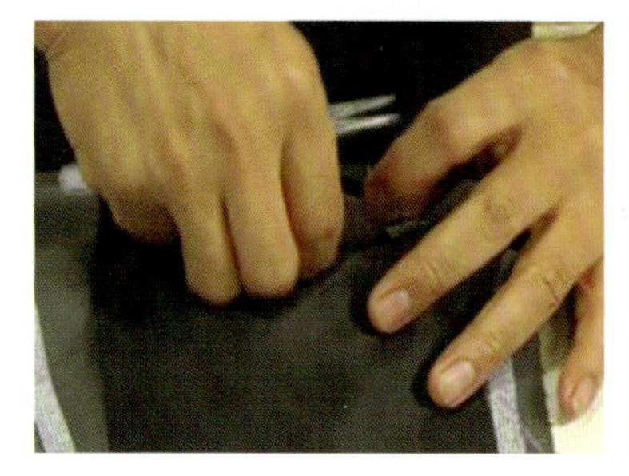

图 7-98　固定袋片和袋布（二）

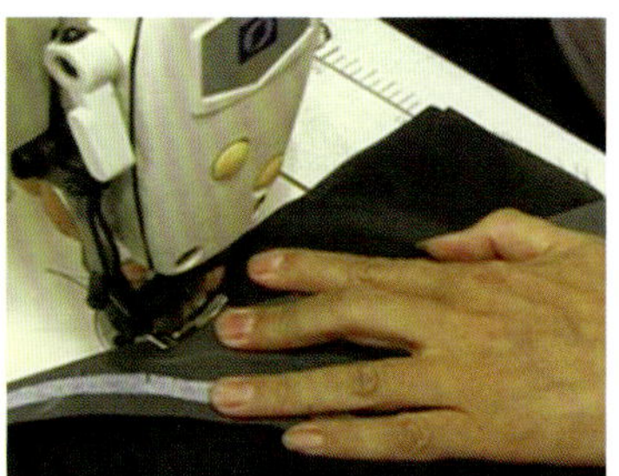

图 7-99　兜缉袋布（一）

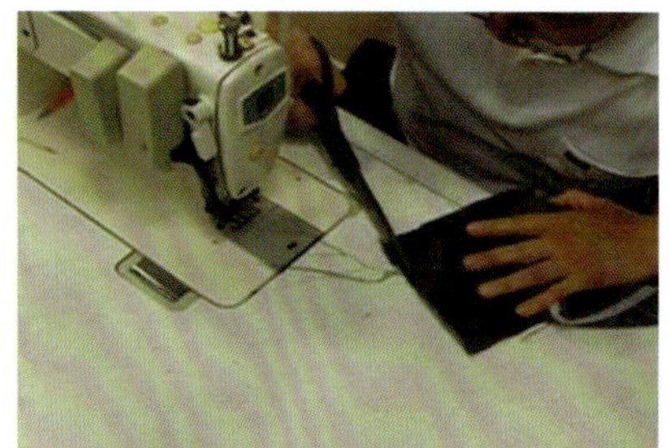

图 7-100　兜缉袋布（二）

（7）封袋口。将手巾袋片两端摆正，三角插入，车缉来回针，缉线距袋片止口 0.15 ～ 0.2 cm（图 7-101）。

图 7-101　封袋口

7. 开大袋

（1）做袋盖。

1）备料。袋盖面料的条格与大身相符，上口放缝 1.2 cm，周围放缝 0.8 cm，把多余的缝头修净；袋盖里布粘黏合衬，按面再修去 0.2 cm，作为袋盖的里外匀层势，并在袋盖里反面按净样板画粉线（图 7-102）。

2）勾袋盖。把袋盖面和袋盖里正面相对车缉，车缉圆角时，袋盖里要拉紧，以防袋盖翻出后袋盖圆角外翘（图 7-103、图 7-104）。

3）翻烫袋盖。先将缝合好的袋盖缝头修剪到 0.3 cm，注意圆角处缝头略微窄些，使袋盖圆角圆顺，不出棱角，然后翻出烫平，要求夹里止口不可外露，止口顺直。袋盖做好后要将两片袋盖复合在一起，检查袋盖的规格、大小及丝绺，前、后圆角要对称（图 7-105、图 7-106）。

（2）缉嵌线。在衣片正面画好袋口位置，注意左、右要对称，把嵌线条缉在袋位上，要求缉线顺直，两端进出一致，两线间距为 0.8 cm（图 7-107）。

图 7-102　画袋盖净样板

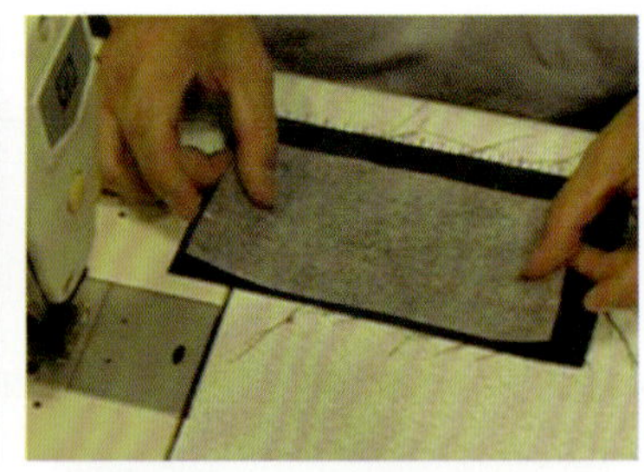

图 7-103　勾袋盖（一）

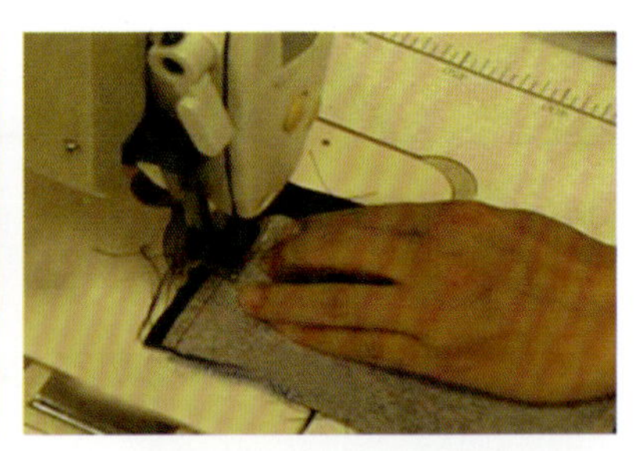

图 7-104　勾袋盖（二）

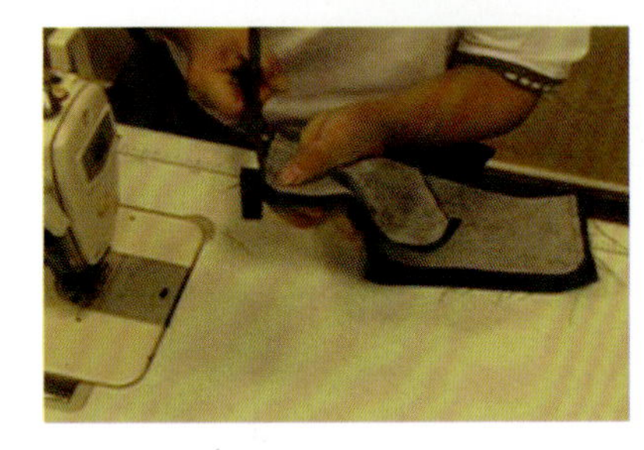

图 7-105　清剪缝边

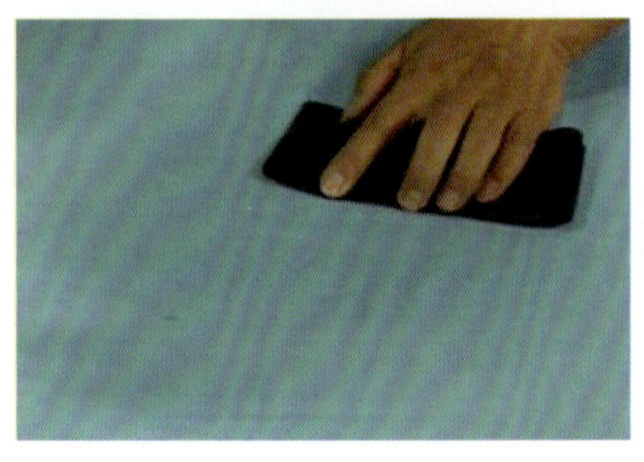

图 7-106　翻烫袋盖

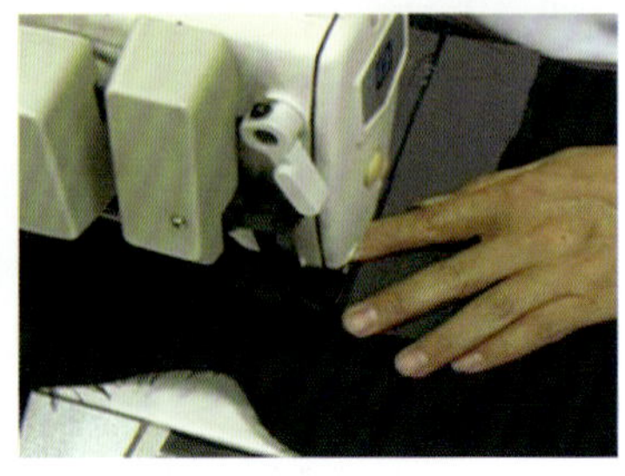

图 7-107　缉嵌线

（3）剪、封袋口。

1）剪三角。将袋口剪开，两端剪三角，注意不要剪断缉线，以免袋口角毛出。将嵌线烫分开缝，折转嵌线，要求两嵌线顺直，宽 0.4 cm，用线缝牢，袋角要方正、平服（图 7-108、图 7-109）。

2）封袋口。将袋角两端三角翻进，与嵌线一起封牢（图 7-110、图 7-111）。

（4）装袋盖和兜缉袋布

1）装袋盖。先把袋盖及袋垫布缉在下层袋布（大片）上，将袋布塞入袋口嵌线内，袋盖净宽线与嵌线对齐，用漏落针缉线在上嵌线分缝中，将袋布和袋盖一起缉牢，固定上嵌线（图 7-112、图 7-113）。

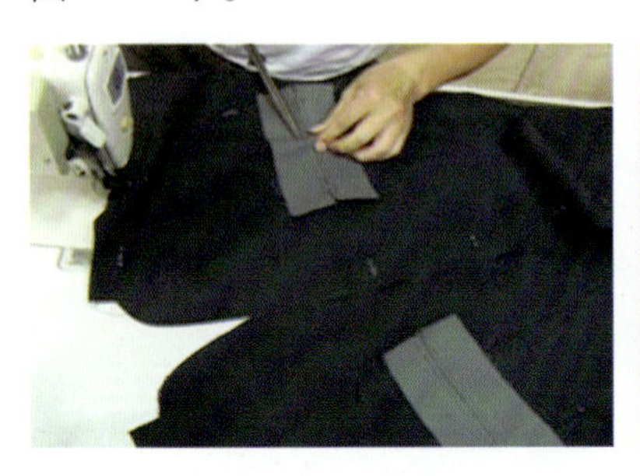

图 7-108　开袋

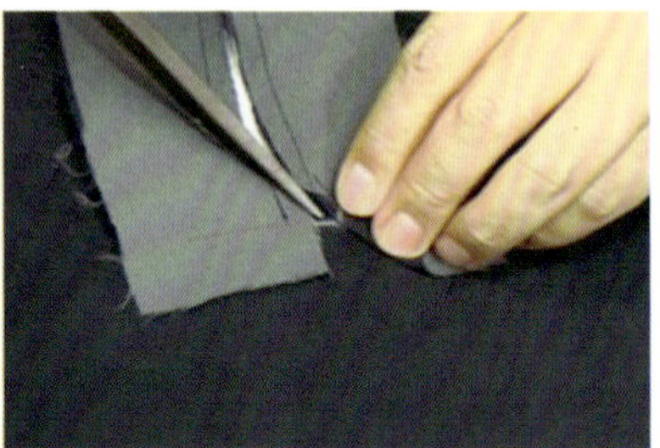

图 7-109　剪三角

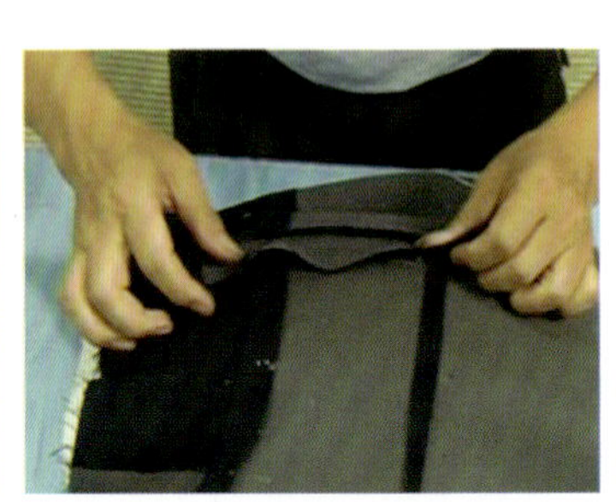

图 7-110　封袋口（一）

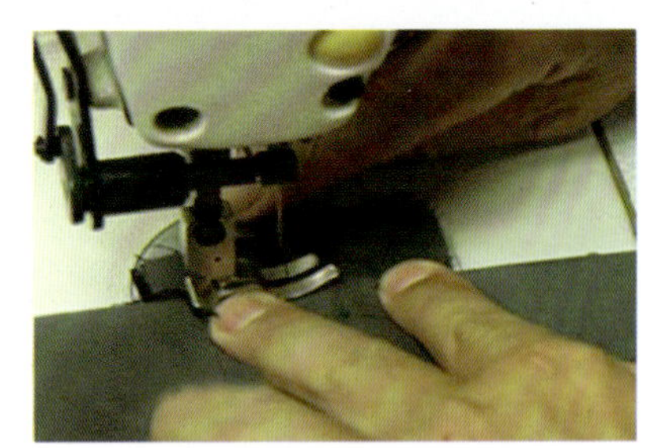

图 7-111　封袋口（二）

图 7-112　装袋盖（一）

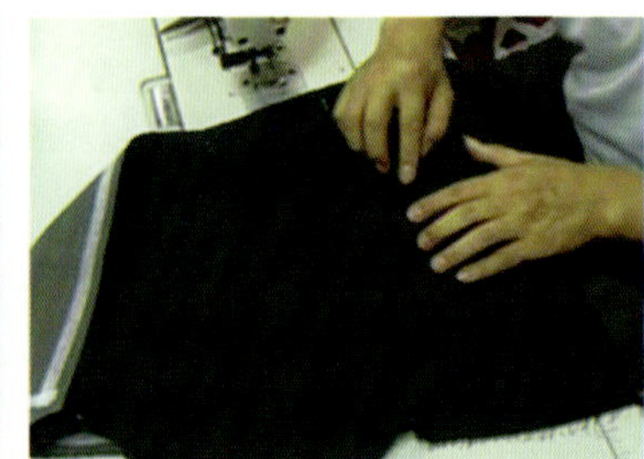

图 7-113　装袋盖（二）

2）固定下嵌线。用漏落针将下嵌线两层缉牢。注意漏落针不能缉在面子上（图 7-114）。

3）封袋口三角，兜缉袋布。上、下嵌线缉牢后，大身撩起，袋布放平，封袋口三角，兜缉袋布（图 7-115、图 7-116）。

图 7-114 固定下嵌线

图 7-115 封袋口三角

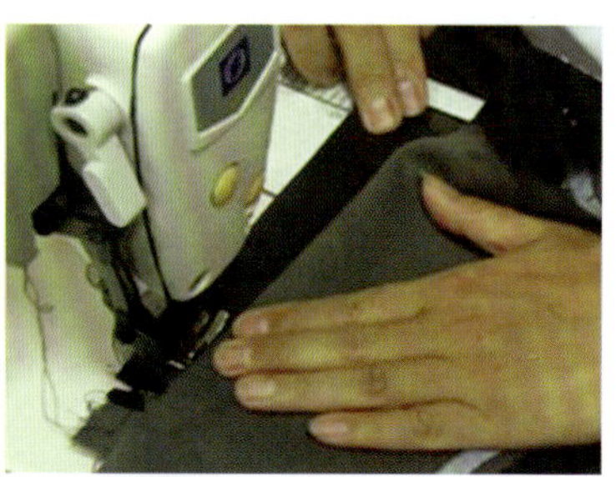

图 7-116 兜缉袋布

8. 做胸衬和敷胸衬

（1）做胸衬。

1）缉省。将胸部毛衬上的胸省剔掉，然后对合，下层垫布，缉锯齿形针；将肩省剪开，向外肩拉开，下层垫衬，两边缉住（图 7-117、图 7-118）。

2）胸衬、胸绒合缉。将胸绒黏合在胸部毛衬上层缉三角形线，用熨斗归烫好胸凸量，并将肩省转至袖窿（图 7-119、图 7-120）。

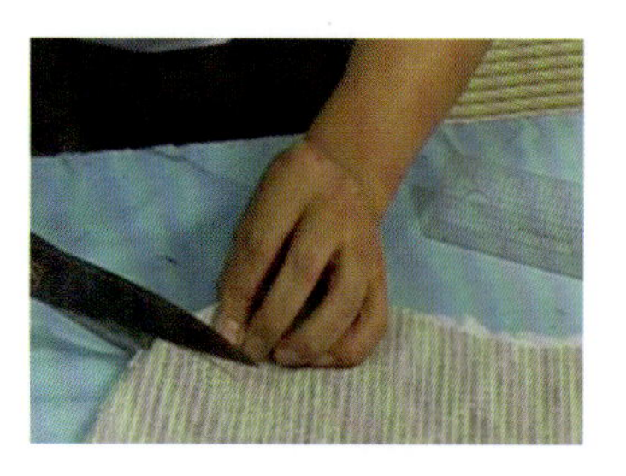

图 7-117 胸衬开省

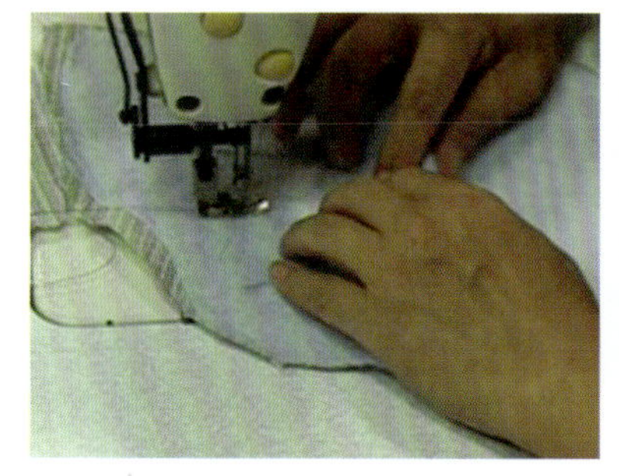

图 7-118 缉省

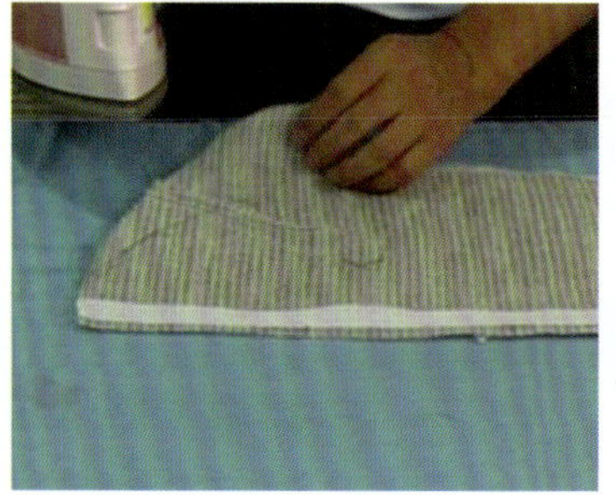

图 7-119 归烫胸衬（一）

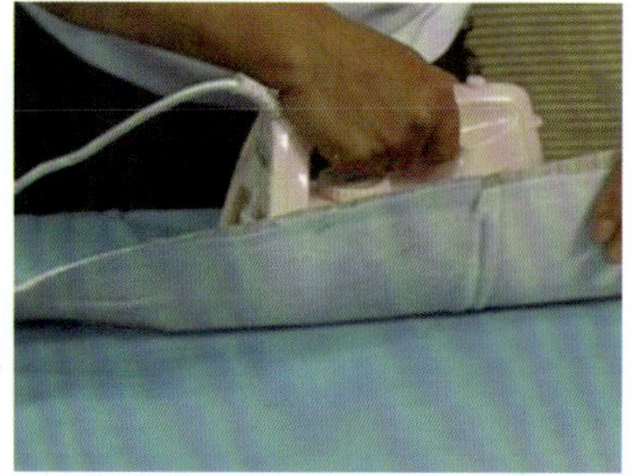

图 7-120 归烫胸衬（二）

（2）敷胸衬。敷胸衬要特别注意面、衬的松紧，丝道和左、右条格的对称。

1）粘驳口牵带。将制作好的胸衬与前衣片胸部反面放齐，距驳口线 1 cm 左右。按配衬位置摆准胸衬，将胸衬的驳口牵带粘在前身上，在上、下两端各 10 cm 处平粘，中间处拉紧 0.5 cm 左右，使衣片胸部凸势与胸衬凸势完全黏合一致。为防止牵带脱落，可用缭针将牵带与衣片固定（图 7-121、图 7-122）。

图 7-121 粘驳口牵带

2）敷胸衬。把衣片翻到正面，将面子上、下、左、右捋平。

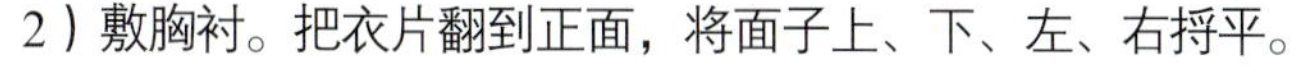

①将止口靠近身边，从肩部中间向下 3 ～ 5 cm 开始起针，约 3 cm 一针，捋平衣身，胸省处线在省缝中间，到胸衬下口离开边沿 1 cm 为止（图 7-123、图 7-124）。

②将靠摆缝一边的衣片翻开，将胸省缝与胸衬线固定，左襟衣片由于还有胸袋，因此要把胸袋袋布缝在胸衬上，使胸袋布不再移动（图 7-125、图 7-126）。

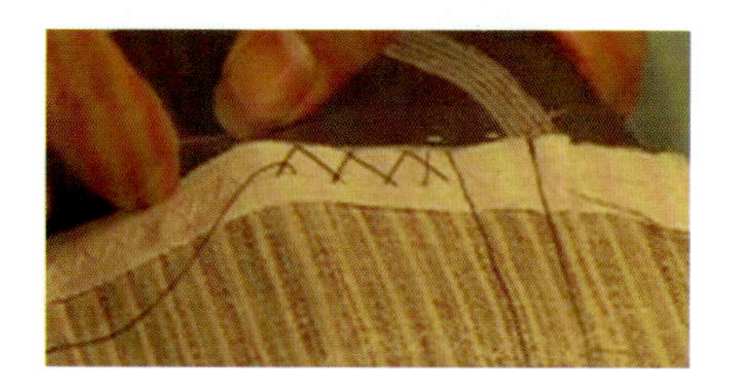

图 7-122 固定胸衬牵带

③把衣片与胸衬捋平，继续固定驳口部位。驳口部位离开驳口线 2 cm，注意在固定胸衬时，另一边衣身与胸衬应用布馒头垫靠起来，使胸部有窝势（图 7-127、图 7-128）。

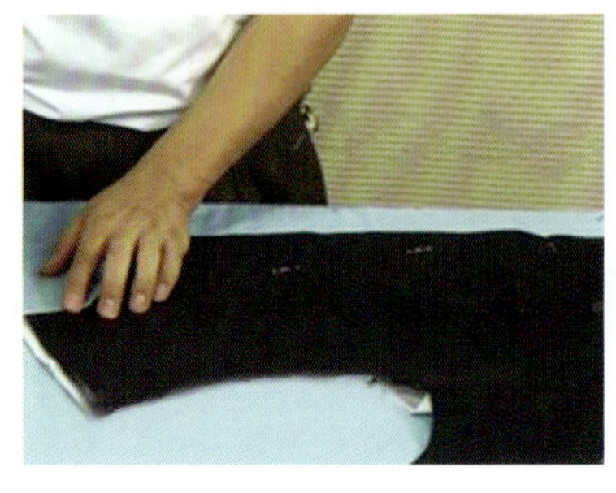

图 7-123　敷胸衬（一）

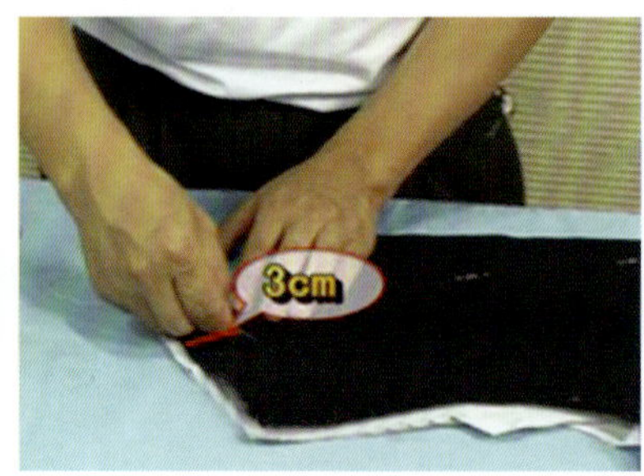

图 7-124　敷胸衬（二）

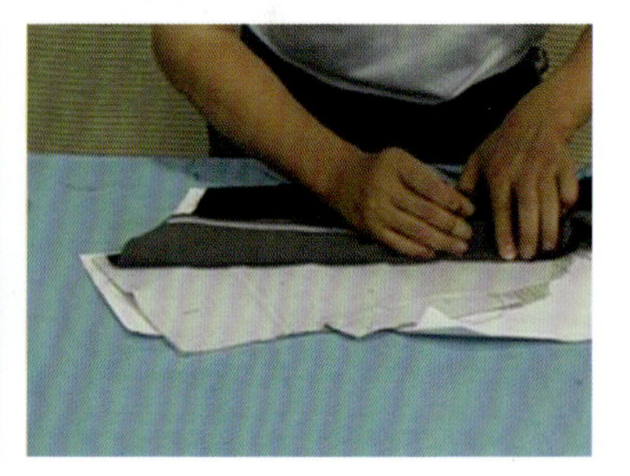

图 7-125　敷胸衬（三）

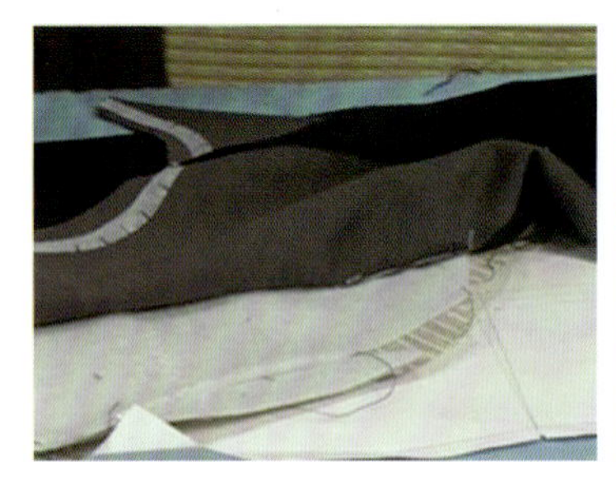

图 7-126　敷胸衬（四）

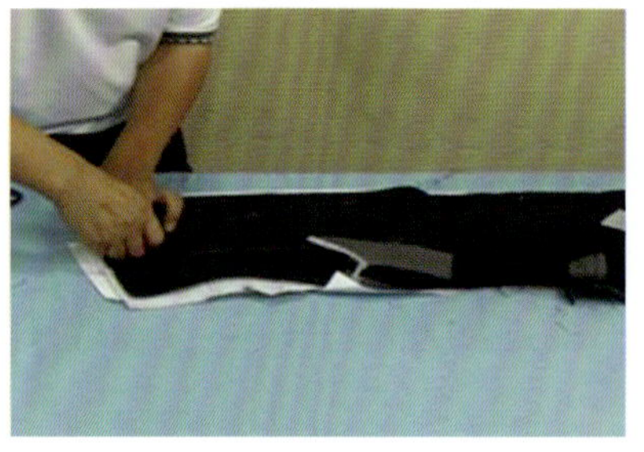

图 7-127　敷胸衬（五）

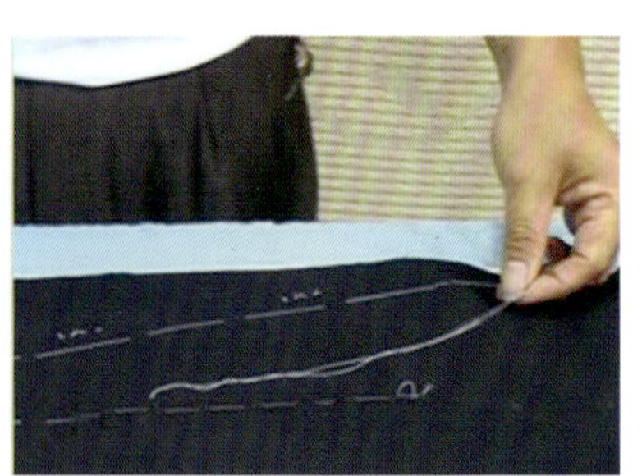

图 7-128　敷胸衬（六）

④固定袖窿。固定袖窿部位时，应离开袖窿边 4 cm，袖窿先用倒钩针固定好，再固定胸衬与胁省缝头，然后将胸衬多余部分修剪掉（图 7-129 ～图 7-132）。

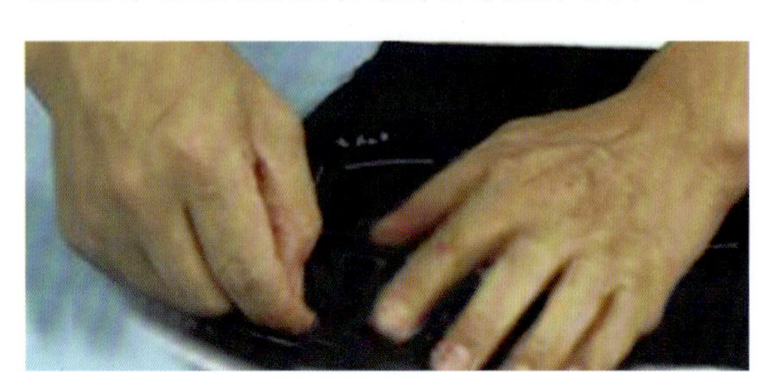

图 7-129　敷胸衬（七）

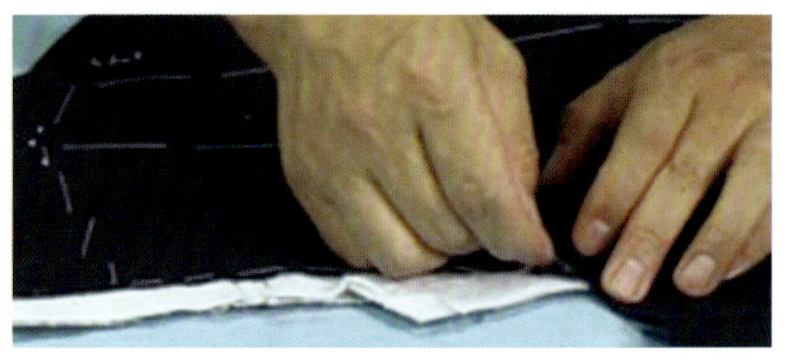

图 7-130　敷胸衬（八）

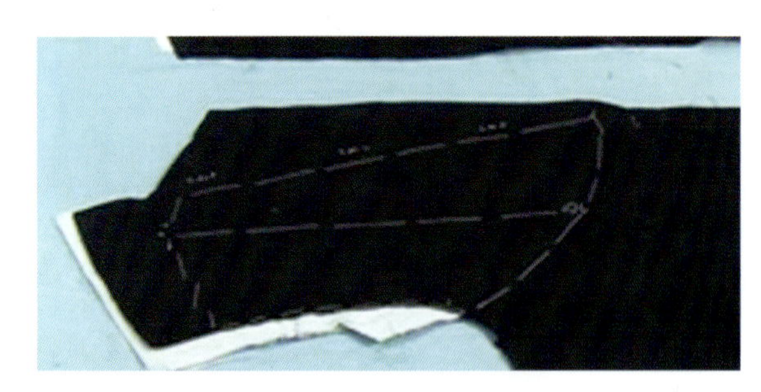

图 7-131　敷胸衬（九）

图 7-132　清剪胸衬

9．拼接挂面和开里袋

（1）夹里收省。前片夹里的胁省同面一样分开，无肚省（不剪开），胸省下部收成尖形。省缝向侧缝烫倒（图 7-133、图 7-134）。

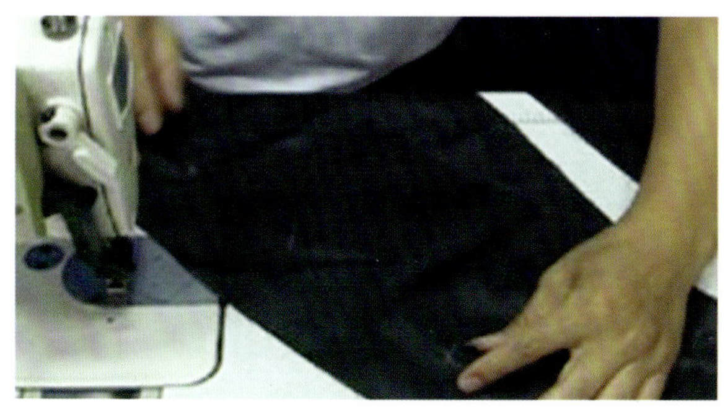

图 7-133　夹里收省（一）

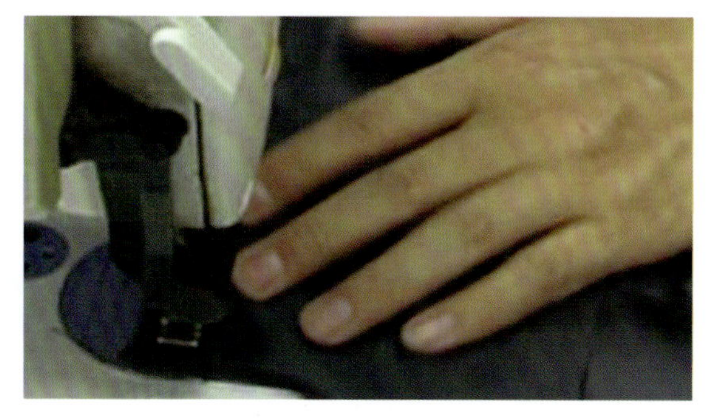

图 7-134　夹里收省（二）

（2）合挂面与夹里。将挂面与夹里正面相叠缉合，缉到下端要对齐对位点，不要缉到底。缉合时夹里在胸部要有吃势（0.5 cm），缝头向夹里方向坐倒烫平。烫平后在正面画好里袋位，袋口为14 cm（图 7-135、图 7-136）。

（3）开里袋。

1）在袋位反面粘衬，嵌线烫一层黏合衬，在嵌线布上用粉印画好袋口的位置（图 7-137）。

2）缉袋嵌线。将嵌线布的袋口线与衣片上的袋口线相对，缉线一周。两线间距为 0.4 cm，袋口为 14 cm，两头缉平角。开密嵌线里袋。沿嵌线中间将袋口剪开，把上、下袋口嵌线密进，嵌线宽为 0.2 cm，包紧烫平（图 7-138、图 7-139）。

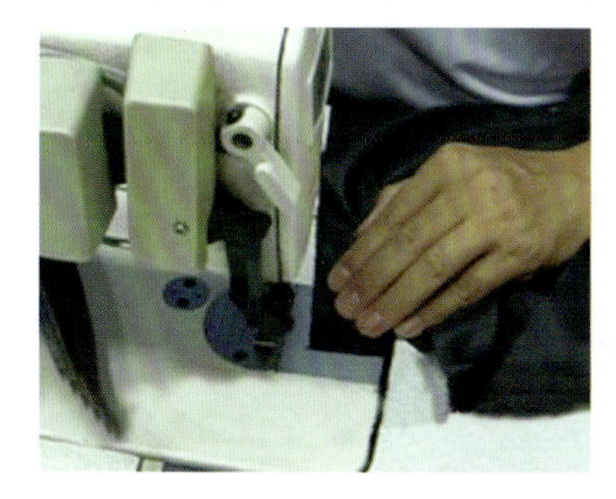

图 7-135　合挂面与夹里

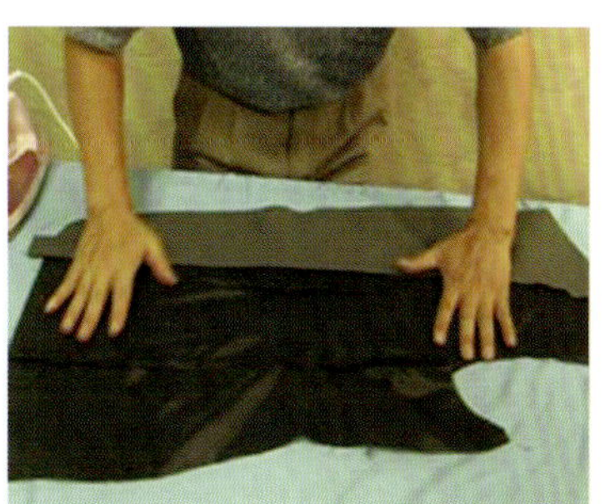

图 7-136　熨烫面与夹里

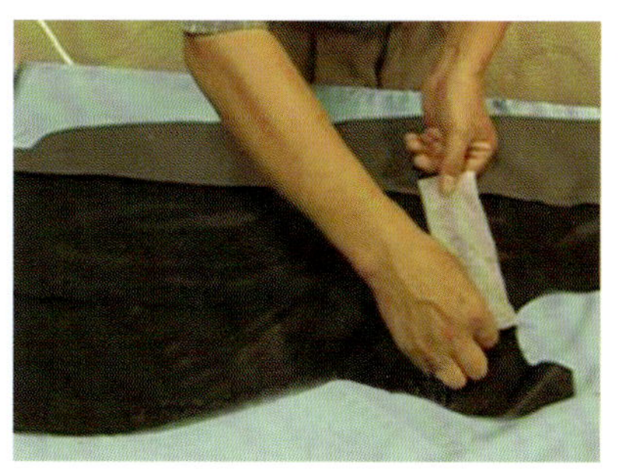

图 7-137　袋位粘衬

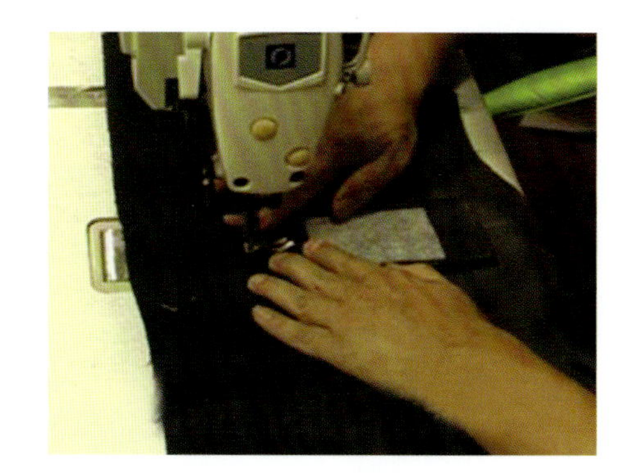

图 7-138　缉袋嵌线

图 7-139　剪开里袋

3）固定下嵌线。下嵌线压缉 0.1 cm 止口线固定在袋布上（图 7-140）。

4）装袋鼻。先把袋鼻（里料 10 cm × 10 cm）做好（图 7-141），再把袋鼻夹在袋口中间，正面封口缉 0.1 cm 止口线一道（图 7-142）。

5）缉袋布。先把小袋布接在下嵌线上，两袋角来回缉倒针三道。左边里袋钉商标一个，再将袋布放平，上袋布略松，兜缉一周（图 7-143、图 7-144）。

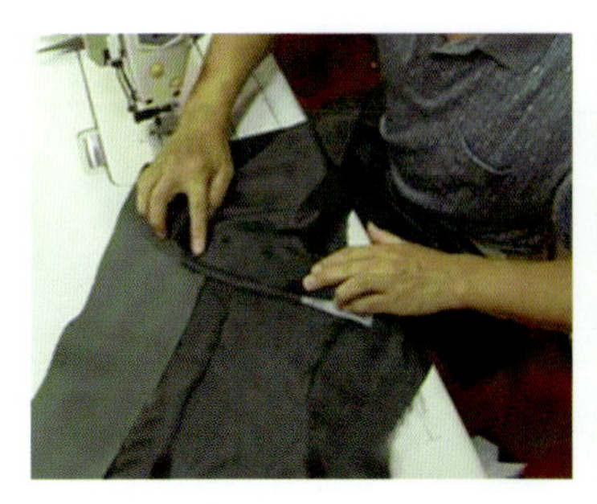

图 7-140　固定下嵌线

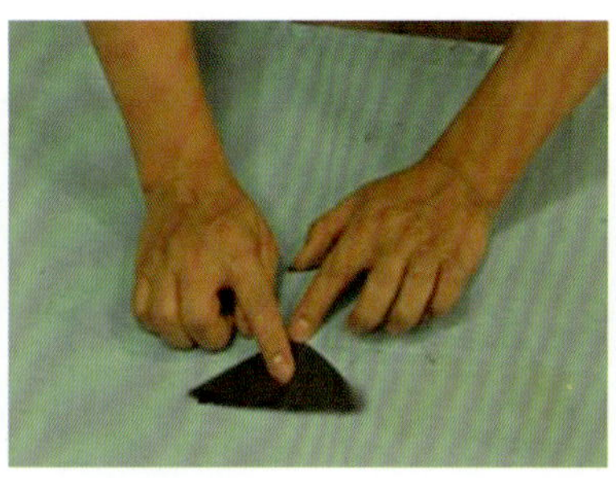

图 7-141　做袋鼻

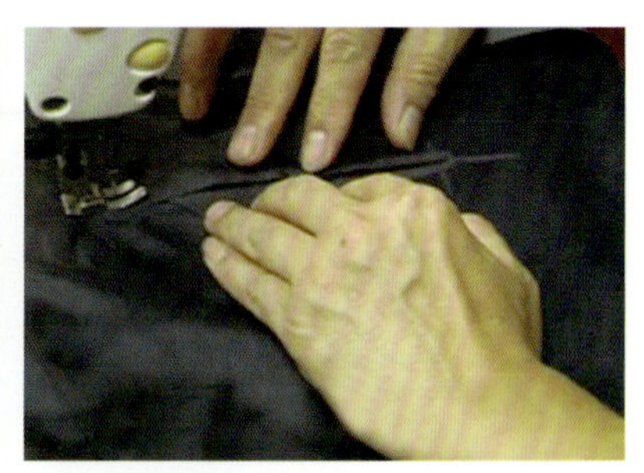

图 7-142　装袋鼻

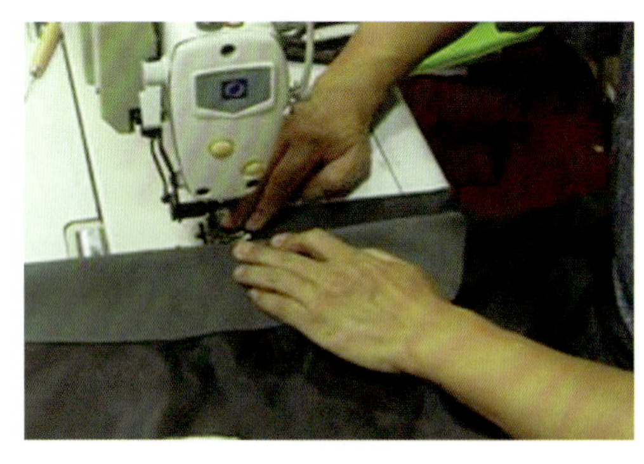

图 7-143　兜缉袋布（一）

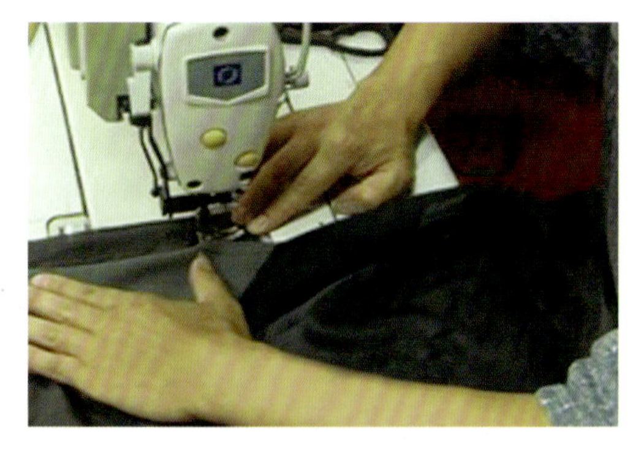

图 7-144　兜缉袋布（二）

6）整烫里袋。整烫时下面垫布馒头，上盖湿布。要求袋口平挺、不豁口，嵌线宽窄一致，袋角平服。

10．复挂面

（1）检验挂面。检查挂面左、右条格，丝绺是否符合规定，驳头上段直丝不允许偏斜，上眼位置至驳头 5 ～ 6 cm 之间允许偏差为 0.5 cm 左右。

（2）将前片与挂面缝合。将挂面和衣片正面相对，驳头处挂面比衣片放出 0.5 ～ 0.7 cm。挂面时要从上而下，先从驳口线起针，到上眼位处转弯沿圆角止口线。复挂面的松紧程度要分段掌握。挂面驳头处比衣片多出 0.5 ～ 0.7 cm 推进后，使挂面形成里外匀。驳头上段、上眼位处驳头挂面略松。驳头中段和腰节以下平，下摆圆角处挂面带紧，沿止口净线缉线。要求两格驳头条格对称，缉线顺直，缺嘴大小一致，吃势符合要求（图 7-145、图 7-146）。

图 7-145　将前片与挂面缝合（一）

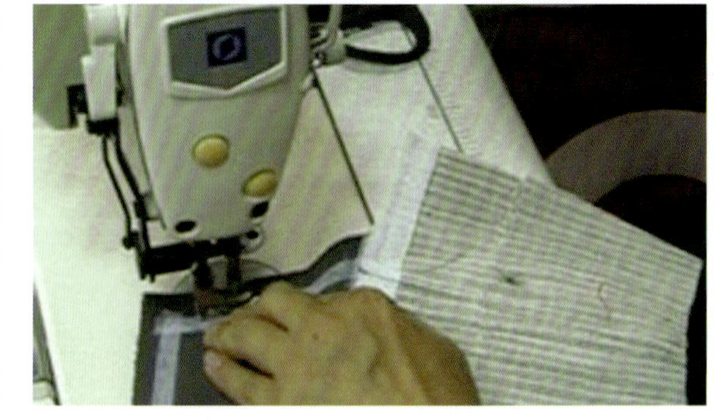

图 7-146　将前片与挂面缝合（二）

11．翻烫止口

（1）修止口。先把止口缝头分烫开，然后修剪缝头，大身留 0.4 cm，挂面留 0.6 cm，驳头缺嘴处剪好眼刀（图 7-147、图 7-148）。

（2）扳止口。用单根线将驳头挂面缝头沿缉线向衬头方向扳倒，上眼位以下沿缉线坐进 0.1 ～ 0.2 cm 向大身扳倒，用缭针将缝头缝牢，使圆角处圆顺。用熨斗将止口烫薄、烫平、烫煞（图 7-149、图 7-150）。

（3）翻烫止口，烫驳口线。

1）翻烫止口。把驳头翻出，驳角翻方正，门、里襟止口翻牢，驳头及圆角左右对称，盖湿布将止口烫薄、烫煞（图 7-151）。

2）烫驳口线。将驳头处放在布馒头上，沿驳口线折转驳头，烫出里外匀窝势，注意上眼位以下大身止口坐出 0.1 cm 左右，上眼位以上驳头止口坐出 0.1 cm 左右（图 7-152）。

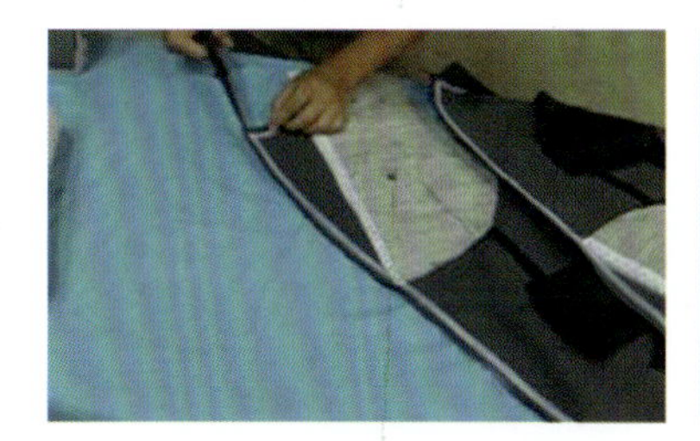

图 7-147　修剪缝头（一）

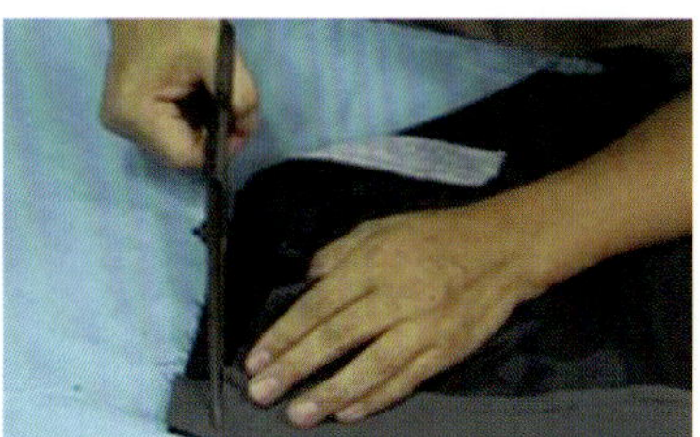

图 7-148　修剪缝头（二）

图 7-149　扳止口（一）

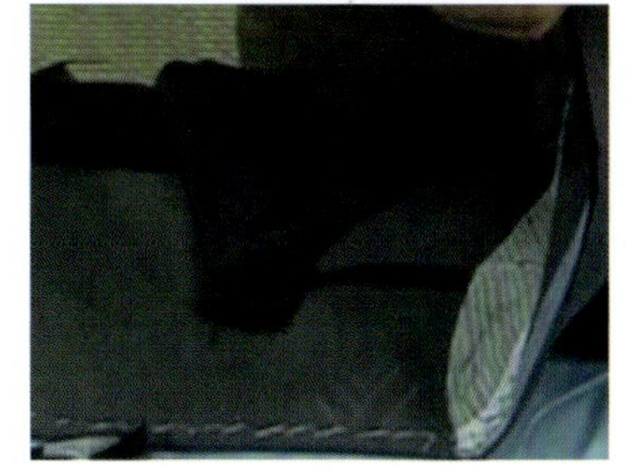

图 7-150　扳止口（二）

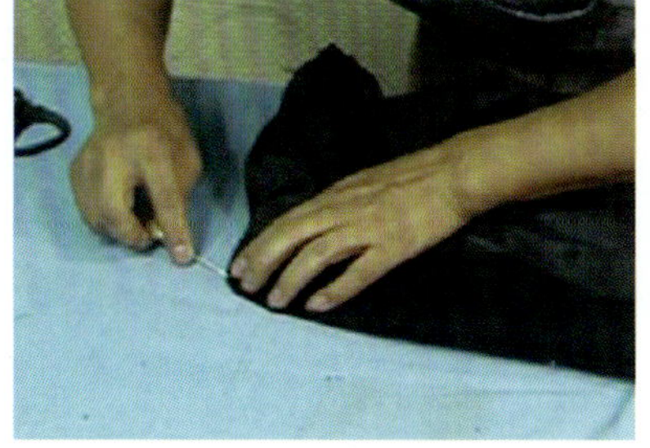

图 7-151　翻烫止口

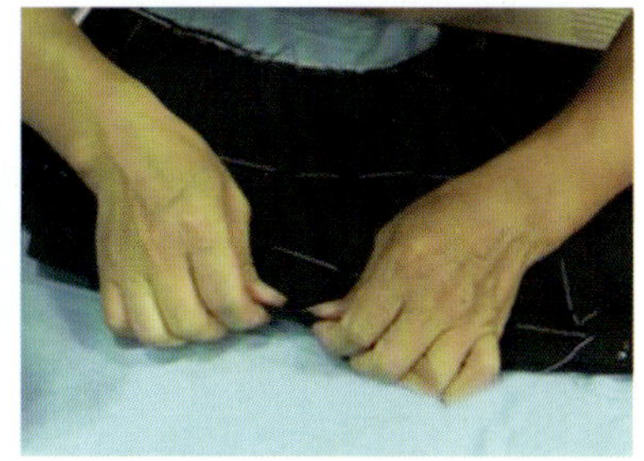

图 7-152　烫驳口线

（4）定挂面。先将挂面驳口缉线一道，再将挂面摆平，夹里向上，沿夹里拼缝线一道，然后将夹里撩起，将缝头与衬头固定，同时把大、小袋布也固定（图 7-153、图 7-154）。

（5）修剪夹里缝头。先将衣片正面向上摆平，驳头折转，把串口、肩头、侧缝的夹里按照面料剪齐，袖窿放出 0.7 ～ 0.8 cm，底边按面料的线丁印放出 1 cm 坐势修剪，然后将夹里与底边贴边同时做好标记，以备兜缉底边夹里。

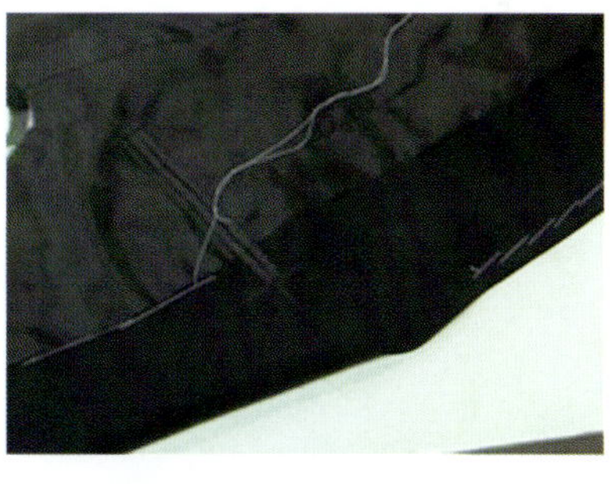

图 7-153　定挂面（一）

12．做后片

（1）缝合后衣片。从领口起针缝合后中缝，缝份为 1.5 cm。里料采用相同的方法缝合（图 7-155、图 7-156）。

（2）熨烫后衣片。面料分份烫开，注意要保持归拔好的形状，里料采用坐缝烫倒（图 7-157、图 7-158）。

13．缝合摆缝和做底边

（1）缝合摆缝。前、后摆缝正面相叠，后身在上，腰节处对准，摆缝归拔处不可拉抻，腰节至底边平，袖窿下 10 cm 这段后背略送。将其正面相对，从下摆起针缉缝，缝份 1 cm，

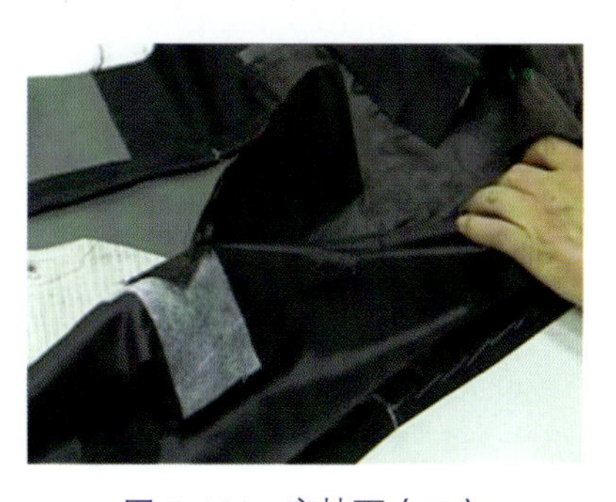

图 7-154　定挂面（二）

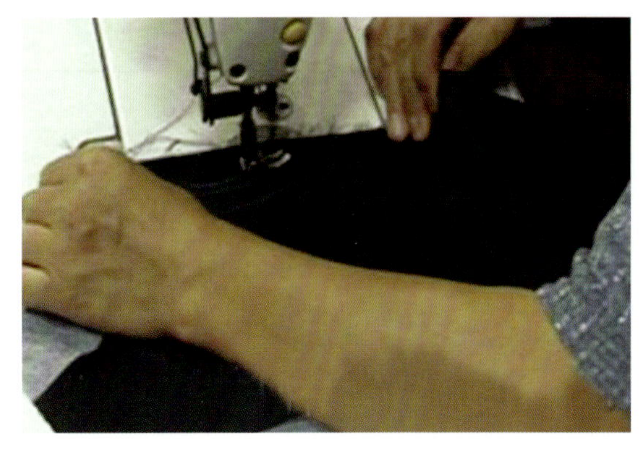

图 7-155　缝合后衣片（一）

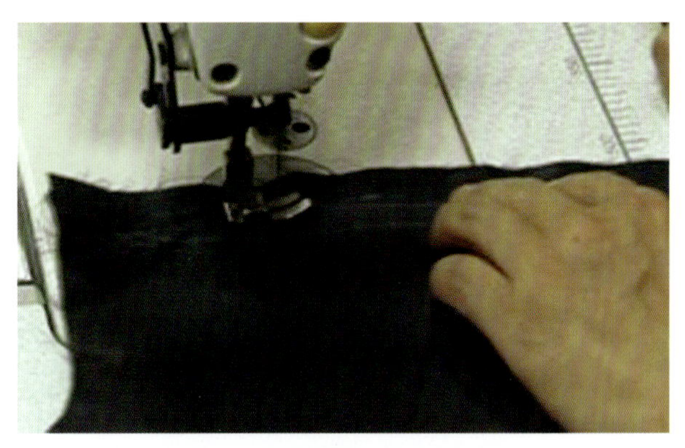

图 7-156　缝合后衣片（二）

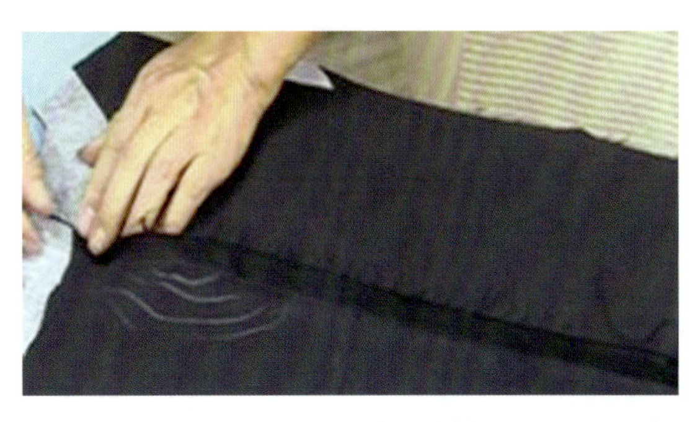

图 7-157　分烫缝份

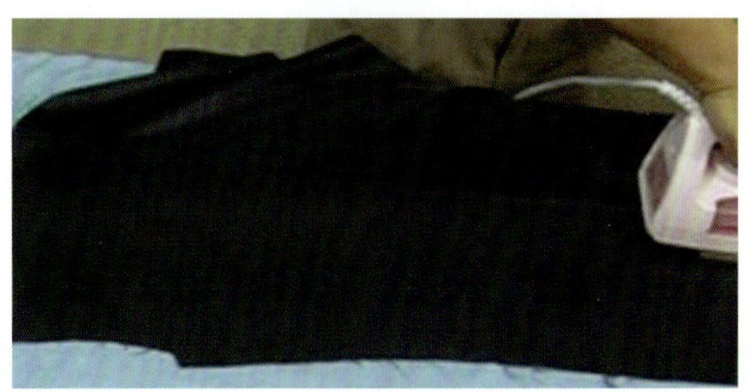

图 7-158　归烫后衣片

缝好后用熨斗烫平。先缉面子摆缝，再缉夹里摆缝，上、下两层要求松紧量一致，缉线顺直。缉好后将摆缝喷水烫分开缝，腰节处略拔开，夹里向后衣片烫倒缝，下摆贴边按线丁折转烫平，烫圆顺（图 7-159、图 7-160）。

（2）做底边。

1）兜缉底边。衣片下摆放平，在底边挂面处和背开衩处做好缝制对档标记，将夹里翻转，先缉里襟，夹里在上，从挂面处标记开始起针至背衩位标记，缉时夹里略紧，面、里摆缝对齐。缉门襟夹里时，从背衩位标记处开始起针至挂面处标记位置。缉好后，熨烫好。未缉到的地方，如左右片挂面底边处，需用手针缝好，针法为倒回针（图 7-161）。

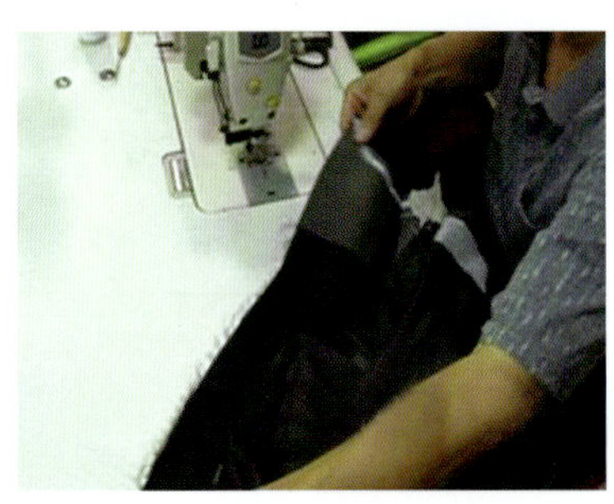

图 7-159　缝合摆缝

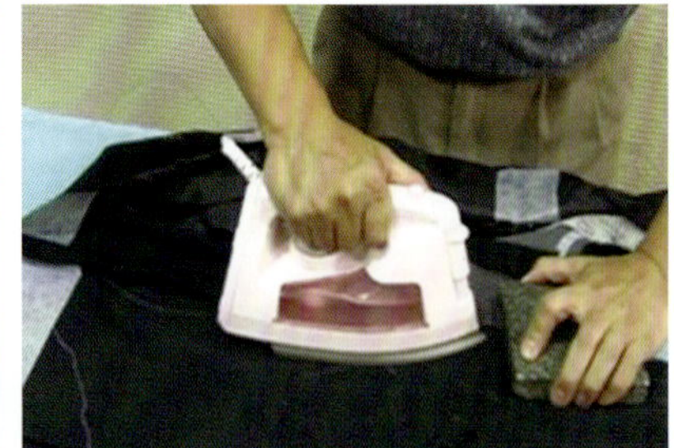

图 7-160　分烫摆缝

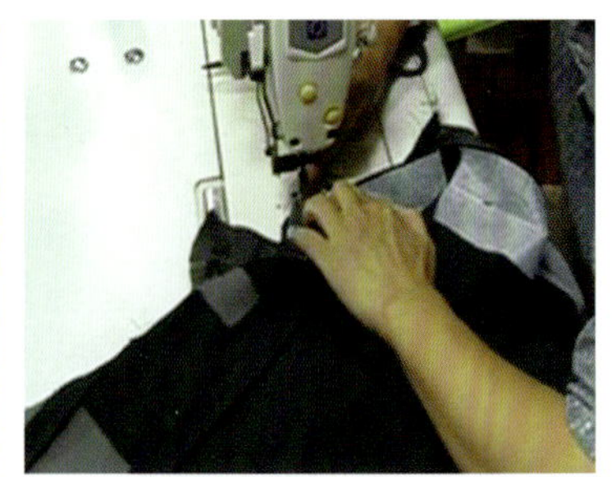

图 7-161　兜缉底边

2）缲底边。底边按线丁折转，用缲针固定（图 7-162）。

（3）滴摆缝。将底边夹里坐势折好，烫平。从距离底边 10 cm 开始到后袖窿高下 10 cm 止，面、里摆缝滴线固定，一般每隔 3 cm 的距离一针。夹里要放吃势 0.5 ～ 0.6 cm，滴线放松，使面料平挺，并有一定的伸缩性。

14. 合肩缝

（1）检验肩缝。在拼肩缝前先检查前、后肩缝的长短是否适宜，领圈弧线、袖窿弧线是否圆顺，袖窿高低及丝绺是否符合要求，如发现问题应及时调整。

（2）擦肩缝。后肩缝放上，从领圈开始起针向外肩点，在颈肩点至小肩 13 cm 处放吃势 0.6 cm 左右，线离进缝头 0.7 cm，针距为 1 cm，后肩缝要松于前肩缝。

（3）缉肩缝。将肩缝吃势放平、烫匀，前肩缝放上层合缉肩缝，要求缉线顺直，缝头宽窄一致，为 0.9 cm 左右。夹里肩缝按 0.8 cm 缝份缉合（图 7-163）。

（4）分烫肩缝。将擦线拆除，肩缝放在铁凳上喷水烫分开缝，注意不可将肩缝烫坏。夹里缝份向后身坐倒（图 7-164）。

（5）定擦肩缝。胸衬摆平，用倒回针方法先在衣片正面固定胸衬，最后固定在肩缝缝头上，并烫平（图 7-165、图 7-166）。

（6）缉肩里缝。缉缝方法同面布肩缝，夹里缝份向后身坐倒。

图 7-162 缲底边

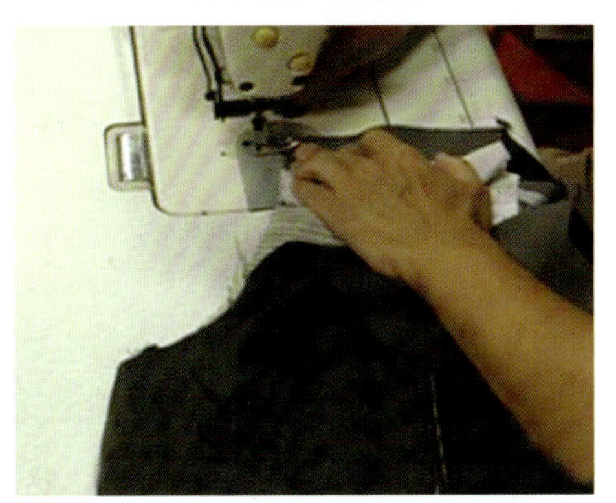

图 7-163 缉肩缝

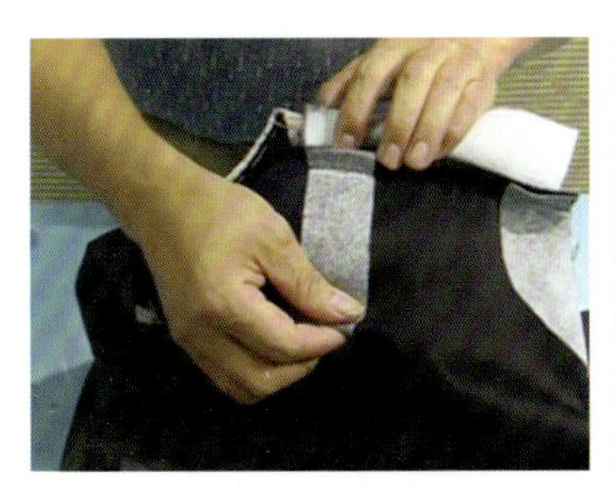

图 7-164 分烫肩缝

图 7-165 定擦肩缝（一）

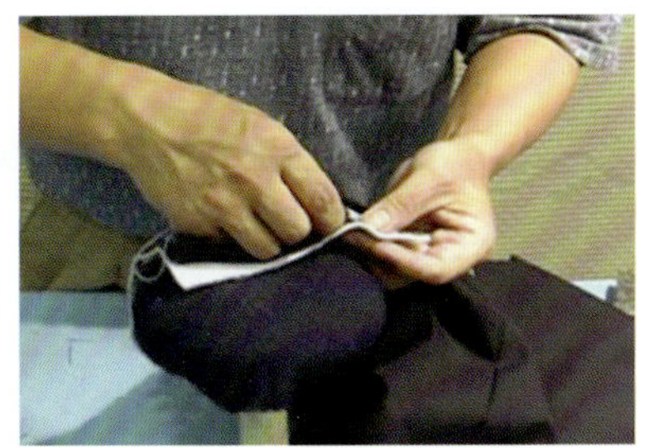

图 7-166 定擦肩缝（二）

15. 做领

（1）做领面。用净样板将领面上口及两领角净样画准，做好标记。将领面与领台正面相对缝合缝份 0.5 cm。上口按净线烫弯，顺势将领外口拨开一些，使翻折松量更为合适，注意丝绺、条格左右对称（图 7-167 ～图 7-169）。

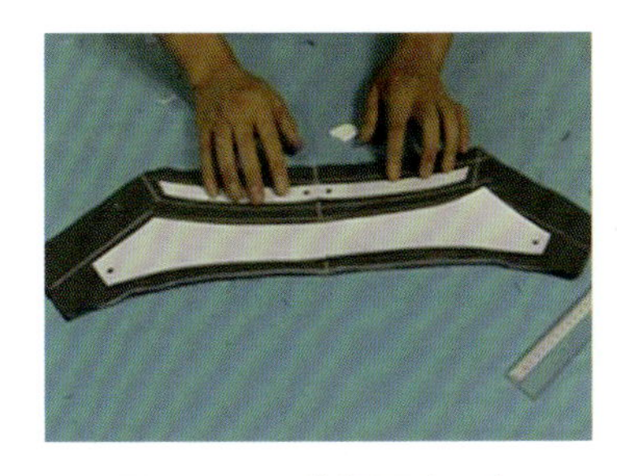

图 7-167 做领面（一）

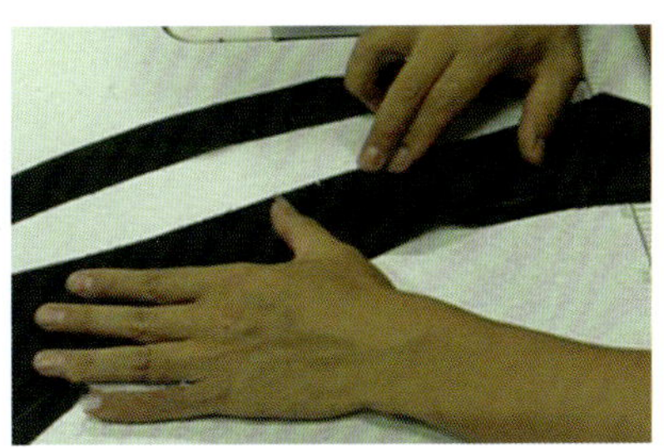

图 7-168 做领面（二）

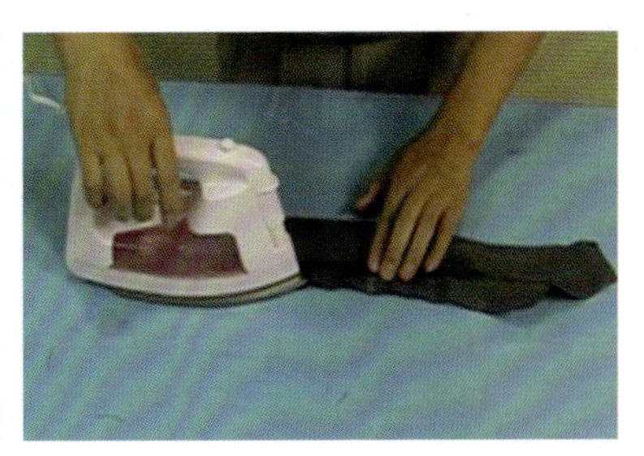

图 7-169 做领面（三）

（2）做领里。将领底呢（斜料）上口（净）与领面上口净粉线对合，扣烫领面上口 1.5 cm 缝份包住领底呢，在领底外口用三角针绷牢，针距为 0.3 cm。若用机器绷三角针，则领底呢压领面缝份。盖湿布烫平、烫煞，领面下口比领里多留 0.8 cm 缝份以备装领用，并做好装领对档眼刀。

16．装领

（1）装领面。将领面与衣身挂面、夹里正面相叠，串口、领圈处对齐，各对档标记对准，从里襟起针缝合串口线及后领圈（可以先缉两头串口线部分，最后缉前、后领圈）。缉线要顺直，肩缝转弯处领面略放层势，使串口松紧适宜，领角不毛出（图 7-170、图 7-171）。

（2）分烫缝份。在衣身领圈转角处剪一眼刀（不可剪线），在两端肩缝对位点至串口止点处烫分开缝，烫平、烫煞，不可烫还，然后修剪大身串口处缝头，留缝头 0.5 cm 前后领圈缝份倒向领面（图 7-172、图 7-173）。

（3）定擦领里、领面。将领头放在布馒头上，把领面串口缝头固定在挂面上。将西服摊在桌板上，领面与领里丝绺放正，领里与领面的领脚线对准，缝一道。注意领里同领面后中心相对，缝线时领面略松，丝绺不要拉还口。

（4）绷领里。领底呢下口盖住串口、领口缝份，用线固定。注意两肩缝拐弯处领里略放层势，装领对档标记对准，领里下口及串口用 0.3 cm 三角针绷牢，两领角处领面扣转包住领头，也用三角针绷牢，针迹要平齐，领角左右对称，窝势一致（图 7-174、图 7-175）。

图 7-170　装领面（一）

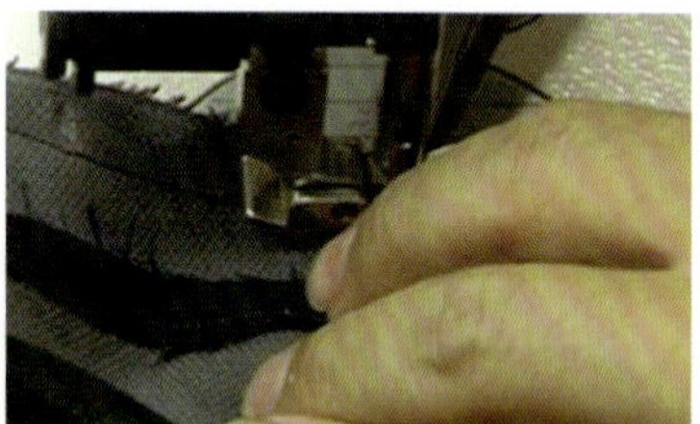

图 7-171　装领面（二）

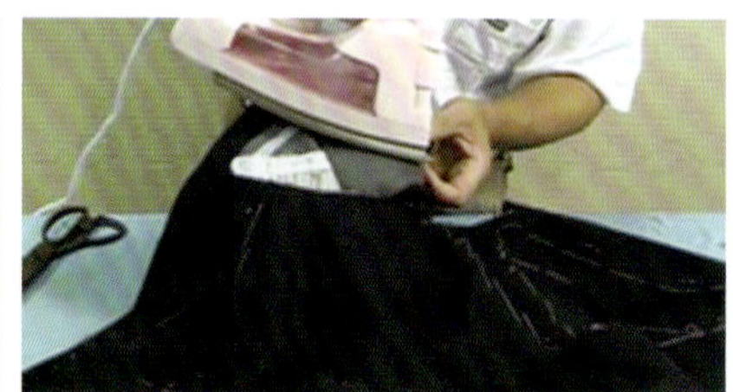

图 7-172　分烫缝份

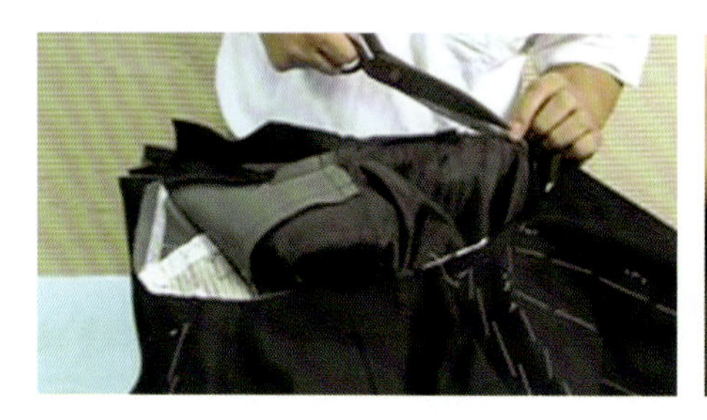

图 7-173　清剪缝份

图 7-174　绷领里（一）

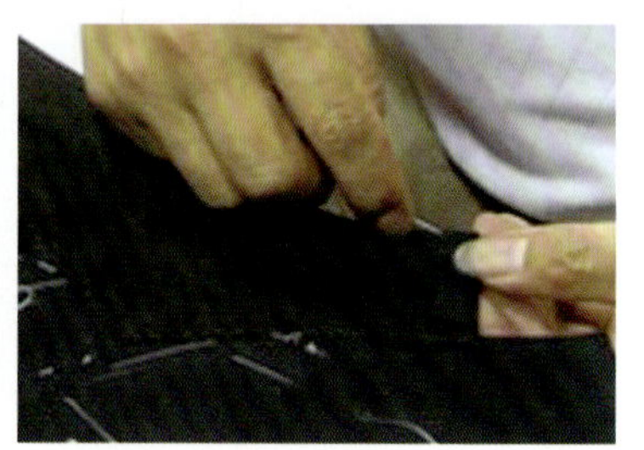

图 7-175　绷领里（二）

（5）熨烫定型。将领头放在布馒头上，使驳领与驳头按驳口线、领脚线自然翻折于衣身上，用熨斗整烫使之自然服帖于前身与肩部。注意驳头不要烫实，要有自然弯折曲度。驳口线与领脚线要顺直一致（图 7-176）。

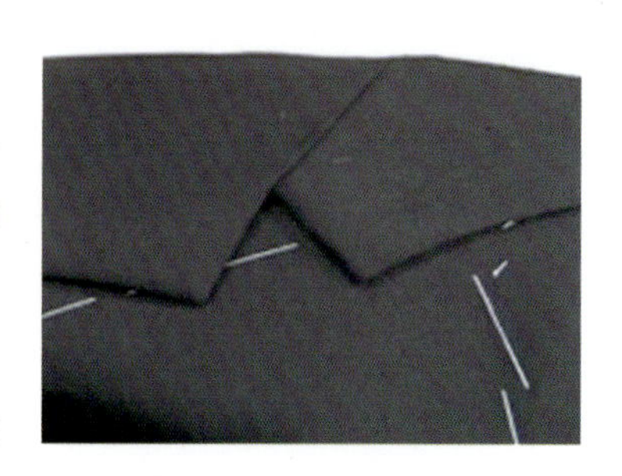

图 7-176　熨烫定型

17．做袖

（1）修剪袖衩。将已归拔好的大袖衩角去除多余的折边量（图 7-177～图 7-180）。

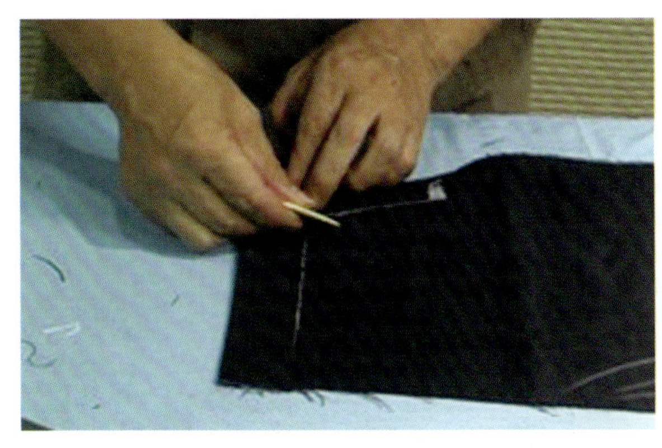

图 7-177 做袖衩（一）

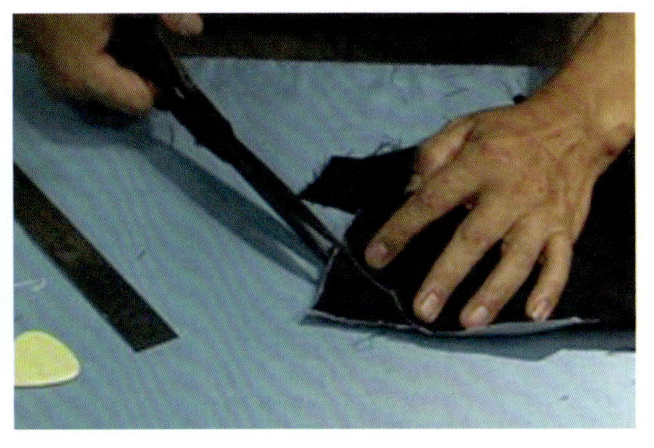

图 7-178 做袖衩（二）

图 7-179 做袖衩（三）

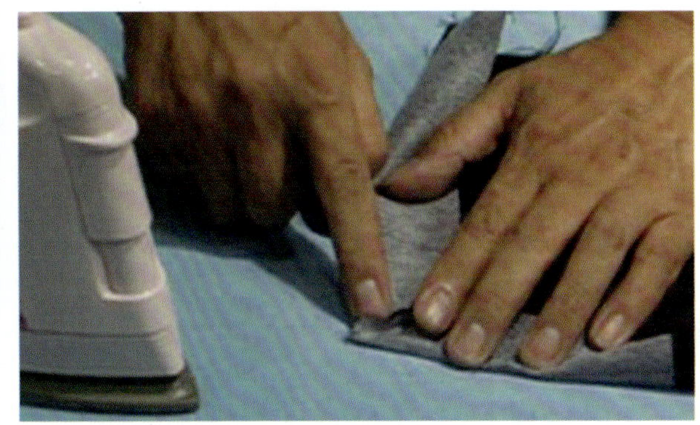

图 7-180 做袖衩（四）

（2）缉前袖缝，烫袖折边。将大、小袖片正面相对，车缉前袖缝，缉线要顺直。袖口和袖衩处粘黏合衬，袖口衬在袖口线丁向下 1 cm 以上，宽约 5 cm。按线丁将袖口折边烫好，接着，大袖放下层，在袖衩处做好缝制标记，车缉后袖缝，大袖上段 10 cm 略放吃势，缉线要顺直，缝至距袖口 2.5 cm 左右处止。缉好后，烫分开缝，袖衩倒向大袖。正面翻出，自袖口向上 10 cm 处将袖衩折好，盖湿布在小袖袖缝与袖衩折角处打一眼刀，烫煞（图 7-181、图 7-182）。

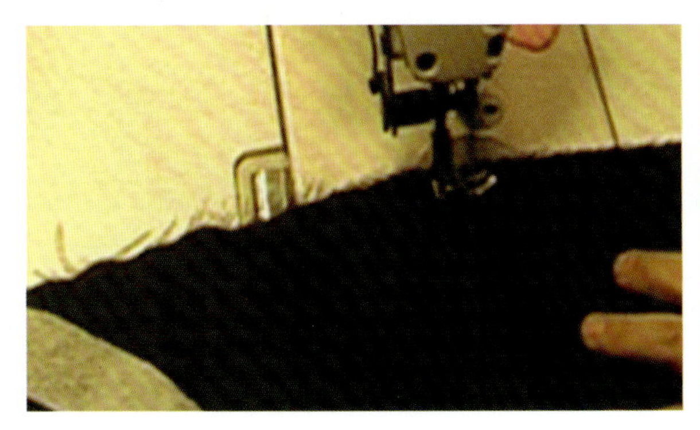

图 7-181 缉前袖缝

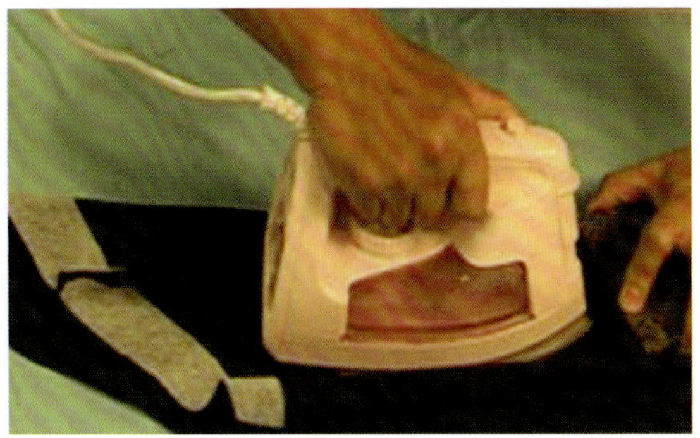

图 7-182 烫袖折边

（3）缉大、小袖衩。将大、小袖衩按袖口折边正面相对车缉，小袖衩勾缉时，上口留 0.8 cm，不要缉到头，大袖衩分缝烫平。正面向外翻出，将袖衩贴边和袖口折边熨烫平整。

（4）缉袖夹里。将大、小袖片夹里正面相对，缉线顺直，缝头 0.8 cm。缉好后把缝头朝大袖片一面扣转烫坐倒缝。

（5）装袖夹里。先将袖夹里与袖片袖口套合在一起正面相对，在袖衩处做好标记，前、后袖缝要对准。然后车缉袖口一圈，缝头 0.6 ～ 0.7 cm。将袖口贴边翻折缲好，袖夹里 1 cm 坐势烫好。把袖夹里与前、后袖缝缝份用手针固定好，上、下各预留 10 cm 不缝。注意线要松，夹里略放松（图 7-183、图 7-184）。

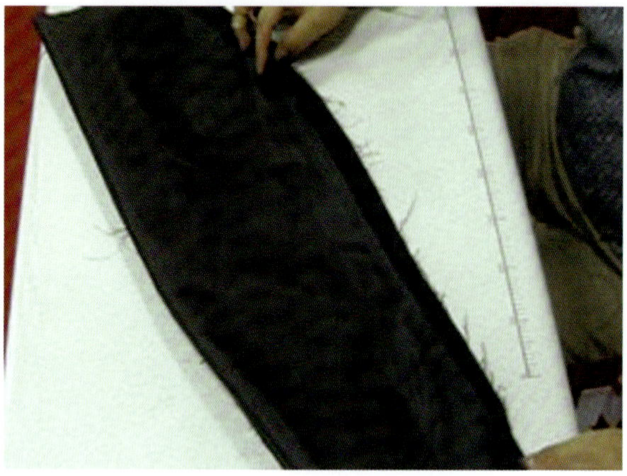

图 7-183　装袖夹里（一）

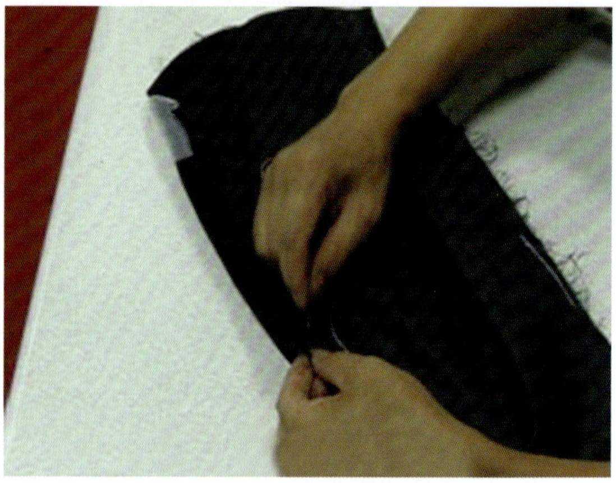

图 7-184　装袖夹里（二）

18．装袖

（1）抽袖山头吃势（可参考女式西服缝制工艺）。从前偏袖缝处起用 2.5 cm 宽斜布条带紧袖山弧线缉缝；需掌握各部位的吃势量，以保证袖山的立体造型（图 7-185、图 7-186）。

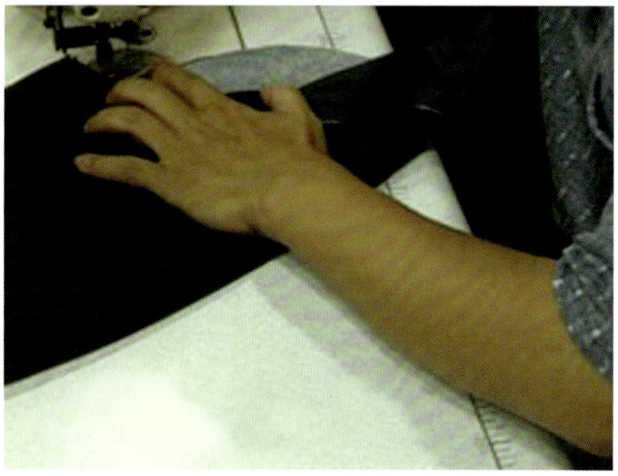

图 7-185　抽袖山吃势（一）

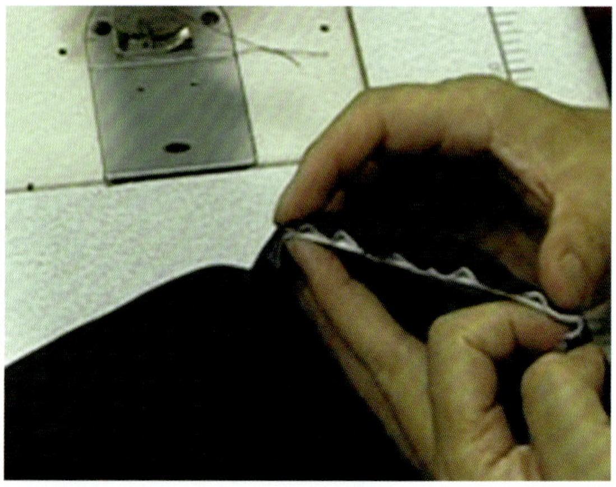

图 7-186　抽袖山吃势（二）

（2）装袖的对档位置。一般装袖的对档位置有前袖缝对前袖窿对档、袖山头对肩缝、后袖缝对后背高线。

在实际装袖时，对档位置都会产生偏移，因此还要按照装袖的要求对档位置进行适当调整。

（3）擦左、右袖。将前袖缝与前袖窿对档标记对准，调整好袖子位置，起针定袖子与袖窿时袖片在上，缝头 0.7 cm 左右，针距为 0.8 cm。袖山头部分要用以直取圆的操作方法，目的是便于检查袖山头是否圆顺、吃势是否均匀，以及装袖位置是否正确、袖窿后弯处是否随衣身自然弯势。如有问题应及时纠正。右袖从后背高线对档眼刀起针向前，把各对档眼刀对位好，具体方法与左袖相同（图 7-187）。

图 7-187 对档眼刀对位

（4）车缉袖窿。车缉时不能让线移动，缉线要圆顺，缉好后检查是否符合质量要求。用熨斗尖将缝份从里面烫平、压实。如果是劈缝的袖型，要在袖山前、后端打眼刀进行劈烫。在袖山一面垫上斜丝绒布条，重合袖窿缉线车缉袖窿衬条。绒布条长 25 ～ 28 cm，宽 3 cm 左右，位置装在离前偏袖缝向上 3 cm 至超过后袖缝 3 cm 一段（图 7-188）。

（5）装垫肩。将垫肩 1/2 移前 1 cm 对齐肩缝外口，按袖窿毛缝放出 0.5 cm，用双股线将垫肩与袖窿定牢，线不要太紧。同时注意垫肩与衣片里外匀窝势，防止袖窿反弹。垫肩里口与肩头固定，线略松（图 7-189）。

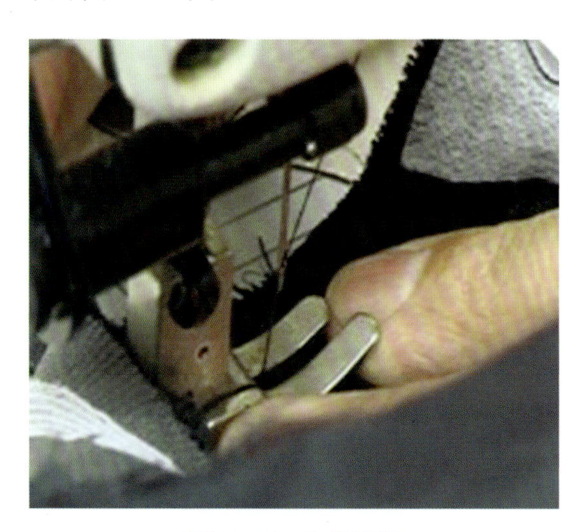

图 7-188 车缉袖窿

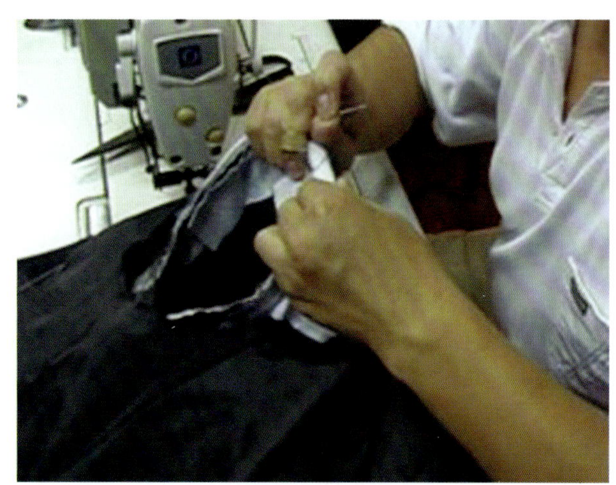

图 7-189 装垫肩

（6）固定袖窿夹里。沿袖窿定一圈固定衣身夹里。将袖子夹里与袖缝相对折进缝份 1 cm 定一圈（图 7-190、图 7-191）。

19．锁眼和钉扣

（1）门襟扣眼。西服的扣眼位在左襟（门襟），高低按线丁位置，进出按叠门线偏出 0.3 cm，扣眼尺寸一般为 2.3 cm。门襟扣眼可用机锁圆头扣眼。

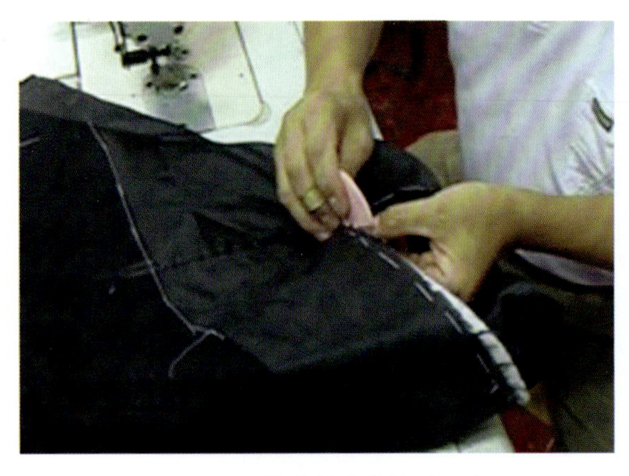

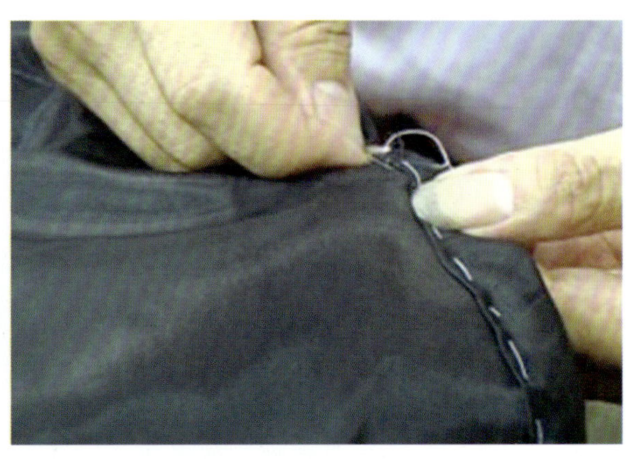

图 7-190　固定袖窿夹里（一）

图 7-191　固定袖窿夹里（二）

（2）插花扣眼。驳头缺嘴下 3.5 cm，进出约 1.5 cm，扣眼尺寸一般为 1.8 cm。插花扣眼可用手工锁眼或拉线袢的方法，也可以机锁平头眼，但不开口。

（3）里襟纽位。眼位高低与扣眼相对应，进出按叠门线。

（4）袖衩纽位。距袖口 4 cm，进出 1.5 cm。

20．整烫

（1）轧袖窿。将衣片翻转至反面，把袖窿无垫肩部分放在铁凳上，盖湿布熨烫，将袖窿的里、面烫黏合，有垫肩部位不轧烫。

（2）烫袖子。在袖子下垫上布馒头，将袖缝摆顺直，盖上湿布熨烫。先烫小袖，再烫大袖，最后烫袖口。袖衩部位要烫平、烫煞。

（3）烫肩头。将肩部放在铁凳上，盖干、湿两层布熨烫，使肩头干挺窝服，袖窿圆顺，使袖山饱满、圆顺。

（4）烫胸部。烫胸部和前肩时要放在布馒头上一半一半地熨烫。大身丝绺要顺直，胸部要饱满，手巾袋条格要同大身相符。

（5）烫吸腰及袋口位。把前身放在布馒头上，吸腰丝绺放平、推弹，按西服推门时的要求将腰烫平、烫挺。注意吸腰处不能起吊，直丝一定要向止口方向推弹。烫袋口部位时要注意袋盖条格与大身对称，注意袋口位的胖势。

（6）烫摆缝。将摆缝放在布馒头上，放平直，垫两层布熨烫，注意不能将摆缝烫还。

（7）烫后背。将后背放在布馒头上，盖上干、湿两层布，由下向上熨烫，在肩胛骨部位袖窿处略归。

（8）烫底边。首先烫底边的反面，使底边夹里的坐势宽窄保持一致，然后翻至底边，放在布馒头上一段一段地熨烫，熨烫后使底边产生里外匀。

（9）烫前身止口。将止口朝自己身体一侧放在桌板上，先烫挂面和领面一侧。烫止口时熨斗要用力下压，盖干、湿布烫好后，还要用烫板用力压止口，使止口薄、挺。烫止口时应注意止口不能倒吐，然后反转止口，用同样的方法熨烫止口反面。

（10）烫驳头、领头。将驳头放在布馒头上，按驳头样板或驳头线丁，翻转烫煞。在烫领子驳口线时，要注意领驳口线的转弯，要将领驳口线归拢，防止拉还影响领头造型。驳口线正、反两面都要烫煞、烫平。驳口线烫驳头长的上 2/3 长度，留出下 1/3 长度不要烫平，以增加驳头的立体感。

（11）烫夹里。西服面子烫好之后，翻转至反面，将前、后身夹里起皱的部位再用熨斗轻轻烫平。

思考与练习

1. 简述男式、女式西服的缝制工艺流程及质量要求。
2. 在制作男式西服双嵌线夹袋盖时有哪些具体要求？
3. 男式西服覆胸衬时有几道扎线？它们的顺序是怎样的？
4. 男式西服胸襟做好后熨烫时要注意什么？
5. 在缝制男式西服领面和里子时有什么要求？如何固定领底？
6. 西服袖子应如何控制其缩缝量？绱袖时应注意哪些事项？
7. 西服止口怎样才能做到薄且匀？
8. 缝制好的西服在熨烫时要注意什么？如何定型翻折线？

REFERENCES

参考文献

[1] 许涛，陈汉东. 服装制作工艺——实训手册 [M]. 北京：中国纺织出版社，2007.

[2] 史林. 服装工艺师手册 [M]. 北京：中国纺织出版社，2001.

[3] 全国职业高中服装类专业教材编写组. 服装缝制工艺 [M]. 2 版. 北京：高等教育出版社，1995.